项目资助：2022 年贵州省普通本科高校“金课”（一流课程）“大学物理”；遵义师范学院 2021 年度教学内容与课程体系改革建设培育项目“基于大学物理教学改革培养学生创新能力的实践与研究”（JGPY2021044）；遵义师范学院课程思政示范课项目“大学物理”（KCSZ2022008）

大学物理教学改革与大学生创新能力培养探索实践

杨　方　编著

西南交通大学出版社
·成　都·

图书在版编目（CIP）数据

大学物理教学改革与大学生创新能力培养探索实践 / 杨方编著. —成都：西南交通大学出版社，2022.9
ISBN 978-7-5643-8923-9

Ⅰ. ①大… Ⅱ. ①杨… Ⅲ. ①物理学－教学改革－高等学校 Ⅳ. ①O4-42

中国版本图书馆 CIP 数据核字（2022）第 170228 号

Daxue Wuli Jiaoxue Gaige yu Daxuesheng Chuangxin Nengli Peiyang Tansuo Shijian
大学物理教学改革与大学生创新能力培养探索实践
杨 方 编著

责任编辑	赵永铭
封面设计	何东琳设计工作室
出版发行	西南交通大学出版社 （四川省成都市金牛区二环路北一段 111 号 西南交通大学创新大厦 21 楼）
发行部电话	028-87600564 028-87600533
邮政编码	610031
网 址	http://www.xnjdcbs.com
印 刷	成都蜀通印务有限责任公司
成品尺寸	170 mm × 230 mm
印 张	17
字 数	280 千
版 次	2022 年 9 月第 1 版
印 次	2022 年 9 月第 1 次
书 号	ISBN 978-7-5643-8923-9
定 价	78.00 元

前 言

“大学物理”是理工科相关专业的基础课程，其教学质量对学生后续课程的学习极其重要。研究大学物理的教学规律，推动大学物理教学改革，对培养学生的创新能力具有重要的促进作用。

新时代的社会发展需要创新型人才，通过大学物理教学改革，可以培养学生的创新思维和自主学习能力，能够使学生自己发现问题、分析问题和解决问题；引导学生积极探索、勇于创新，大大提高学习能力和研究能力。本书从大学物理教学实践情况着手，引导大学物理教师根据物理学科的特点和学生的性格特征选择适合学生并且适合不同物理知识的教学方法，帮助物理教师在大学物理学科的教学中达到事半功倍的良好教学效果。

本书就大学物理教学中培养学生创新能力的探索与实践展开了全面论述。从大学物理教学的基本知识入手，对大学物理教学实施、教学发展、教学心理、实验教学、自主探究模式、概念教学模式、慕课、翻转课堂以及微课的应用等方面展开详细的叙述。本书在编写上突出以下特点：第一，内容丰富、详尽，时代性强。第二，理论与实践结合紧密，结构严谨，条理清晰，重点突出，具有较强的科学性、系统性和指导性。第三，结构编排新颖，表现形式多样，生动形象，便于读者理解掌握。本书可作为大学物理教学工作者以及物理教学改革研究管理者的参考用书。

本书编写时，查阅了许多文献资料，在此向相关资料作者表示由衷的感谢。另外，鉴于水平和时间所限，书中难免存在疏漏和不当之处，敬请读者批评指正。

编者

2022 年 4 月

目 录

第一章
大学物理教学概述

第一节　大学物理教学的研究对象

一、教学的研究对象

要研究大学物理教学首先要了解普通教学论，因为普通教学论是大学物理教学的重要基础。教学的研究对象分为两类：教学的一般规律；各种具体的教学变量（先在变量、过程变量、情境变量和结果变量等）和教学要素。

总的来说，教学的研究对象是教与学的活动，并细化其研究对象主要有以下三个方面。

（一）教和学的关系

教与学的活动包含了多种因素，如教师、学生、教材、实验仪器设备等，教学活动最基本的关系还是教与学的关系，教师与学生通过教学活动进行知识授受。教学活动中教师和学生相互依存，是教学的过程中主要因素，贯穿整个教学过程，决定教学的本质和规律。因此，在研究过程中，研究的核心是教与学的本质关系，抓住了教与学的本质，也就掌握了教学论的基本规律。

（二）教学条件

教学条件指能够保障教学活动正常完成，对教学质量、广度和深度等产生影响的各种因素。在教与学的整个过程中都离不开一定教学条件的支持与配合。教学活动受到社会的政治、经济等因素的影响。因此要对影响教学活动的所有条件进行研究。

（三）教学实施

教与学的实施是重点探讨的问题。先研究教学的一般原理和规律，同时在教学实施中应用好原理和规律，充分用好教学条件进行教学工作，提高教学效率。目前教学论研究中一个突出的问题是理论与实践脱节，理论研究不能直接指导实践操作。需要进一步对教学基本原理以及教与学实施过程进行研究。

教与学的关系、教与学的条件以及教与学的实施三者之间的关系非常紧密，构成完整的教研内容。

二、大学物理教学研究对象

物理学是重要的自然基础学科，物理学的学习情况对自然科学研究影响非常大。研究物理教育的全过程，即在物理学科范围内研究教育以及受教育者的全面发展，研究全面体现物理学科教育功能的规律。研究物理教学是在普通教学论的基础上更加充分、具体地论述物理学科的特点，具有独有的特性、独立的研究范围和研究对象。

大学物理教学的特殊性表现之一，在于研究范畴是大学物理教学，研究对象是大学物理教学中遇到的各种问题。虽然大学物理教学中的问题很多，但主要有普遍性的问题和具体的问题两类。大学物理教学着重研究大学物理教学中的普遍性问题，并且揭示其一般性规律和特点。大学物理教学研究成果在大学物理教学实践中具有指导和预见作用。

第二节　大学物理教学的过程和特点

一、大学物理教学过程

教学过程是以学生为主体，在教师的辅导下，学习掌握科学知识、发展能力、提高素质和逐步认识客观世界的过程。教学论研究的重要领域之一是教学过程的概念和特性。只有正确认识和理解教学过程的相关理论，才能制定出符合客观规律的教学原则,为确定选择教学方法提供理论依据。

教学过程是一种认识过程，与人类的认识过程具有普遍的一致性。这种一致性主要表现人在认识活动中的认识基础、认识目的以及认识过程等方面。从这个意义上来讲，教学过程应受人类一般认识过程的规律影响和制约。

大学物理教学过程具有除人类的一般认识过程共性之外的特殊性，其特殊性具体表现在以下几个方面：

1. 引导性

教师在教学过程中有目的、有计划地指导学生进行学习，并非学生独自完成。

2. 间接性

教学过程是运用间接的方式学习和掌握间接的经验。

3. 有序性

在大学物理教学中,把学生年龄特征和物理学的逻辑性有机结合起来，具有较强的有序性。

4. 简捷性

教学过程不是简单讲授知识过程，而是精心设计的、简化的、缩短的认识过程。

显然，认识教学过程的这些特殊性，有助于更好地遵循教学过程的客观规律来组织教学。

二、大学物理教学特点

大学物理教学具有一般教学的特点，又具有物理学本身的特点，是由物理教学目的和学生物理学习特点共同决定的。具体来说有以下特点。

1. 观察和实验操作为基础

通过大学物理教学培养学生的观察和实践能力，经过观察和实验获得感性认识，进行创造性思维能力的提高，从感性认识到理性认识的发展，使学生能够深刻认识物理知识的构建逻辑，同时还能够激发学生对物理的学习兴趣。

2. 教学中充分用好数学方法

教学中运用数学方法具有显著优势：一是数学方法具有高度概括性，能够非常精准地描述物理概念和规律；二是数学方法的逻辑思维非常简捷和严密，能够更好地培养学生的物理思维；三是运用数学方法进行计算时有很强的严密性、逻辑性和可操作性。

因此，应用数学方法和数学思维发现、分析和解决物理问题时，能很好地引导学生把物理问题和数学思维相结合，采用数学思维和知识解决物理问题，帮助学生理解和掌握好物理知识，提高了学生分析和解决物理问题的能力。

3. 以概念和规律为中心

大学物理教学必须特别重视物理概念和规律的教学，使之成为教学的中心之一。学生能有效掌握物理学科基本结构的核心，学生理解和认识到物理学科的基本结构，有助于学生对物理学知识有一个全方位的了解，并且有助于学生知识结构的系统化。物理概念和规律的教学要重视学生抽象思维训练，更能够培养学生的综合素质。

4. 以辩证唯物主义作为指导思想

物理思维的方式和进程以及人们科学世界观的形成和发展都要受到辩证唯物主义思想的影响和制约。从各个方面来考虑，物理教学过程要以辩证唯物主义思想为指导，分析物理概念和物理规律。只有这样，辩证唯物主义思想才能在长期的教学过程中潜移默化地影响和熏陶学生，使其拥有正确的价值观和世界观。不仅如此，在长期的教学过程中，既传授了物理的基本知识，也自然而然地树立了学生辩证唯物主义的思想和观点。

5. 发展学生的情感、态度和价值观

在教学过程中不仅仅是向学生传授人类已有的文化和知识，更要培养学生的逻辑思维能力和创新能力，还要在教学中进行情感教育、意志力培养、陶冶情操，使其心智全面发展，并且促使学生全面、和谐、健康发展。教师在教学过程中关注的是全体学生，但学生之间会有个体差异，因此要求教师利用情感的渗透，了解每一个学生在学习和成长过程中遇到的特殊问题，同时关注每一个学生思想、情感和道德品质的形成过程，让学生形成对正确的态度，以及正确的价值观、人生观和世界观。

第三节　大学物理教学的方法和原则

一、大学物理教学方法

在知识的传授过程中需要运用一定的科学方法，才能使学生更有效地接受和理解所学的知识。在教学过程中形成的方法和规律统称为教学方法。特定的物理教学方法也叫教学模式，教学方法具有服务性、多边性、有序性三个主要特征。教学方法是在教学过程中决定知识是否有效传授，教学任务是否完成，以及教学目标是否实现的一个关键性因素。因此，高效率地使用一些教学方法在物理教学过程中有着至关重要的作用。

（一）大学物理课堂教学方法

物理课堂教学的环节有三个：引入、展开与总结。在这些环节中伴随教师的指导。从以下这三个环节具体说明。

1. 课堂引入

课堂引入是指在正式讲课之前教师运用一定的方式方法将学生从别的思绪和注意力中引导进入接下来要讲的内容当中。成功的课堂引入能集中学生的注意力，引起学生的学习兴趣，达到承上启下、开宗明义的目的，把学生带入物理情境，调动学生积极性，为完成教学任务创造条件。成功的选材是课堂的成功引入的关键。所选的材料要紧扣课题，且是学生熟悉的、与实际生活贴近、和接下来要讲的知识紧密连接。成功的课堂不仅要引起学生的注意力，还要引导学生积极地思考和探索，为成功地切入接下来的课程做好准备。

在实际教学中常采用：直接引入法、资料导入法、问题引导法、实验引入法、复习引入法、猜想引入法、类比引入法等。

直接引入法是指直接道出本节的课题。该法操作简单容易，但效果一般。因为新课内容对学生是陌生的，这种方法既联系不了之前的概念，又引不起知识的迁移，更激不起学习的兴趣，因此教师一般很少采用。

资料导入法是指用各种资料（如物理学史料、科学家轶事、故事等），依教学内容，通过巧妙地选择和编排来引入新课。用生动的故事将成功引起学生注意，思维顺着故事的情节进入学习物理的轨道。

问题引入法是指结合实际生活或已有的物理知识来设计教学内容，激发学生的学习兴趣，引入新课学习。

实验引入法是指利用演示实验使学生边学边实验，观察和分析物理现象进行课堂导入。抽象知识被物化和活化，而且创造的情境让学生由惊奇、沉思到急于进一步揭露实质。

复习引入法是在进行新课教学时，先复习已学习过的知识再提出新问题，引导学生学习新课。复习时分析新、旧知识的关联性，提出问题，使学生不断提高逻辑思维能力，降低接受新知识的难度。

顺利的课堂引入有利于学生提出各种“猜想和假设”，为“探究式学习”的开启找到正确的方式。

2. 课堂教学

成功将学生引入课堂以后，教师让学生带着各种疑惑和不解开启了课堂正式授课的过程，学生急切地想知道问题的所以然。接下来就是分析问题、解决问题的过程，是整节课的关键内容所在。具体到物理教师的问题就是要考虑如何将物理问题展开，把已有的物理知识体系通过正确的有效的方式巧妙地传授，使学生能更好地接受，对物理问题的展开有逻辑展开和实验展开两种方式。

逻辑展开，即“问题—结构—原理—结构—运用”，重点是逻辑分析。

实验展开，即“问题—实验—观察原理—运用”，主要是通过实验创设与物理问题相关的情境。

凡能用实验展开的物理问题，都尽可能采用实验展开，让学生通过对物理知识的物化和活化，求得感知。

在物理问题展开的过程中，还会遇到说明、论证和反驳等方法。

（1）说明。

物理教学的过程中常用的说明方法有释义、举例、描述、比喻、比较等。一些用实验或逻辑方式得到的概念，不是用一句简短的话就能定义，就需要释义；一些十分抽象的概念，就要举例说明，使学生有一个鲜明的印象；在叙述物理现象、事实和原理时，为了形象、直观、生动，运用合理的修饰，这就是描述；为使深奥的道理浅显易懂，可利用贴切的比喻；为揭示易混概念之间的本质差异，以帮助学生建立起清晰、准确的概念，可运用比较。

（2）论证。

论证是指从一些判断的真实性，进而推断出另一些判断的真实性的语言表达过程。比如，用实验呈现的某物理现象或事实，要通过寻求规律，至少需简单枚举归纳推理才能总结出来；有些物理规律需从已知的原理、定律运用演绎方法推出。归纳、演绎、类比等都是物理教师课堂教学展开时常用的论证方式。

（3）反驳。

确立某个论题虚假性的论证即为反驳。比如，学习牛顿第一定律时就要反驳亚里士多德的错误观点，运用逻辑思维推理的方法对错误的理论进行反驳。为了使反驳具有说服力，要找到真实、充足的论据，确立明确的理论。

（二）教师的教法

物理教学具有一般教学的基本特点同时也有其特殊性。在物理学有限的基本教学方法当中物理教师可以加以挑选，根据具体教学情况并加以综合运用，从而创造出生动活泼的具体的教学方法。物理的基本教学方法有以下六种：

1. 讲解法

讲解法主要是运用口头语言的形式，适当辅以其他教学手段，如利用图片、幻灯片、板书等进行教学，让学生获取知识，启发思维，提高综合能力。大学物理教学中最常用的教学方法是讲解法，适合于教学内容系统、理论性强的知识传授。

讲解法的优点是能系统地讲解复杂的密集的知识，学生获得知识信息的效率很高，同时也有显著的缺点。讲解法的主体是教师，学生学习的主动性不强，教师以知识灌输居多，学生的主观能动性得不到很好发挥，获得的知识容易遗忘，这也正是整个教学需要改进的地方。

讲解法对教师的教学素养有较高的要求。教师要以生动形象、富有感染力和说服力的语言，激发学生进行思维活动。同时，要适当地配合利用挂图、板书、板画、演示、实验等教学用具。教师要讲清楚结论性的知识，同时引导学生进行思维活动，训练学生提出问题、分析问题和解决问题的能力。学生学习时，更多受到教师的指引，对教学内容思考和理解，学到研究问题、处理问题的方法。

在大学物理教学中，运用讲解法前要认清学生的认知水平，从学生已有的认知结构中找到适当的、能同化新知识的观念，使新知识纳入学生的认知结构，杜绝机械接受、机械记忆；突出重点，教师应该巧妙地运用变式，从新的角度、视野进行分析和阐述，而不是机械式地简单重复知识；具有启发性地讲解，不要平铺直叙和强行灌输，需要提出问题、分析问题和解决问题，充分调动学生的积极性和主动性。

2. 角色扮演法

让学生进入角色进行亲身感受，结合现有经验经过思考再进行选择、判断，使学生个性表现和价值观得到展现的教学方法属于角色扮演法，学生能够体验真实环境，处于特定角色，对学习知识体系是直观和切身的感受，和教师讲授知识比较，形成更为深刻和正确的认识。比如，学习电学知识后，引导学生结合自己的情况，思考安全用电以及节约用电的方案。

角色扮演是将物理学的问题转化为与学生生活实际紧密联系的内容，学生在参与社会决策中，能自觉运用所学的物理知识去分析、判断，从而在扮演、体验和决策的过程中提高自己运用物理知识的能力，同时在科学态度与价值观方面也获得教益①。

3. 资料搜集与专题讨论法

在现代信息环境逐渐发展和日益普及的大环境下，获取教学资源的途径也变得越来越多，越来越容易。比如传统的在图书馆查询资料，还可以通过上网来搜集与物理学科有关的各种信息资料。教师在此过程起到引导和启发的作用，引导学生掌握正确查阅自己所需资料的方法和途径，比如关于期刊论文、专利、技术标准资料的查询方法。教师在此过程兼具答疑解惑的角色，学生遇到的问题，教师不仅要及时解答，还要敏锐地预见学生将要遇到的问题，并引导学生提出解决方案。引导学生查找一次文献，整理加工成具有目录、文摘、索引的合集；了解二次文献及三次文献的区别和查阅方法。

物理课程的新理念包括：从生活走向物理，从物理走向社会；注意学科渗透，关心科学发展等内容。围绕这些概念，物理教学可采用专题讨论法②。设计专题讨论主题时，首先要安排还未学习的新知识和内容，其次要重视培养学生的综合能力，安排物理学与其他学科融合的专题，也可以是其他与物理知识相关的学生感兴趣的专题。

教学中引导学生搜集资料，有一定知识积累后再进行专题讨论，学生先结合学习内容设定专题，再独立阅读文献资料，并结合原有认知对所获得的信息进行选择、加工和处理。接下来学生小组讨论，讨论时要求每位同学对专题提出看法、进行交流，这样既培养了学生的思维能力，同时能够更加深刻地掌握所学知识。最后以小组为单位形成专题研修报告，

---

① 何志伟，刘丽.大学物理教学改革探索与实践研究[M].吉林出版集团股份有限公司，2019.

② 闵琦.大学物理[M].北京：机械工业出版社，2020.

由教师给出总结和评价。

资料搜集与专题讨论法在倡导发展学生自主学习能力和独立探究能力的今天，为许多物理教师所采用。这种方法的优点是培养了学生独立思考、获取知识的能力，并且在学生查阅资料的过程中加深了对知识点的了解，以及深刻理解物理学知识与社会的联系。因此这种方法值得深入研究探讨和大力提倡。

（三）学生的学法

好的学习方法会极大地提高学习质量。学生掌握物理知识与技能，完成物理学习任务的心理能动过程，就是学生的学法，具有很强的实践性和功效性。好的学习方法要经过反复实践，并在良师指导下逐步完善。

1. 善于阅读与思考

善于思考和阅读是学习任何一门学科知识都要具备的素质。物理学科作为一门特殊的科学知识，学习的时候同样需要对教材和有关资料进行阅读。而教材和有关资料上的文字符号往往是一维空间性质的信息，其图示、照片充其量是二维空间（或时空）的信息。现实中的物理研究对象大都是四维的，即三维空间和一维时间紧密相连的客体，且在四维时空里不断发展变化着。物理科学此种特殊性对物理学习者提出了新的要求。学习者阅读时要按照其中文图叙述的逻辑顺序实现上述转换的逆转换，即将低维信息在头脑中还原成原本存在的高维信息。然而，不是所有的物理知识都能通过上述行为来活化和物化的，一些通过思维加工抽象的物理概念及规律，需要学习者也经历同样的思维过程才能领悟其中丰富的内涵。因此，阅读与思考在物理学习中十分重要。

物理学习中出类拔萃的学生，阅读时能够比较全面领会其中的内容。除了阅读教材的内容，还喜欢读物理方面的课外书。经常阅读的习惯帮助分辨从什么地方能快捷、准确地找到自己需要的资料。面对众多类似的乃至书名相同的读物，大致有几种阅读的方法：浏览书名、作者、出版者、前言和书中的目录，大体知道该书研究些什么，采用什么研究方法，是否是自己最需要阅读的，然后决定取舍；将阅读获得的新知识与原有的旧知识进行比较，弄清之间的关系，以此加深理解；会通过实际应用检查学习效果，必要时还会再次阅读。

2. 善于观察和喜欢实验

观察与实验是物理学习与研究中非常重要的方法。物理学的特点就是实践性很强，知识结构主要体现在对物理现象的观察与实验，所有物理知识，都必须通过观察与实验等实践进行验证后，才上升成物理理论。

但也并非所有的物理现象及其规律都可以通过观察就能探究。由于许多物理现象的发生和变化是受周围环境的影响和制约，要探究其物理对象的功能和属性，要经过人为控制条件下的实验。实验可以活化和物化研究对象，可以创设问题情景，渗透物理思维和研究方法，培养学生实践操作能力、分析和观察能力及逻辑思维能力，甚至锻炼其意志品质。

基于物理实验的重要性，不重视实验的学生学好物理是比较困难的。勤于动手的学生，在物理实验操作上才能显得熟练而从容，能比别人赢得更多的时间去思考：如何确定实验目的，明确操作要求和步骤；如何选择实验原理表述和测量的方法、测量用的仪器设备；如何发现、分析和处理实验中出现的误差；如何应对可能出现的意外情况等。

二、大学物理教学原则

（一）因材施教原则

物理教学中要充分分析学生基本情况，确定教学内容和教学方法，难易程度要适合学生特点，这样才能培养新时代需要的创新型人才。教学是针对全体学生，根据全班情况进行教学内容安排；不能只照顾尖子生，对教学内容拓展、提高难度，加快节奏；也不能使用一个标准要求所有学生。教学中做到关心全体学生的同时，考虑到每一个学生个体，从实质上做好教学面向全体学生。做好因材施教，教师需要做好以下几点：

1. 全面掌握学生的学习特点

做好因材施教的关键，需要分析、掌握每个学生的个性特点、兴趣爱好、需求、优势、缺点和已掌握的知识基础，根据学生实际，运用不同的教学方法，针对每一位学生的特点开展教学。

2. 充分分析学生的学习情况

导致学生学习困难的原因各不相同，如有的是逻辑思维能力较低，学习风格和学习动机也对学习效果影响很大。实际教学中，各种因素是相互影响、相互作用的，分析学生的学习动机，培养适合学生的学习方法，尊重每一位学生，保护学生的自尊心，增强自信心，尤其重视学习能力不强的学生[①]。

3. 掌握学生的学习风格

教师的教学风格和学生的学习风格相互适应得好，能够更好地提高学生学习质量。根据学生学习风格、特点，有针对性地引导学生结合自己情况进行多听、多练、多思、总结等学习方法，教师要多花心思观察和分析学生的学习情况，及时改变教学方法。

4. 学生适应教师的教学风格

分析学生的学习情况后，教师要把教学风格介绍给学生，让学生更好地进行学习。每个学生的学习风格都是比较稳定且有一定偏好的，学习策略具有灵活、有计划等特性，根据具体情况随机应变。教师在教学中引导学生认识自己，充分了解自己，适应教师的教学风格。

（二）循序渐进原则

教学按照学科的逻辑性和学生认知发展顺序开展，学生通过学习基础知识、基本技能后，提高创新思维能力。按教科书的知识体系循序渐进的进行教学；由浅入深、由易到难、由简到繁，逐渐提升[②]。

首先使每一位学生在原有基础上得到最大限度的、全面的发展。每节课教学目标之间相互联系，进行统筹考虑，将学生已学习掌握的知识逐步提升到新知识中来，提高教学效率。其次要掌握学生发展量变到质变的飞跃时机，在学生没有足够的知识积累的情况下，不进行过度的知识拔高拓展和抽象思维能力的提高训练。

---

① 刘慧.大学物理学习指导书[M].北京：北京邮电大学出版社，2020.

② 周雨青.大学物理核心知识[M].南京：东南大学出版社，2019.

（三）简约性原则

一节优质课，一定是高效、简约、给人美的享受，需要教师讲得精简，传授知识高效。但要区分简约并不是简单，简约的目的是提高课堂效率，教师要付出更多的努力。

（四）直观性原则

教学中通过实物、影像、语言直观地传授知识，能够发挥学生形象思维能力强的优点,克服抽象思维能力弱的不足,提高学生吸收新知识的能力。

（五）启发性原则

要培养学生灵活学习，学会思考，达到学以致用，通过思考后再感悟，引导学生思考和提高。启发诱导时，充分考虑全体学生的思维，学生独立自主地思考和提问并分析出结果，教师不能以标准答案扼杀学生的想法和意见，实现学生综合能力逐渐提升。

（六）激励性原则

教学的一个重要任务是激励学生拥有积极的心态，快乐地学习。教师要引导学生充满好奇与欲望进入教学活动，课后有强烈的兴趣与信心实现知识提高。在教学设计和教学实施中，教师要多观察和分析学生的表现，有意识、恰当地进行激励，对于学生的表现给予客观评价，尽量多给学生创造表现的机会，满足学生的表现欲，使学生体验到成功的喜悦，增强学习的信心与兴趣。

（七）实效性原则

课堂教学要高效、实用，教学要充分结合学生特点，提高学生获取知识的能力，实现全面发展。在教学目标设计上要结合教学进程、学校的条件、学生的基本情况和社会环境，使教学有更好的实效性。教学内容要明确、具体，才能使教学具有实用性和高效性。

第四节　优化大学物理的教学

大学物理教学要适应现代信息技术的高速发展，要充分认识到：教育思想必须快速更新，教育观念要及时转变。进行教育改革、强化素质教育，是推进社会主义现代化和实施科教兴国的需要，更是推进教育本身改革的需要[①]。

强化素质教育，用好课堂教学的主渠道和中心环节作用，发挥素质教育本质特性，进一步做好大学物理教学的研究。大学物理教学中推进素质教育发挥关键作用，要充分认识到大学物理课堂教学具有整体性，要多研究教师和学生在教学过程中的主要作用，提高课堂教学的效果。一直以来学生对大学物理的学习存在难度，根源在于优化教学过程做得还不够，常规的教学中，教教师只重视单方面的讲授知识，对学生创新思维能力的培养不够，强化教师的教，对学生的主体地位重视不够，没有把学生作为教学的主体。所以，要提高大学物理的教学质量，必须要优化教学过程。

一、优化大学物理教学过程的意义

教学过程是指教师根据教学计划完成教育教学任务的各种教学活动，涵盖了编制教学大纲、拟定教学目的、设计教学过程、选择教学方法和教学手段等。优化物理教学，是教师结合世界观和方法论，以与时俱进的观点，满足社会的发展，遵循学生基本情况（知识储备、心理特点、学科专业等）与教材重点，通过现代化的教育教学理论，设计教学计划和目标、优化教学方法和手段等教学活动。在大学物理教学过程中，要结合实际情况开展好教学实践活动，在做好知识讲授的同时，更要注重学习方法传授、自主学习能力的培养，使学生具有良好的科学思想和精神。学生在学习过程中，对知识的掌握与积累是基础，同时更要在学习过程中提升思想观念、

---

① 陈文钦.大学物理混合式教学指导[M].长沙:湖南大学出版社，2019.

方法、品质和意志。知识的学习是终身的，所以，教师在教学中不但要传授知识，更为重要的是要教会学生自主学习知识的方法和能力，还要使学生学会对知识的创新与应用，更好地满足社会发展对综合性人才的需要。

二、优化大学物理教学内容和过程

1. 优化教学目标

教学目标与教学内容相对应，结合教学大纲、教材与社会需求，在确保能够培养学生的基本素质的前提下，着重培养学生的综合能力，学生不仅仅要获得物理知识内容，更为关键是要培养物理学习的方法和技能，同时更要使学生理解科学理论都有实验基础和思想。假说是在科学发展基础上提出的，假说要能够解释实验现象，推导出来的结论必须与实验结果吻合。大物理教学中给学生传授科学研究方法和思维，促进学生创新思维能力的发展。

2. 优化教学内容

教学是以教材为基础，目前的教材内容主要考虑教师的教，对于学生的学考虑不够，从而导致了灌输性教学，对于发挥学生学习的主体性不够。学生对于书本知识学习得多，与高速发展的社会需要的人才不相适应。所以，教师教学时就不能把教材内容原原本本地灌输给学生，要有与现代社会发展相适应的教学观念，更新教材内容，学习与现代社会发展相适应的教育理论。教师根据自己的知识储备，研究学生的个体差异，用好用活教材，对教学内容要优化使用，满足教学内容现代化。如：在原子核能教学中，其概念、内容都很抽象和枯燥，教学时可以结合世界上一些发达国家对核能发电的成果，重点讲解我国取得的成果，如大亚湾和秦山核电站的建设过程和相关成果。核电发展对解决现代化建设需要的日益增长的能源是必然趋势，学生理解和认识我国关于核电建设的政策和措施，激发学生的学习兴趣，能够大大提高课堂教学质量。

3. 优化教学过程

根据现代教育理论的观点，教学在使学生学会知识后，更要让学生会学知识，提升学生的创新思维能力[①]。在设计教学过程时，必须处理好教学内容、教学方法、学生的能力培养的关系，教学要引人入胜，营造探索性、启发性、创造性的教学环境，充分展现学生是教学主体、教师主导教学的模式。教师要真正地信任学生，给学生充足的机会，学生自己思考完成实验，提出问题、思考问题、改正错误、判断对错、评判好坏，让学生最大限度发挥自我学习、自我调控的才能，让学生通过充分观察和分析物理现象，掌握物理知识，使学生在知识、方法、能力各方面全面提升，发展其综合能力。如学习感应电流方向——楞次定律内容时，三个同学为一组，每组准备原副线圈各一个、导线、灵敏电流表、电源、电键、滑动变阻器等器材，给学生提出要求和目的：① 弄清楚原电流、原电流方向、感应电流、感应电流方向；② 原电流和原电流磁场的方向关系；③ 弄清楚每一次实验操作时磁通量的变化情况；④ 怎么判断感应电流方向，掌握灵敏电流表测量电流的方法，流入指针偏向的关系；⑤ 测出感应电流后，描绘出副线圈的感应电流磁场，观察后推断出感应电流磁场与原电流磁场之间的关系；⑥ 进行小组讨论，总结规律，写出结论，再和教材中楞次定律的内容对比。这样让学生通过实验思考分析结论，比单一的课堂讲授法教学效果提高 35%左右。

4. 优化教学方法

教学方法多样灵活，要找到适合教学对象的方法。要学习各种教学方法的精髓，结合具体专业和班级学生的实际情况，充分利用教师主导作用和学生主体作用相结合的方式，取舍后优化组合形成合适的方法。不能简单地套用某种教学方法，更不可照搬所谓最佳教法。

现有教学方法都有各自的特色和优势，每一种教法都有适用对象和范围，在教学中的作用也各不相同，需要分析具体的教学对象后，取其优势，综合应用，从而提高教学质量。所以，教师要及时学习最新的教学方法，掌握其新变化，进行综合分析和应用，充实到实际教学活动中。

5. 优化教学手段

教学手段的使用对课堂教学效果影响很大，结合信息技术的发展，现

---

① 陈文钦.大学物理混合式教学指导[M].长沙:湖南大学出版社，2019.

代课堂教学充分利用多媒体计算机技术进行辅助，如使用投影技术等现代化教学手段，提高信息传输量，从而提升教学质量。

总之，优化大学物理教学作用很大，也能够达到预期教学效果，是可行的。通过优化大学物理教学，大大提升了学生的学习热情，从心理上解决学生对大学物理的畏难情绪，是提高大学物理教学质量又一有效途径。

第五节 大学物理教学设计

教学设计是教师在教学中运用的设计思想。物理教学设计指教师根据教学理念，在大学物理教学理论基础上，通过系统的教学方法，实现教学目标，课前对教学活动进行计划、安排以及制定实施方案的过程[①]。

一、教学设计要研究课程标准、钻研教材、利用好教学资源

1. 研究课程标准

课程标准是教材编写、教学、评估的依据，应体现对学生的知识和技能、教学过程和方法、情感和价值观等要求，确定课程性质、目标、内容，规定教学和评价要求。所以，教学设计必须依据课程标准来确定。

在教学设计中需要注意,执行课程标准不能只是表面的文字表述意思，必须要深入理解课程标准蕴含的课程理念、课程设计思路及其理论要求。实实在在地用课程标准指导好教学活动。

2. 钻研教材

教材能具体体现课程标准，是教学内容的主要载体。教师要做好教学必须把教材研究透彻，为高质量完成教学任务提供基本保障。

3. 教学资源

在现代教育理论下，教材只是教学资源的其中一种。物理教学设计中

---

① 李翠莲.新核心理工基础教材新工科大学物理上力学与热学[M].上海：上海交通大学出版社，2020.

用好丰富的教学资源，使学生能够生动、活泼、主动地学习大学物理课程。

在大学物理教学中，教学资源的利用要考虑几个方面：①充分利用文字资源。②发挥多媒体教学资源作用，如幻灯投影片、挂图、录像带、视听光盘、多媒体软件、电视和广播、网络资源。③开发实验室的教学资源，如实验室的各种仪器、设备、模型等。④物理实验室应用计算机技术等仿真软件，如用计算机处理实验数据，分析实验结果等。⑤充分发挥社会课程资源的辅助作用。

二、教学设计时，把教学活动中的各种因素科学合理地进行最优组合

影响教学活动的因素很多，包括学生、教学目标、教学内容、方法、环境、教师素质等。教学设计时对教学系统进行分析和决策，是制定计划的过程，还不是具体的教学实施，是教学实施的重要前提。教师在教学设计时要进行创造性思考，做好教学方案，充分展现自己独特的教学理念、智慧、经验等。教师通过教学实践总结出宝贵的教学经验，作为教学设计的主要依据。把经验与理论进行有机结合，做出的教学设计才会有共性和个性，同时体现出教学的艺术性①。

三、大学物理教学设计的具体步骤

（一）分析教学目标

分析教学目标是指教师对学生经过教学活动后，对知识掌握等学习状态进行具体、明确的说明。

教学目标描述了学生通过学习任务后对知识掌握的程度，是教学成果的预期体现，作为组织、设计、实施和评价教学活动的基本依据，包括长期教学目标和近期教学目标。

长期教学目标又叫教育目标，比如培养学生的科学思想和自主学习能力等，无法通过短期教学活动来实现，需要长期不断努力，久久为功。

---

① 杨种田.大学物理学习指导[M].北京：北京邮电大学出版社，2019.

近期教学目标通常就叫教学目标，具体明确一节课要教什么内容以及实施教学活动的具体方式方法。

教学目标尽量采用看得见和可检测的方式来作为预期教学指标，同时明确它们之间的关系。

（二）分析教学内容

教学内容是教师进行教学活动的主要载体。教师首先要研究透彻教学内容，搞清楚教师怎么教、学生学什么。教学内容具体包括几方面[①]：① 分析背景。弄清楚知识产生、发展的过程，以及和其他知识的联系，怎样应用到社会生产和科学技术中。② 分析功能。研究清楚教学内容在大学物理整体教学中的作用，同时对人才培养的功能和作用。③结构分析。研究这部分教学内容的知识和结构、找准关系和特点，明确教学重点。④ 资源分析。对本节课教学内容相适应的教学资源进行研究。如实验仪器、课件、习题等，确保教学能够顺利完成。

（三）分析学生

学生是教学活动的主体，教学必须要满足学生的要求，教学设计必须结合学生实际[②]。分析学生主要包括：① 分析学生已经掌握的基本知识和技能。② 分析学生的生活概念或专业背景。③ 分析学生对新知识的兴趣和态度。④ 分析学生对学习新知识的自主学习能力。引导学生在学习中要清楚“应做什么”“能做什么”和“怎么做”。

（四）教学策略设计

教学策略设计是教学设计的重要部分。以教学目标、内容和学生基本情况为依据，由教学形式、教学方法、学法指导、多媒体技术构成。

1. 教学活动组织形式

新教学理念和教学目标强调的课堂教学活动组织形式主要体现自主、

① 邱红梅，徐美.当代大学物理[M].北京：机械工业出版社，2019.

② 王强，黄永超.现代信息技术与物理教学结合研究[M].长春：吉林人民出版社，2019.

合作、探究等方面。教学活动组织形式要适应新的要求，就要对常用的集体授课形式进行改革。首先要从座位编排和学生分组组合、教材内容选择和课程资源开发、学生学习方式、教师教学引导进行重新思考和整合。

2. 教学方法

教学必须要因材施教，不能一直采用固定的教学方法，教学方法必须要根据实际情况而决定。教学方法种类繁多，实际教学时，结合情况选择效果较好的几种教学方法进行有机整合，取长补短后进行综合应用。

选择教学方法时，要充分考虑能够发挥学生主体性的学习方式，使学生能够主动、个性化地学习。

选择教学方法的基本原则，要从教学目标、学生情况、教学内容、教师优势、教学资源、教学技术等条件综合考虑来选择教学方法。

3. 学法指导

在教学过程中，要激发学生的学习动机和培养学习兴趣，重视教学过程的情感化，要培养学生养成良好的学习习惯，重视对学生学习能力和创新思维能力的培养①。

4. 教学媒体设计

教学媒体设计体现在教学媒体的选择、运用等方面。选择教学媒体时，一是要掌握各种教学媒体的特点，二是结合教学内容选择相适应的媒体②。多媒体设计的核心是教学媒体的运用方法及运用条件，一定要清楚选用多媒体的功能和特点，千万不能滥用多媒体进行教学。

（五）教学过程设计

教学过程是教学活动的重点，要充分展示教学理念、思想。教学过程设计先将教学内容分为几个部分，说清楚每一个部分的意义与作用，最后再进行有机地组合。教学导入、新课和结尾构成完整的教学过程，教学策略设计和教学过程设计要相互适应，有机统一。

---

① 方华为，薛霞.大学物理[M].武汉：华中师范大学出版社，2019.

② 王强，黄永超.现代信息技术与物理教学结合研究[M].长春：吉林人民出版社，2019.

（六）制定教学方案

形成教学方案并非完成了教学设计。教学设计最后阶段，在教学实施后，对教学方案进行分析和总结，进一步对设计方案进行修改和完善，帮助教师教学认识能力的提高，更好地提高教师自我认识教学、反思教学能力和对教学的评价能力，是教学设计非常重要的步骤。

第六节　参与式教学活动设计

一、参与式教学模式

（一）含义

在参与式教学中，首先要营造一种民主和谐的教学环境，分析学生特点，把学生分层，使每一位学生都有参与和发展的机会。以学生为本，突出学生在教学中的中心地位,激励每一位学生都积极地投入到教学活动中，师生、学生之间充分地进行交流学习，同时调动学生的学习积极性，形成平等、和谐、愉快的学习氛围，激发学生的学习积极性，学生自觉地从被动学变成主动学，自觉主动地探索与思考，提高主动学习和独立思考、分析和解决问题的综合能力。

（二）参与式教学和传统教学的区别

参与式教学是指师生平等地共同实现教学，相互合作是学习的基础。“参与”不是学生被动学习，而是要求学生主动、自愿、平等参与教学。和传统讲授为主的教学法相比，进行了本质上的改变。

第一，参与式教学用活动来促进发展，主要体现在以学生为主体活动和发展。通过参与式教学，能够培养学生主动思考，同时锻炼学生的动手能力和沟通交流能力，使课堂教学活跃起来。

第二，在参与式教学中，注重教学活动的自主性、开放性和创新性。

通过学习活动，学生主动探索知识，不断思考、发现和改进地进行新的认识。参与式教学重点强调学生主动自觉的学习态度。从活动时间和空间看，学生主要体现的是自主性。学生独立自主地选择活动材料、内容和学习伙伴。大学物理课堂学习中，听的知识容易忘，看见的公式记不住，亲自动手参与实践获取的知识才能掌握牢固。

第三，参与式教学的原则是要平等的参与，使每一位学生参与到集体教学活动中并与其他学生合作学习。学习活动中，教师与学生、学生与学生之间一律平等交流学习成果、共同提升。

（三）参与式教学方法

在参与式教学中通常进行分小组讨论、实例分析、实验观察、座谈等。引导学生主动参与学习，学生通过主动合作、探究学习获得成就感，激发了学习热情。通过参与式教学，教师突破以往思想观念，创新知识体系和结构，增强教学能力。

（四）提高参与式教学质量

第一，要在实质上实现学生参与。使师生之间、学生之间充分交流与合作，重要任务是为学生创造参与的机会与条件，营造参与学习的氛围，通过小组合作、讨论和探究，让每一位学生得到尊重，个性得到充分发展，促进学生全面发展。

第二，教育公平要体现在照顾学生个体差异。要尊重每一位学生的实际情况，掌握学生基础，因材施教，使每一位学生都能得到充分发展的机会，从而体现教育平等。

第三，激发学生的学习动机。通过提高教学水平，激励学生的学习兴趣，增强学习动机，提高学生的学习效率。教师必须改革教学方法来提高学生的学习兴趣，使学生体验到学习的乐趣，从而自觉进行学习。

第四，加强参与学习的管理，不能放任不管。引导和管理是教教师的重要任务，是能否提高教学质量的关键，引导学生通过合作、探究、讨论，教师要起关键作用，设计好程序和规则。课堂教学开始要有吸引力、中间有高潮、结尾有余味。

第五，教学情境多元化。设计好学习情境，能更有效地激发学生自愿参与学习的激情。

第六，教学中发挥学生的主体性，多听听学生的想法。通过交流和沟通能够和学生建立良好的感情。学生都希望得到教教师的肯定和重视，学习成绩差的同学更在意教教师的评价。参与式教学中，教教师必须要耐心倾听，只有了解了学生的真实想法，才能和学生进行有效的交流与沟通。多欣赏学生的观点与想法，做好倾听者。

（五）课堂教学的原则和规则

1. 课堂原则

课堂教学要做到人人参与，营造融洽的学习氛围。以学生参与为主体，教师用三分之一的时间进行讲授，留给学生三分之二的时间参与学习。

2. 课堂规则

常规规则：师生进行讨论，设置问题不宜过多，最好不超过 5 项。竞争规则：分小组学习讨论，进行学习效果竞赛，通过记分或统计，每周评比，评选出学习成效好的小组或个人。

二、参与式教学模式

传统教学模式中，学生主要是被动学习，教师教学中单向传输事实和结论，学生参与程度很少，学生参与教学主要是回答问题，处于被动学习地位，学习的积极性没有得到充分发挥，体现不出学生的主体作用。

（一）教学目标的全面性

参与式教学要促使学生在科学文化素养、思想道德，以及心理素质方面取得全面提升，不能只是某一方面进步，这就要求参与式教学需要多样性和多层次性；参与式教学力求从质上提升学生的能力，不断提升学生的内在自觉性和内在智慧，并形成自觉行为。学生在经过参与式教学后能够形成积极主动的学习态度，在获得知识和技能的同时，形成良好的心理素质、正确的价值观和社会责任感，最终实现学会学习、生存和做人的目的。

（二）培养学生的合作与交流能力

教师在参与式教学中预设一个开放性问题，根据学生基础情况和个性特点，按层次进行分组，做好小组内的分工，以小组为单位进行社会调研、查找资料，小组再进行讨论形成成果，选定代表在全班作交流。因此，参与式教学的过程充分发挥了学生主动性，培养了学生的合作与交流能力，增强了学生的参与意识，同时也提高了学习积极性。通过合作学习培养了学生的社会意识，使学生能够更好地认识自己，实现自己的人生价值，同时学会相互尊重。在交往过程中，学生的学习态度、价值观、知识能力都得到提升，比单从书本上学习的成果大得多。

（三）营造良好的教学氛围

在参与式教学中主张师生平等和民主，营造开放的教学环境、引导学生积极思考，全体学生都能获得公平的发展机会。在良好的学习氛围中，学生公平参与、自由交流，学生的认知得到很好的尊重，学生通过不同方法分析出结论。学生取得成功、心情舒畅，进而更加积极主动地去学习，形成良性循环，取得很好的学习效果。

（四）多维度进行教学评价

参与式教学对学生在课堂的讨论、交流、合作协调、思考、分析解决问题过程能够更加全面掌握，教师能够更加全面评价教学效果。“参与式”教学对学生学习过程、方法更加重视，多维度地进行教学评价。教教师在“参与式”教学中担当了组织者、合作者的角色。

教学评价的作用是激励、促进学生的发展。参与式教学十分重视激励功能。通过不断探究，让学生都期待学习。参与式教学还主张对学生的发展评价，通过多元评价，不断提高学生的综合能力。学生经过自己的努力，在教师和同学的相互帮助下不断进步，进而增强自信心，在学习过程中获得全面发展。

（五）反思教学效果

反思和顿悟是参与式教学的优点，通过总结书本以外的内容构建知识体系。培养学生自己认识知识理论，引导学生分析理论的形成原因，全面地掌握知识观点和方法，学习准确性的知识结论后，拓宽学生的思维范围，提高理解能力和创新思维。自觉主动地学习新理念、新方法，全面提高自己的认识能力。

三、参与式教学应关注的问题

第一，参与式教学并不是简单地进行分组，要让全体学生参与到教学活动中来。充分考虑到学生的个体差异、基础情况、学习能力、约束能力等。

第二，设计好教学结构，为学生积极主动参与创造条件。不能单一地进行教学，充分考虑大学物理的学科特点，设计多样化教学模式，比如小组合作与讨论、知识竞赛、学生相互考评等。根据教学效果和学生学习状况调整教学方式，多为学生参与创造条件，发挥学生的积极性，活跃课堂氛围，使交流讨论取得成效。

第三，教师在创设讨论问题时，要结合学生基础情况和个性特点，注重层次性和多元化，有利促进学生的发展，保证全体学生都能参与交流学习。

第四，要充分认识到每一个学生都是可以培养的有用之才，尊重每一位学生，认真听取每一位学生的意见和想法，根据学生的兴趣和意愿开展教学活动，多表扬学生取得的成绩，把学生主动参与的积极性调动起来。

第五，要开展好参与式教学活动，首先要充分分析学生的基本情况，掌握每一位学生的知识结构、兴趣爱好、沟通与协调能力、学习能力和态度等。掌握学生基本情况后，设计教学问题才能有的放矢，起到事半功倍的效果。

第六，有效地将参与式教学法和其他好的教学法进行融合。大学物理教学将案例教学法、分层教学法、任务驱动教学法进行综合教学实践，怎样把参与式教学与其他好的教学法融合，增强学生的主动性，提高教学效果，要不断思考和解决这一问题。

四、参与式教学的小结

第一，相信学生都是可以培养成才的，都具有较强的学习能力。纠正以往的观点，认为知识难点，教师不详细讲解学生就学不懂，或认为对学生提高要求，学生无法做到。通过参与式教学，教师重在引导得当，充分发挥学生潜能，对于很多困难一定会迎刃而解，不断增强学生学习的信心和勇气。

第二，充分做好教学准备。参与式教学需要教师准备的工作更多、更细致，在备课上花更多的精力，一是要充分考虑教材难度、深度，二是考虑对学生的难易程度，要充分思考学生在学习中会遇到的困难，做好解决难题的预案，一定要因材施教，根据学生情况选择教材，及时调整教学方法。难度如果大大超过学生基础，及时给予纠正，如重点、难点未讲到的地方，应当适时归纳和补充。时间和进度也是根据学生在学习过程中的情况来调整，着重要求教师教给学生学习方法，收放得当，培养学生形成良好的学习习惯。

第三，教学中要重视全体学生的学习情况，根据学生基础，分为几个学习小组，营造同学之间相互帮助、相互促进的良好学习氛围。多关心基础较差的学生，多给予他们学习的机会，帮助树立其自信心，调动其积极性，有效缩小学生之间的差距，使全体学生都能走向成功。

第四，课堂结束后，要成果总结和分享，对重点内容归纳总结，每组凝练出好的学习方法在班上进行推广，教学中培养学生善于思考，同时更要引导学生积极归纳总结，形成遇到困难主动思考和解决的良好习惯。

第二章
大学物理实验教学有效性改革

第一节　大学物理实验的教学理念变革

一、大学物理实验重要性的认识

对于每个人而言，在很小的时候就要养成良好的观察习惯和实验习惯，尤其是在青年时期更要积极热衷于实验，只有通过理论的学习与实践，才能把新的发现变为现实。只有这样，才能让你的发现变得更有价值，更有意义。因为在知识传承和创新过程中，实验占据了不容小觑的地位，发挥着巨大的功能和作用。

事实上，在科学的早期，有很多证明理论和实际紧密相连的成功事例。最有代表性、给人留下深刻印象的是牛顿，他在英国剑桥大学建设了一座木桥。欧拉是另一位杰出的数学家，他在工程上为结构稳定问题的研究与解决作出了重要贡献。他是世界上最杰出、最伟大的工程师。

诺贝尔物理学奖是世界上备受瞩目的物理学科奖项，通过该奖项历年来的实际颁发情况可以充分证实物理实验的重要性。据统计，从 20 世纪开始，诺贝尔物理学奖共颁发了 110 多次，获奖人数达 210 多人，其中，物理实验奖项占比达到了 70%左右。到目前为止，这个比率还在不断增加，很明显，物理实验将会对未来的科学发展有很大的影响。而对于各大高校来说，开展物理实验教学最主要的目的和任务就是帮助国家培养更多优秀的物理实验人才。

对于大学生而言，大学物理实验是一门必修课程。作为一门基础性的实验课程，其具备多重特殊的特征，比如具备科学实用性、应用培养性等特征。透过这些多样化的基础特性足以说明大学物理实验教学的重要性和其教学本质。通过开展物理实验教学，有益于大学生掌握最基本的科学方法和科学技能，同时也有益于提升大学生的综合基础科研素养，对于为国家培养高科技科研人才有着不容小觑的现实意义。

当前随着我国经济的迅猛发展，社会发展对于各大高校的毕业生提出很大要求，尤其是对大学生的综合素质的需求，包括实践、分析和解决问题的能力。想要让大学毕业生更贴近这一高标准要求，就必须在高校教育实践环节予以改革。高校需要通过结合现代教学理论来更好指导学生学习。大学物理实验课的开展，需要遵循其本身的规律和体系，以现有的实验教材为依据，归纳出一套完整、高效的实验教学模型，进而形成一套专业独特的物理学科实验教学理论，培养学生熟练掌握更多的实验方法，提高学生对问题的研究和分析能力，拓宽他们的知识面，让学生通过物理实验培养其运用实验方法的能力，使高校的物理实验课成为人们认识现代科技与当今社会的一座桥梁，为问题的解决提供了一个方法，扩大了学生的知识范围，增强了他们的见识。

二、教学思想与教学理念的研究

（一）教学思想与教学理念

教育是一项非常伟大的事业，其决定着新一代人的实干才能和综合素养，也是推动未来社会发展的主要力量。在实践教育中，不能一味盲目地只重视书本知识的传授，而要综合重视多方面的教育，比如重视思想和素质教育等。教育工作者也要不断优化自己的教育理念和教育思想，跟上时代发展形势改进自己的教学方法和教学理念。

李政道曾是一位有超群理论天赋的学生，在一次上课期间，老师看到他在课上翻看其他不是本节课内容的书，对李政道说："你可以不去听我的课，只要你自己去学习，然后去参加考试，那样你就能学得更快了，但是你得上实验性的课程。”老师十分重视对他实验的培养：“如果实验做得不好，理论学的再好也不会得到高分。”理论与实验的紧密结合，是其寻找更多更有效科学思维方法的关键。因此在科学实验过程中，不能模糊不清，不能不严谨，要掌握正确的科学思维方法，这才是素质教学的关键。而实验教学正好囊括了这些内容。

自然科学教育离不开对科学品质的培养。科学精神是人类在长期的科学实践中所形成的科学价值观念、科学思想方法的总和。叶圣陶曾说过：“教育的目标就是要让人们把从老师处所学的一切都运用到实际中去。这才是所谓的好教育。”而这一目的要求给教育带来了巨大挑战。对于所有高校教师来说，必须加强对教育理念与理论的研究。

（二）两种不同教学观的比较研究

教育学当中有两种不同的教育学理论。一为传统的以学科为中心的教学理论；二为现代化的以学生发展为中心的教学理论。这两种教学理论在教学目的、教学方法等多个方面都有着很大差异。

传统教学理论的关键是学生若能掌握知识，便可达到目的。注重成果是以进程为代价的。相反，在现代教学理论当中则认为以学生的发展为核心的学习过程有助于他们的成长，培养他们对社会和世界的理解，更注重知识和发展的相辅相成提升。

传统教学理论将传授知识放在第一位。而现代教学理论则不同，其将课程设计作为主要立足点，认为教师在实践教学当中既要传递知识，又要设计课程。教师的职责就是让学生在课堂上学习，让他们自己去探索和发现，最终完成认知过程得到发展和提升。

传统教学理论基于行为主义心理学，认为人的一切回应都源于其结果。而现代教育学的研究，是基于认知心理学的，认为人的反应不单单是来自于刺激，更多的是来自人体内部的不同因素，学习过程通常是从人的认识思维开始构建和形成，学习者在通过与外界交流互动的过程中，自主进行知识挖掘和探究，然后获取新知识，知识在获取的过程中不断积累、总结、发展和成长。所以，在实践教学当中，现代教学理论更着重于创造情境来启迪和指导学生。

传统的教育观认为，在现实的教育活动中，教师是主体，是知识的载体和传播者，而且更注重教师的权威。现代教育理论认为，教师既是知识的高级传播者，又是知识的传递者，同时还要扮演好学生学习的引导者、组织者、促进者的角色，教师不再是主角，而是整个教学活动的导演。

前面提到现代化教学理论主要是在以学生发展为中心的基础上而形成的教育观。而物理实验正好契合了这一教育观，可以有效帮助学生发展个性、启迪思维、加强学习主动性、提升创新能力。而传统教学理论则更多注重的是学生对前人知识和技能的掌握与传承，物理实验是一种传授知识的方法，也是一种学生认识物理知识的方法。

三、变革大学物理实验的教学理念

大学物理实验课的改革，其实是一个十分复杂的课题，既要对教学内容、教学系统进行改革，又要同心理学的应用与发展相结合，同时还要针对教学方法和教学手段予以改革，因此可以说这是一项非常繁杂的工程。

实验教学改革的关键在于改变教学观念。教师必须充分结合运用现代教学理论改变自己的教学理念，既要改革教学内容，又要把心理学的理论运用到课堂中去，同时还要运用新的教学思想。引导学生在学习时要放平心态，加强与学生的互动性，培养学生良好的终身学习习惯。除此之外，教师还要拓宽自身物理知识面，掌握丰富的物理实验知识，提升自身科研实践能力，争取成为现代教育中的“专业”物理教师。

目前我国的人才培养水平还存在着较大的差距。在教学改革中，应进一步强化物理实验课程的作用。实验教学是培养学生综合素质的有效手段。教教师必须对物理实验及其在教学中所占的位置有深刻的认识。只有强化实验教学，才能使学生自觉地认识到知识、能力、素质三者的内在联系。同时，在实验教学中，要注重传统与现代、知识与能力、技能与创新的有机结合，以实现大学物理实验课程的建设。让学生在有限的时间内掌握更多实用的知识和实用的技能，成为国家不可或缺的栋梁。

所以，改革教育理念最有力的支撑，即为加强物理实验教学改革。只有重点突出“加强基础、科工结合、以科带工、以工促科”的指导思想，才能够有效地促进知识、能力、素质的和谐发展。“以科学为本”，其主要目标是加强对工程专业的基本科学教育。从而让工科专业生在工程实践中夯实科学理论基础，科学素养的提高，为科学的发展积累了力量。而“理势工发”主要是指针对理科专业生，利用不断加强工程教育背景，进而帮助理科专业生养成良好的理论结合实际的学习和科研精神，从而让理科学生的理学优势能够在实践中得以全面发挥。

第二节　大学物理实验的教材建设优化

一、传统教材的特点与局限性

课本是一个很好的学习资源。尤其是大学物理实验教材，很多都是按照物理实验顺序来编写的，对于每个实验都会按照标准的实验要求，详细写明实验目的、实验原理、仪器设备等各方面数据。而在进行实验时，学生只要按照课本上的具体操作步骤，按顺序做实验就可以了。以前的实验教材在总体形式上，知识陈旧，教学方式机械，对学生思维拓展、学生个性发展有很大不利。

现代教育学的基本理念是：教材是教学的基础，而教材的内容则直接关系到学生的学习。当代教科书应该重视对学生的学习能力的培养。传统教材存在的缺陷有：

第一，将力、热、电、光和现代物理次序划分和，并分别进行了相应的实验，充分、全面地反映了理论体系的要求，受到理论教学系统的制约，教学内容统一，实验课程体系的特色不突出，实验技术缺乏系统和科学的方法。

第二，起步较晚，内容较老，经典性、验证性内容过多，技术含量较少，内容与现实生活不密切，时代性差，很难引起学生对实验的兴趣。实验教材普遍与所需的实验器材、实验环境相适应，缺少实验经费，仪器设备落后，教材编制受到限制。

第三，教学中过于注重知识的传授，忽视了培养学生的能力。理论上的知识通过实验课，提前学习，操作，写报告，手不离开书本，仅关注理论知识，而忽略现象观察和实践活动，普遍缺少对感性知识的主动探究，这对提高学生的实验水平和实验素质是非常不利的。

第四，缺乏对培养对象需求的考虑。在计划经济条件下，以往简单划一的人才培养方式，已然无法适应社会的多元化需要，而传统的教材又没有反映出多元化的观念，不能适应不同的需要。

二、大学物理实验教材建设新趋势

（一）教材建设的时代观

新的大学物理实验教材的建立，从整体上反映了物理学的发展规律，即理论与实验的相辅相成，交替发展，充分体现了科学发展观，同时又兼顾了新世纪的教学目标。

（二）实验课程的独立性

实验打破了传统教学的束缚，打破了力、热、电、光的分离，遵循了实验技术的自身规律，系统、科学地进行综合，渐渐地，它成为一个真正独立的学科，不受理论教学的影响。

物理学历史是一个悠久的实验物理学历史，其实验内容、方法、技术和精密的仪器都是由实验的历史所决定的。保留有代表性的实验，发扬实验的精华，陈旧的、简单的、重复的实验被抛弃了，而那些能反映最近物理知识和技术的实验则被添加了进来。这样不仅可以追溯实验的发展过程，而且还能感受到时代的脉动，激发我们追随时代的使命感和欲望。因此，要按照不同学科的需要，对物理实验课程进行改革，制订新的课程大纲，编写教材。在保证知识结构完整的前提下，各章按照下列次序进行：实验知识储备、基础实验、设计实验、近代物理实验等。在基础分类的实验知识部分，分别介绍了误差与数据的基础知识、物理实验的仪器、实验的基础、实验的基本方法。在选择实验内容方面，多数章节采用循序渐进的方法，从学生的学习空间和将来的发展来看，力、电、光和现代物理已经成了一个重要的研究方向。每个学期将有很多必修课被挑选出来，而选修课将会根据不同的学生需求对其进行扩充和扩展。

（三）层次教学模式的开发

大学面向时代发展，以提高学生的知识、能力、素质为目标，教材编写体现出了百花齐放的格局，形成了多种教材。循序渐进的指导思想反映在不同教材内容的编排上。从低级到高级，从基础实验、综合实验、设计实验和小规模科研实验，从基础实验到前沿实验。实验的不同层次要求使教材的编制也有差异，教学目标也有自己的侧重，应该着重于选择的部分进行优化；坚持围绕“自主改进，自主选择，自主探索，自主创新”的教育理念，开拓具有开放性的教学新思路。

（四）测试手段和教学设备的现代化

教学设备建设是教学内容现代化的基本原则，即新教科书的建立，加大投入、优化整合、删去陈旧知识、更新资料，使教学内容更加现代化。为了提高学生对现代实验技术的熟练掌握，运用计算机进行数据采集、处理和控制。

运用多媒体进行实验教学。随着计算机技术的飞速发展，多媒体技术逐渐走进了教室、实验室，对传统的教学方式和手段进行了改进和完善。积极地制作和开发多媒体实验课件，已成为我国大学教材建设的一项重要内容。

第三节　大学物理实验教学模式的探索

实验教学模式是通过对教学理论、教学目标、教学任务的整体设计与组合的优化，使其更稳定、更先进。新的教学模式应体现知识、能力、素质并重的思想，由单一的基础实验向综合性、创新性实验发展；为此，必须确立科学的教学质量观念，要建立健全的教学质量评价制度，完善教学质量管理与激励机制。

从广义上说，实验是指在一定条件下，通过科学仪器、设备等物质手段，对自然现象进行人工控制和模拟，从而达到对自然现象的观测。该定义明确了人类对实验过程的控制与干涉，使其具有最大的人类主体性和创造性。科学实验通常可分为探索与验证两种类型。在大学物理实验教学中，必须坚持以科学实验为基础，以最大限度地反映人的主体，探索“学”与“教”的最优形态，从而提高实验教学的质量和效果。

一、分层次教学模式

（一）分层次教学模式的理论依据

学生的个性差异具有一定的客观性，其表现为不同的心理特点、不同的发展程度。比如，个人的智慧、兴趣、个性，思想的广度和深度，面对困难的灵活性、勇气和毅力。因材施教是一种适合学生心理特征和实际发展水平的教育方法，采用不同的教学方式和要求，采取相应的措施，以促进优秀学生的产生，并给予特殊的辅导。

整个课程体系是一个大体系，每个课程是包含在大体系当中的一个子系统。从系统的视角来看，该体系是具有层次性特点的，依据教学层次进行大学物理实验课，既满足课程内容的需求，又充分利用整个课程的功能。大学物理实验教学既是一个独立的、封闭的系统，又是一个开放的、动态的系统，这就决定了高校的物理实验教学应从系统外部的各种因素出发，并与社会发展的需要相结合。

为了适应新时代新社会的高等教育改革的需要，大学物理实验教学工作的同仁们，在“教”和“学”的相互影响下，在区域与国际的相互交流中，密切关注着国内和世界教育的发展动向，秉承二者优良的教育传统，结合各自优势，形成新的典型教学模式。

（二）分层次教学模式的实施

通过对物理实验课程体系的大量内容及各种方法的运用，建立了很多的教学目标，采用分层的方式进行教学。

1. 教学目标的三大模块

（1）知识方面。

使同学们能熟练掌握现代物理的实验方法、基本技术和基本原理。

（2）能力方面。

培养学生综合实验、计划实验、运用物理理论来判定实验结果的准确度、学习物理定律的能力。

（3）素质方面。

培养学生创新意识，科学思维，实事求是的科学态度，严谨的工作态度，科学探究的态度。

2. 新的实验框架体系

实验教学改变了原有传统的拼盘式实验体系，新的实验框架体系包括实验方法和测量方法，本课程以力、热、电、光、现代物理为基础，建立初步实验、基础实验、综合实验、设计实验、创新性实验。每一层次均设有“必修实验”及“选修实验”，供学员自行选择，以满足个人兴趣及专业需求。不同学科对物理实验的需求不同，其教学时间也不同。很多高校已经改变了以前“统一”的学分分配方式，而是采用了按课程特性划分等级的实验教学（30、48 或 64）。

（1）预备实验。

预备实验是为了使学生能够更好地掌握基本的物理实验知识，所开设的一种实验课程。这种课程主要采用开放式或者课后实验的方式展开，让学生按实际情况和需求完成物理基础实验。本课程的目的是让同学有机会进行实践，并加深对实验的兴趣，其中包括利用各种不同类型的实验仪器，利用初学者所掌握的知识进行实验，并对其进行再利用，从而培养学生主动操作、动手实验的好习惯，提高他们的实验兴趣。

（2）基本物理实验。

在选择“代表性”“基本性”的基础实验项目时，必须具备一定的普遍性。基本实验包括基本物理量的测定，如热、电、光等基本物理量的测定，基本实验室仪器的应用，基本实验方法与技术，资料处理与误差分析等。

实验不仅要让学生熟练地使用仪器，还要对实验装置的内部构造、实验知识、应用实验的基本原理进行分析。着重于“三个基本”，即基本理论、基本方法、基本手段。基本理论包括实验概念、误差理论和实验数据的处理。这是一切实验的基础，因此，要学会理解，才能解决一般的错误。基本方法是指实验与测量，前者是指物理现象的特定情况如何再现，而后者则是在这种情况下，如何获取所需的资料、实验和测量方法。一般情况下，新的教科书包含了获取常见物理量的实验方法，从物理基础到光学参数，既包含了必修的实验内容，也包含了选修与扩充的实验内容，从而扩大了基础知识的广度。物理实验的一个特征是具有一定的覆盖性和广泛性，力、热、声、光和电磁学都是需要实验的内容。而实验过程中的基本设备和常用的仪器是获取各种物理量的基础，并有专门的章节说明，要求学生在综合与强化实验中熟练掌握这些仪器和实验设备的应用方法。

标准物理实验报告格式具有正面积极的意义。在传统的实验报告中，学生要花费大量的时间去“复制”教材中的理论和步骤，而忽视了原始的实验资料和数据的处理与分析。物理基础阶段的实验教学，对学生的实验报告编写有较高的要求，并注重实验的操作，以及对实验报告的记录。本文着重于如何正确地处理实验数据，并对实验结果进行分析。所以在具体实验过程中，要求每个学生熟练运用科学的误差分析方法，对实验中所采用的实验方法进行科学的探讨和研究，从而给出简洁、精确的实验结论。

（3）综合性、设计性实验。

这一层次的实验是以基本实验为基础的，并逐渐加大了综合实验与设计实验的比重。综合实验的目的是使学生能够在较为复杂的条件下，将不同的知识与仪器结合起来，观察现象、检验数据、解决矛盾、分析问题。学校每年都会增加综合性的选修课，并不断完善、丰富和强化教学内容，使学生有更多的选择余地。设计性实验是指在学生掌握了基础实验的知识和技能之后，提出发人深思的实验题目，进行实验设计。本课程的目的是让学生运用所学的知识与技巧，对实验方法进行思考，并选用测量工具，确定测量环境，并对其进行科学实验的能力进行训练。教师要做的就是向学生们讲解题目、提问和说明实验课题的背景知识。同学们要认真地思考、实践问题的解法、运用的原理、选用的工具。在设计实验中，无论成功还是失败学生都会得到一些启发和锻炼,并且会有益于提高学生的综合素质。

（4）创新提高性实验。

该物理实验主要以科研实践为中心，按照实验课题分成不同小组，然后由学生直接参与小组实验设计，或者对传统实验进行升级改良，和专业研究对接，通过选题、专业研究、首研、实验调试等，让学生们可以更好地理解科研研究的过程和方式，并掌握独立的研究能力。创新提高性实验选题通常是在实验教学中进行的过程中总结提炼出来的，具有很强的科研价值和良好的科研环境，在教师的引导下，可以通过自己的努力来完成。有些高校采取了导师制，以协助学生挑选好的研究项目。教师应加强对学生的辅导，并与他们共同开展创新实验。

通过构建多层次的物理实验系统，使整个实验教学能够形成一个良性的、有利于基础较差的学生发展，对基础较优的同学可以让其充分发挥自己掌握的知识和能力的系统。同时，创新实验还可以利用实验计划和仪器进行补充。

在掌握实验教学内容的基础上，由于教学时间较短，实验项目数量较多，因此，必须把传统的课程划分为综合型、提高型、应用型，合理地选取实验项目，适时地丰富实验内容，是一个值得深入探讨的课题。在确保教学内容和教学质量的前提下，必须确保学生必修实验内容和选修实验内容尽量贴近本专业，并保留其教学特色。

二、开放式教学模式

在21世纪,实现实验教学的开放性是一项重大的改革。狭义上的开放性是指实验室的开放。广义上的开放性是指实验教育的整体开放，教育的内容与方法，在时间、空间、思想等方面都具有开放性。大学物理实验是以学生的独立实验为基础，由教师进行启发、指导，利用电脑技术和其他教学手段来强化。而且在实际教学当中，教学的核心是：针对不同的学生，建立合理的物理实验设计思想、正确的实验方法，使学生熟练掌握实验技术,要确保所设计的实验教学内容和时间安排等可以不拘一格、完全开放。

开放式的教学方式有如下优点：

其一，充分展现了“因材施教”的基本原则，这是十分实际的，并且通往多样化需求的大门。

其二，能激发学生的学习热情，激发他们的学习积极性。在实施过程中，要让学生自主地进行实验，充分发挥自主学习的作用[①]。总而言之，开放式教学就是要把原来的“被动式要求做实验”改变为“主动式要求做实验”。

其三，可以促进教师的教学与研究。在物理实验教学实施后，充分要求每一位教师要严格遵守教学大纲，还要适应学科发展的需要，不断更新实验内容，科学地进行实验教学[②]，使实验教学的教学质量得到提高。另外，在缺乏互联网技术的支撑下，该模式的实施会受限，尤其是想要对全部学生实现实验开放的目的。为克服耗时、工作量大、实验内容层次多等问题，已研制出的多种开放式实验教学网络管理系统恰巧能够有效解决上述这些问题。这些网络管理系统通常可以在计算机上直接使用，系统中全面应用了 SQL server 数据库开发技术，能够让学生在想进行物理实验时，可以方便快捷地提前进行网上预约、提前进行课前预习，能够给学生提供各种方便快捷的功能,是一个综合了很多功能的一体化实验教学管理系统。该管理系统的应用，对教师提出了更大的要求，要求教师必须强化学习，熟练掌握现代教学技术，尽可能在功能以及内容等掌握方面完全达到实验开放性要求[③]。

其四，要促进学生知识的积累，提高科研水平。物理实验要适应不同学科、不同专业、不同层次学生的需求，要拓展物理实验的教学内容。在实验室里，除了要进行各种专业的实验之外，还要提供一些学生根据自己的能力和爱好自由选择的实验。有些大学生在实验室实习的时间较短，实际操作能力较差，采取预备实验教学方法，可以有效弥补这些学生的不足。同时还要进行一定比例的综合性、设计性实验，使学生综合运用、思考、探索、体会实验与科学研究的方式与过程。实验教学是一项具有明确目的

① 李柱峰.大学物理实验[M].北京：机械工业出版社，2020.
② 史少辉，东艳晖.大学物理实验[M].北京：北京理工大学出版社，2020.
③ 张凤，王旭丹.大学物理实验[M].长春：东北师范大学出版社，2020.

的实践性活动，而科研则是一种具有探索性、创造性的科学实践[①]。开放的实验教学方式，使学生积极思考、发现、质疑、创新，并完成教学项目。这是开放式实验“自由空间”的最好体现。聚沙成塔，借此为学生提供了一个培养学生科学素养的机会。在开放式的自主性学习环境下，学生可以把自己的物理思想、研究方法、实验技术和课外知识结合起来，并灵活地利用书本知识，使他们能够自觉地发展和建立起一个合理的知识系统。另外，要有足够的时间去开发和构建一套科学的知识系统。

其五，充分发挥实验室的优势。实验室的适用，有助于教学水平的提升和实验进度的加快。每位同学都能充分利用自己所选的实验器材，提高了实验室的开放性，并将各类资源最大化地利用起来。

其六，要强化和推动实验室的管理。开放式实验教学应兼顾教学的次序与效率、分层教学的需要、人力、设备的利用、实验教学的质量等。所以，要创建规章制度予以规范，予以严格管理，如此才可更好地促进实验室管理水平的提高。

三、物理实验教学方法的多种并举

随着教学课程、内容、形式的多元化，教学手段的多元化是教学改革的必然选择。探讨大学物理实验教学的途径，既要进行理论探讨，又要进行大量的实践活动探讨。物理实验教学方法具有多样性。

1. 辩证认识多样性的实验教学方法

在教学实践中，要根据教学目的、教材内容、时间、空间、教学器材等多种基本要素，灵活地应用教学方法，注重教学手段的相互借鉴和融合，使学生的积极性得到最大程度的提高，从而真正实现实验教学的目的。

当今的教材内容正逐步由强调知识传授、片面验证的实验方式转变为体现分层教学、开放性教学理念的内容，并不断地适应时代发展。

因此，必须明确每种实验教学模式的优缺点。比如，对于传统的实验教学方式，人们对此看法不一。有学者认为，这种模式可以使实验的基本

---

①孙阿明，刘静.大学物理实验[M].西安：西安电子科技大学出版社，2020.

原理更加清晰，有利于实验方案的完善，易于实施，具有较高的准确率和较高的成功率，对培养学生实际动手能力是有益的。有学者提出，单纯依赖现行的教育理论来进行教材的设计是非必要的，尤其是对学生的创新思维能力的开发与培养，使其思维活动受到了一定的限制。实际上，这两种看法都是一边倒的，不能把同一模式的两个特性随意夸大。由于实验教学的目的，既与实验教学模式有关，也与学生自身素质、教师素质、实验室环境有关。在实验教学中，要正确理解与掌握实验教学改革的辩证关系，倡导在实验教学中不受绝对、片面、个别的方法、具体学校、具体实验项目、具体情况下的成功经验的影响，要避免实验教学中的玄学倾向。突破主客关系在实验教学中的作用。在实验教学中，要截断各个因素相互制约、割裂共性与个性的辩证关系。

实验教学是指在教师的引导下，由学生自主地运用科技手段，通过对环境进行人为的控制，从而使客观环境和程序发生变化，达到一定的物理实验规律。与普通的课堂教学相比较，实验课程更具吸引力、更实用。现代教育理念主张，“双重主体”在教育中的角色必须体现出来。主体是指认识人，而客体则是人的认识和行为。主体具有意识、认识、社会历史等基本特点，而意识和思想是主体作用的主要特点。主观能动性是由主体的内在和外在的社会历史环境决定的。主体的内在要素是指受试者的主体性。教师所提供的知识和技巧，在将其转变成自己的能力之前，必须由学生自己去观察、思考、理解、实践和运用。一般而言，学生对于学习态度越积极，越有动力，其求知欲、自信心、好奇心及创造力越强，学习成效越佳。

2. 我国高校教师在物理实验教学中积累的丰富的实验教学方法

（1）问题教学法。

问题教学法是培养问题导向型学生的一种有效方法，学生在针对不同的实验课题处于不同的实验阶段过程中，都会存在各种问题，在实验教学环节教师需采用问题教学法给学生合理设置问题。

以问题为依据，考查学生在实验室中的预习效果，突出预习的重要作用。在第一堂课上，班主任要让学生在每一次实验之前进行预习，在预习报告中把实验的要点、表格、教师随机抽查、提问、是否有做预习报告等全部写出来，目的在于决定每位同学的不同预备程度，以增强他们的自主学习能力。

提问能激励学生进行实验。这是阿尔伯特-爱因斯坦的一句名言，“问题的产生常常要超过问题的解决”。在新的时代，大学生问题意识的培养显得尤为重要。教师要对教材以及学生进行深入的研究，对善于提问的学生要转变教学方法，改变“教—受”的传统教学模式，建立发展“发现问题—问题研究和学习—解决问题”的教学方式。“问题”是探索、启发、扩展和可行性的过程。观察、比较、分析、整合、判断和推理等设计思考过程，能够激发学生的主动性，并使问题充分地参与到思考中去。

通过提问，对学生的实验结果进行归纳。通过进行实验总结，可以让教师更好地分析和巩固自己在实验教学过程中的经验教训，把“问题式教学”充分贯穿应用到物理实验教学的各个环节当中。

比如，光度计的实验采用了其他相似的精密仪器的基本原理，调整的范围很广，调整的旋钮也很多，教材中以光学名词为主，对于仪器结构、具体的调整步骤，一般的同学都搞不懂。教学法以问题为依据，循序渐进，逐步消除迷惑，巩固学习成效。举个例子， “发出平行光”就是指在物镜的焦平面的边缘，通过望远镜可以看见一个明亮的、清晰的图像；“聚焦于无穷远”就是指焦面上的缝隙，狭长的缝隙位于物镜的焦点内，在望远镜里，缝隙的影像是明亮和清楚的；通过对“绿叉”的成因分析，归纳出调节现象的方式，可以设定一套问题。一位同学用“黎明前的黑暗”来总结在反射影像上的“绿叉丝”，这很贴切。“绿叉丝”是不可能出现的，除非在望远镜视野内存在另外一个明亮的背景。

（2）演示教学法。

通过实验可以更直观、更快速地了解物理学，尤其是在高技术的今天。物理实验的典型形式有：开放式物理实验、专业示范实验，或与课堂教学法结合。其可以帮助学生创造学习的物理环境，培养观察、分析等实验技巧，并能促进学生对物理概念、原理的认识。在课堂上，可以先灵活应用示范教学方法，例如使用示波器进行实验，因为画面上有几个转换信号波形，生动逼真，能吸引学生的注意力，还能够引发学生很多“为什么”的联想，并使他们迫不及待地想要尝试。

（3）情境引入法。

传统教育理论认为，教育实质上是一个由教学内容、教学方法、教学角色、社会关系、活动类型、场所和设施构成的学习环境。教师的一言，也许会在学生的心里打开数扇窗，将他们吸引过去。甚至在常人眼中显而易见的事物背后，也有可能蕴藏着巨大而深远的事实。举例来说，伽利略发现了重力加速度，他观察了大小不一的石块，并在同一时间落入山谷的底部。丹麦的物理学家奥斯特敏锐地捕捉到一只细小的磁针“意外”绕着带电的金属丝发生了弯曲，这就是电磁场的影响。在实验教学中，要有意识地营造教学环境。举例来说，在每一个物理实验室，都会有实验知识的介绍和实验的基本原则。实验室的走廊上挂满了科学家的肖像和名言。在实验室的走廊上，陈列着科学家的画像，以及他们的格言，同时还有对科学的尊敬，对真理的追求[①]。营造出了一个很好的实验氛围。

通过情境教学，让学生学习观察，发现问题，运用不同的认知技巧去寻找答案。在物理实验教学中，观察并不只是目视，而是一种眼与心的结合，相互促进的过程。一方面，我们的眼睛看到了那些应当被思想所关注的事物。另外一方面，我们的眼睛则被引导着有目标地、专注地观察，观察既是认知的一种重要方式，又是把外界的信息转变成个人体验的一种方式。在物理实验观察中，经常要通过不断观察、比较观察和转换观察等方法来改善观察效果。

（4）科学探究法。

在“均衡—不平衡—新均衡”的周期中，人类的认知结构不断丰富、完善、发展[②]。在此基础上，教师不再是传统的知识提供者，而是一种组织者、指导者和拥护者。作为活动的主体，学生是知识的主动建构者。自主探究教学是一种以学生为主体、以教师为主体的现代教育思想。科学探索是科学家通过各种方法来对自然进行调查，并从他们所得到的事实中作出解释。探索性教学是指在科学研究中，通过对科学知识的建构、科学概念的形成和对科学的认识等方面，从注重知识的传授和积累到知识的探究，从被动接受到主动获得，充分发挥学生的主动性，积极探索、创新，充分

---

① 毕会英.大学物理实验[M].北京：北京航空航天大学出版社，2019.

② 樊代和.大学物理实验数字化教程[M].北京：机械工业出版社，2020.

培养学生正确的科学态度和坚持不懈的工作作风。

科学探究的九项基本内容包括：提出问题、作出推论、提出假设、实验设计、实验、数据采集、分析与讨论、评价、沟通与协作。如果说，基础实验是科研活动，那么，综合设计实验就是对科研活动的一种仿真。在课堂教学中，“双主体”的角色具有自己的特点。在教学中，教师要起到启发、指导、提问、发散思考、解决问题、探究问题、追溯源头的作用。教师的工作就是在教学中设置探究情境，激发学生的兴趣，推动探究的发展，理解探究的范畴，评价探究的成功与失败[①]。其旨在让学生自主地获得知识、主动地去探究、主动地运用所学知识分析问题，发展科学方法，为终身学习及将来工作奠定坚实的基础。

例如，为测量和研究布儒斯特角而进行的“光的偏振”实验。一般教材以偏振的方向接收入射光，使玻璃片的入射角发生改变，并在物体消失时寻找对应的入射角，即布鲁斯特角，而反射光线的振动方向则是与光线的入射面垂直的直线极化。实际应用中，由于偏光板和物镜的面积较小，所以要经常调节偏光板与物镜的相对位置,使其能更好地吸收反射的光线，并且能够更准确地发现消光位置。操作过程中如果能够稍微加以改进，只要把偏振片稍微前移一些，也就是说放入入射光路中，进而让其形成平行振动的偏振光入射玻璃片，这时就会改变入射角，若屏幕光消失，则对应的入射角即布鲁斯特折射角。这个实验方法比较简单，能够更好第了解布鲁斯特用的具体规律，并且能够很好地运用它。

（5）心理疏导法。

心理学是一个既古老又年轻的学科，其思想体系是互相矛盾的，但是在发展的进程中，各个学派互相吸收。尤其是当代的认知心理学，并非狭隘的心理学分支，其折射出一种新的心理融合倾向。现代的认知心理学抛弃了行为主义的观念，认为只有能直接观察的行为才能被科学研究，其与心理分析的区别在于，其着重于研究人的智能行为，同时也认识到了人的一些潜意识过程，在继承和充实了格式塔心理学关于感知、思考、问题解决等研究成果的基础上，又继续了格式塔心理学的模糊理论。现代认知心理学的思想、方法、反应等诸多方面都对教育产生了深刻的影响。在实验

---

① 孙茂珠，张建军.大学物理实验[M].北京：北京邮电大学出版社，2018.

教学中，学生的心理、情绪等非智力因素对实验教学的影响是不可忽略的。在课堂教学中，学生是一个具有丰富情感和多种需要的活生生的人，其学习过程就是一个心理建构的过程。

近几年，许多大学生都是独生子女，以前在家里、学校里都是精英，但自我意识较强，心理承受力较弱，不愿意被人指责。随着高校扩招，大学生的个体差异不断扩大，大学生的心理状况调查显示，大学生的心理状况受到了社会大环境和个人因素的影响，对其学业、生活产生了一定的影响。所以，在实验教学中，教师必须有针对性地帮助学生认真、耐心、及时地改正问题。教师要善于掌握和应用心理学的知识，在学生做实验时，要耐心地指导，不能松懈，不能过于严厉，不能无动于衷，不能随意批评和挑衅，不能与学生产生冲突，这是最好的教学方法。在实训教学中，要注重培养学生的心理素质和抗压能力，使其意志品质得到磨炼，使他们真正地投身于科学、脚踏实地的工作，并能够正确地应对前进中的挫折与失败。

很多学生缺乏分析、决策、解决问题的能力，甚至还有部分学生由于自己的惰性，不愿意去分析。物理实验教学是以转变学生思维为基础的，目的是帮助学生更好地克服依赖性，通过对所学物理知识的分析与处理，培养学生对实验过程中的不正常现象进行分析与处理的能力，培养学生的正向心理，克服认知的偏执和情感的浮躁，从而提高实验效果。

实验教学方法的多样化与灵活性，是教师们在实践中不断探索的产物，不管采取什么样的教学方法，都要求学生在“活动”中“操作”“内化”。教师要充分教会学生应用他们的所学知识和经历，来主动进行实验操作，从而提升他们的实际动手能力和各方面的素质。

第四节　大学物理实验教学方法的探索

一、提高学生对大学实验的重视性与积极性

要使大学物理实验课程达到预期的教育目的与成效，培养出具有良好

的科学素质的创造性人才，不仅要从政府和学校的资金上予以支持，还要从教学评价制度与课程体系的建立与创新，保证师生之间的共同合作与学习。通过对比中外物理实验教学，找出当前大学物理教学中的一些问题，并根据这些问题和现象，提出一些切实可行的对策。

其一，要增强对大学物理的正确理解，阐明物理学的发展历程，指出物理实验对物理学乃至社会发展的影响，使大学生更多地关注物理实验，使他们更好地理解物理实验的严谨与科学。

其二，要知道物理理论与物理实验是一样的，物理实验并不是从属于物理理论的，而是相互交错的、螺旋向上的，二者缺一不可。

其三，要重视当代大学生的动手能力、综合能力和创造力的培养，通过大学物理实验来培养和提升上述这些能力，为未来更好地开展科研工作做好充足准备。

其四，要把大学物理教学中的某些关键环节变成大学物理实验教学的一项特色，在进行大学物理实验之前，要强化常规物理示范教学，使之具有可观性、趣味性、新颖性和广泛性。试着在一天中让自己有足够的时间去做这些事情。这将会激起学生的求知欲和探索精神，改变他们对于大学物理实验的惰性与认识。

其五，强化对学生进行物理实验前的正确指导，让学生提前观察、预习所要完成的实验，尤其是仪器的结构，通过亲身体验，可以更好地了解和掌握，从而消除对实验的恐惧心理，并能轻松地用正面的态度去对待实验。

二、从物理实验的原理与设计上探索物理思想

很多著名的物理学家在大学物理实验课上都提出了这样的观点，应着重培养学生对物理实验的高度认识，从理论的选取与设计到实验的方法与程序，都包含着对物理的深刻认识，必须认真地去体验。尤其要注意以下几点，在本课程中，我们怎样才能让同学们用分散、综合的方法来理解和思考他们所学的东西？对于物理实验，学生应该采取怎样的态度？怎样才能更好地运用实验器材，打破自身的局限，获得更高的成绩呢？

（一）历史上的经典物理学实验的巧妙思想

很多著名的物理实验都不限于个体实验，其包含了大量的物理概念，以及解决各种问题的方法，都具有普遍性。

很早之前，有学者进行了一次“十大物理学实验”的研究，这个研究成果刊登在《物理世界杂志》上。这些被提名的经典实验都是通过极其精巧的方法来成功地展现和衡量我们日常生活中的宏观和微观数据以及现象。比如，有学者从宏观视角测量了地球的圆周，从微观视角测量了电子电位电荷量，利用物理知识以及物理技能进行了钟摆实验，通过实验让人们清楚地了解了地球的自转原理。

物理学中有十种比较精确的微量测量的经典实验，比如，卡文迪许进行了扭矩实验，通过这个实验总结得出了万有引力的物理原理；罗伯特•密立根通过油滴实验，发明了单位电荷量的准确测量方法。这些物理学实验的测量结果与目前的公认值相比较，基本上误差都不大，只有 1%的误差。这些实验结果就目前的科技水平来看可谓是非常了不起的。另外，托马斯•杨的光学与电子干扰实验也被列入了十大实验。该方法可以从理论和实验设备的设计两方面进行探讨。

物理实验室的实验一定要具有典型性，在教学理念、教学设计上有许多可供参考和思考的内容。

（二）探寻物理实验的巧妙思想与设计美学

虽然整个实验过程看似短暂，但从前期的准备，到实验的操作，到最终的数据采集，最后撰写实验报告，往往人们容易忽视实验中的一些关键问题，比如为什么要这么做？怎样排除各种干扰，从而达到最大的效果？如何提高实验的可操作性？

下面将通过几个实验进行剖析，关于如何探索和发现物理实验的微妙想法和具体设计美学进行彻底讨论，从而找出其中解决问题的好的思路和办法。

1. 拉伸法测量弹性模量实验解析

众所周知，当一个物体受到外力的时候，只要它的变形没有超出某一极限，也就是在它的弹性变形范围之内，它的内应力会随着它的变形而变化。金属丝由于其高的弹性模量，所以很难观察到它们的变形，但肯定存在微小的变形。

$$\frac{F}{S}=E\frac{\Delta l}{l}\text{，得出 }E=\frac{F/S}{\Delta l/l} \qquad (3\text{-}1)$$

根据公式（3-1），可以方便地测量金属丝的长度，并可以间接地用测量的方法来计算截面面积。卡文迪许的历史性实验就是为了解决这一问题，而他的解决思路是，把很难被观测到的微小的改变变成明显的改变，通过比较明显的和较小的改变来计算微小的改变。

其一，将型架连接的两个球体的截面长度尽量拉长，使两个球体间的引力形成较大的力矩；在这种情况下，因为石英丝很细，而且力臂非常小，这导致更大的扭转力和更大的扭转角。

其二，最大限度地扩大曲率尺和系统之间的距离，让小镜子上的反射光可以实现最大角度转动，也就是说进一步扩大石英丝的扭转。

第二个常用的放大方法是用来测量弹性模量的。通过金属丝的伸缩，带动与基座相连的小型平面镜子，改变俯仰角度，增大刻度光的运动范围，但由于实验条件的限制，通过另一面镜子进行二次反射，可以进一步增加尺度光的旋转距离。钢丝上的力与它的变形成正比，必要的弹性模量包含在这个比例系数中。其反向思路为：指针所经过的距离→平面反射镜的转动角→被拉长的金属丝。

光学杠杆原理结构简单，效率高，常用于微小的位置和长度改变的测量。一般可以将其放大数十至数百倍。

2. 光的干涉实验解析

在研究光线的干扰特性时，在物理学的理论课程中，同学们发现，光线会互相干扰，从而产生明和暗的条纹。我们知道，要想形成一个稳定的干扰，光的频率一定是一样的，而条纹的亮度会随相干程度的强弱而改变，即光距差（或者相位差）是波长的一个整数或者半个整数。因此，实现这样的干涉应该怎样去完成呢，此前以后又会有什么可利用之处呢？这是一个需要认真思考的问题。

首先，我们得到了一束相干光，但是在激光被发现以前，通常只有白色的光，而白色光是一种多频率的复合光，因此托马斯• 杨将一束光通过一个小针孔 S_0，然后通过小针孔 S_1 和 S_2，就能产生两束光。这两种光是从同一源头发出的，所以是一致的。实验表明，在光学屏幕上，存在着明、暗的干涉模式。托马斯• 杨随后做了一个双缝试验，用狭缝取代了小孔，提高了光的亮度，使其产生了一个明亮的干涉图形。与之相关的实验有：光学等厚度干涉实验、迈克尔逊干涉仪的调试与应用。

在光强干涉实验中，使用了一种钠黄光，采用了牛顿环结构，其表面用大曲率的平凸玻璃盖住，平凸玻璃的凸表面间形成了一个平面凸透镜和一个气膜隔板，该隔板由中心向外逐渐扩大，这是由内至外光照范围的差别造成的。该干涉环符合下列关系式：

$$\delta_k = 2d_k + \frac{\lambda}{2} = k\lambda \quad k = 1,2,3\cdots \text{明环} \tag{3-2}$$

$$\delta_k = 2d_k + \frac{\lambda}{2} = k\lambda \quad k = 1,2,3\cdots \text{暗环} \tag{3-3}$$

干涉环的密度与光距差（空气间隙）的改变速率有关，也就是由干涉环半径 R_k、薄膜厚度 d_k 和平凸透镜曲率 R 半径的关系式来决定的，关系式如下：

$$R^2 = \left(R - d_k\right)^2 + R_k^2 \tag{3-4}$$

将上述方程结合起来，可以得到：

$$R_k^2 = 2Rd_k = kR\lambda, \quad k = 1,2,3\cdots \text{暗环} \tag{3-5}$$

在使用过程中，由于各光学器件的平整度较差，或者由于其他原因而产生附加光程差的畸变，使得明暗图形之间并无清晰的界线，因此采用差分方法来消除这些误差，难以获得较高的精度。

$$R = \frac{D_m^2 - D_n^2}{4(m-n)} \tag{3-6}$$

这种方法还可以检验光学器件的光洁度和平整程度，用劈尖或其他不规则形状代替空隙，通过干涉条纹来反映缝隙，从而可以测量出微小的厚度和角度。我们知道，光距差并不只是因为它的距离，而是因为它的折射率。若在此试验中，由于距离的改变，折射率没有改变，则可以测定液体的折射率。

起初迈克尔逊干涉仪的设计初衷是用来测定“以太”中的速度，尽管没有达到理想的效果，但是它已经证实了光速的绝对性以及在广义相对论中不变的原则。他是光谱学与计量学的奠基人，其还是 1907 年诺贝尔物理学奖得主。

在迈克尔逊干涉测量中，将分光仪横向放置，将点源分为具有相同幅度的透射光和反射光，从而构成干扰源。通过一面平面镜子将透射光和反射光反射到同一条线上，从而在观测屏幕上形成一个干扰圆，从而得到由两点光源干扰所造成的环形条纹模式之间的间隔。

$$\Delta r = r_{k-1} - r_k = \frac{\lambda_{z^2}}{2r_k d} \tag{3-7}$$

这里，d 两个反射平面镜的等效间距，λ 为光源的波长，r_k 为类圆的半径和 Z 光源到光屏的距离。

我们可以得到如下的结论：

第一，离干涉圆中心越近，干涉圆越大，外面越密集，里面越稀疏。

第二，较小和较大，即两个平面镜之间的距离大小，影响到条纹的稀疏程度。

第三，光源和受光屏之间的距离越大，就越影响条纹的稀疏程度。

第四，波长越大，Δr 越大

在实际的实验中，我们很难精确地测定上面的各物理量，例如：条纹间距、明暗和视界条纹的间距，因为实际的光程测量比较困难。

在实际的实验中，我们难以准确测出上述各个物理量，如两个在垂直方向上的平面镜的等效距离，Δr 条纹间距不大，明暗不明确，而数值又很难得到，因此，从中心观察 0 级条纹就可以得到：

$$2d = k\lambda \tag{3-8}$$

在这里，k 是干扰序列的数值，我们也不能知道它的数值，如果我们使用的是相对量，那么我们可以调整一个平面反射镜的位置。那么，观测屏幕的中心值就会发生变化，也就是出现了条纹的吞吐，计算公式是：

$$2\Delta d = N\lambda \tag{3-9}$$

由此，我们得到了宏观尺度平面反射镜的运动距离与微观尺度波长之间的关系，从而可以通过光的波长来实现微小的运动。由此，我们得到了一个宏观上的平面反射镜的长度与其在微观上的波长的关系。

此外，在折射率为 1.000 29 左右的大气中，若要进行更好的测量，其绝对值小于 1，或者在真空中存在 3 ppm。用分光计这样的仪器来精确地测定光线的角度是不太正确的。

物理学的基本知识，除了折射的原理之外，还能让我们看到另一种东西，即在光线的范围之内，我们可以看到它的折射率：

$$d = n_1 d_1 + n_2 d_2 + \cdots \tag{3-10}$$

因此，利用光的距离与折射率成正比的事实，我们可以得出光在空气中和真空中的距离差异如下：

$$\delta = d(n-1) \tag{3-11}$$

这样，因为折射率和真空之间的绝对差别 1，就会导致试验中使用的光波长的一个量级或更大的光程差,在明度和暗度上都会发生显著的改变，就像牛顿环那样，光程差的实际值是不知道的，而我们要面对的是扩散方法，也就是通常的空气折射率和它的压力是成正比的：

$$n-1 = k\left(p_0 - 0\right) \tag{3-12}$$

综上所述，我们有以下几点：

$$n = 1 + \frac{N\lambda}{2L} \times \frac{P_{\text{amb}}}{\Delta p} \tag{3-13}$$

因此，压力的变化量→空气折射率的变化量→光距差的变化量→吞吐圈数，比较直观和准确可以用来测量相对较小的空气折射率的物理量，即环的数量和压强。

该实验不但在测试原理上进行了精心的设计，同时也避免了掺杂因素引起的实验误差。首先，要在结合理论的基础上进行测量；其次，在物理实验设计中要遵循正确性和显著性的原则，这样才能尽可能精确地进行测量，简化、改进和纯化所要探究的问题，并使物理定律凸显出来。

三、改进考核方式促进教学

物理实验教学的实施，实验分为四个阶段：一是前期实验，二是实验操作；第三，对实验数据及结果进行分析与处理；第四，对最终的实验进行评估与评定。

（一）加强预习报告的检查

一般来说，大学的实验课一般都是 2~3 个小时，为了保证实验的顺利进行，在实验之前，必须先对实验的原理、操作和数据进行详细的了解。有些学生在做实验前没有做好充分的准备，很有可能在一定的时间里做不到，更别提以后的实验质量了。甚至没有做好充分预习的同学，在实验过程中往往手足无措，无法顺利开展实验，出现这种情况的学生，他们在实验过程中往往会面临很大压力,而且与此同时还会给教师增加很大工作量。

很多学校都会要求教师可以根据情况取消没有做预习报告的学生的实验资格，但是有些学生可能通过复印实验文本或讲义来完成初步报告，导致其在具体做实验时，因严重缺乏对实验原理和仪器的了解，以至于无法顺利开展实验。所以实验教师要严格检查每个学生的预习报告，或者进行口试，这样做的好处是可以通过口试随时发现每个学生存在的问题，以便能及时予以纠正，并且将其结果纳入口试预习成绩分数中。

（二）注重学生实验操作和数据处理自主化考核

实验教学是展示学生思想和动手能力的一个重要环节。在此阶段，教师要对实验的基本理论、实验仪器的基本构造进行深入的探讨，尽量多地交流实验的目的、程序和事项，使学生的主观能动性得到充分的发挥，让学生锻炼分析、思考和实践能力。这也有利于教师客观、公正地评价学生。对于实验的过程不能只看学生的实验做到有多快或多顺利，而是需要把学生在实验中表现出的认真程度和独创性作为一个重要的评价标准，学生在教师的指导下自己发现和解决问题的能力也可以作为评价标准。

在对实验数据资料进行分析、处理时，通常会运用列表法、图形法、线性拟合法等多种数据处理方式，此外，还可以利用电脑中的多种软件对其进行有效分析。数据分析要根据数据的规律、数据的复杂性等因素来确定最适合的数据。这是一种最好的、最能够接近实验结果的数据处理方法。

对实验中的误差进行分析时，可以让学生对问题进行深刻的反思，并根据原理、程序和各事项来发现问题。在实验完成后，又可以进行一次测量分析，将各个可能出现的系统误差或仪表误差分为不同的类型，并给出一个比较合理的误差分析公式，并对其进行定量分析。对结果进行了分析以后，还要验证方法的正确性。同时还要列举造成误差实验结果的几个主要因素，在挖掘误差因素时，切记不要只罗列个别因素，这是因为，虽然某些陈述看起来很有道理，但是，如果学生们在罗列时忽视了这些结构，那么，他们就无法作出准确的量化和半量化的解释。比如，一分钟元素在测量长度时会引起另外一分钟元素的误差。这样就会对最终结果造成一定影响。如果不提，部分同学就会认为这是正确且合理可信的，但如果深究准确以及精度就会发现其存在问题，所以教师需要根据实际情况给出一个合理的分数。

（三）针对各实验增加开放性实验，引入实验附加分

为了更好地激发学生的学习兴趣，激发他们的创新精神，教师可以允许学生根据已有的实验器材，对所作的一项或数项实验进行适当的改良和探索，并根据改良后的实验仪器，对新的物理量进行测试，或对实验内容、方法进行进一步的完善，创造出一种更贴近生活的实验环境。新的设计要具体、详细、定量、切实可行，以便学生能够运用物理的方式来解决问题，比如：使用光干涉测量头发的直径，测量未知液体的折射率，或测量未知光的波长，都是这种情况。

另外，尽管许多学生普遍认为分数是第一要务，但分数也可以成为一种激励和指导工具，能激发学生的探究积极性，对每一项设计都设定一个实验，给予 5~10 分的奖励，最大限度是 100 分。

在进行期末考核时，本人认为期末考核可以按照两个部分来进行，第一个部分就是以最基本最普通的卷面形式进行考核，结合每个物理实验进行考核；第二个部分，在该学期所做的实验当中进行抽签选择，然后让学生进行实验操作，两部分内容的占比均为 50%，鉴于实验的难易程度不同，

所以最终的考核结果也会有所差异，因此在考核过程中注重公平性至关重要。

通过卷面形式进行考试，可以同时考核多个实验知识点，比如考核学生对于实验原理和设计的掌握程度，考核学生对于实验现象的观察程度，这种考察形式更加全面。通过实训实验，可以较好地检验学生的动手技能和掌握的实验知识。这个考试也让同学们能够对自己的实验进行思考和分析，从而有利于加强学生对于物理实验的重视程度。

（四）重视实验质量，引入一定的淘汰率

学校要加强对物理实验课程的关注，建立更为严密的评价体系。很多班级没有明确的分数，只有 A+,A－，B+,B－,一直到等级 D，如果最终评分结果为 D 档，则说明应试者不及格，我们应当对此给予更多的关注，因为严格的等级体系和高的淘汰率已经被证实是教育优质化的前提。

一门物理学理论课程，教师能为全班学生同时授课。一节物理实验课程由一位教教师负责 12 到 16 个学生，而在这方面，专业的物理实验室要比一般的实验室要小得多，而且成本也高，并且要使用相应的仪器和其他资源。尤其是在最近几年里，学校的规模急剧膨胀，而物理实验也变得越来越重要，因为师资和硬件设备都跟不上了。所以，要想达到这一目的，就必须加强对物理实验的质量的控制，使学生在物理实验中不能有安逸、及格、不及格的心理,就需要将实验课提升到与理论课对等的地位上来。

（五）加入免试、全试和论文制度

为了调动学生做物理实验的积极性，让他们更多地关注日常的实践活动，可以考虑让他们在日常的实验中取得超过 85%的成绩，就可以免除考试，而平时的实验总分为 70，如果日常考试成绩达到 65 分，也有可能被免试，申请面试后，成绩计算为 65/0.7=93 分。而对于一些平常成绩不好但是比较努力有很大进步的同学，在期末考试中，教师可以根据同学的期末考核分数来决定他的最终成绩，如果学生对于自己的分数不满意，或者对于自己的进步很有信心，那么教师就可以把学生的分数比例提高到 100 分。这样可以有效地增强成绩好的学生和学困生的积极性，成绩好的同学

为了避免期末考试而更加用功，而差一点的同学则会为期末考试做好充分的准备，这样可以缓解教师的工作负担，并能弥补仪器设备的不足。

此外，除了探索性和创新性的实验设计之外，学生还可以就实验内容、实验背景、实验设置中的不足予以改进，提出自己的观点、想法和改进意见。除常规的实验报告之外，对学生的研究、创新精神、学术成果等进行评分，对剽窃行为进行相应的惩罚。

大学物理实验作为大学物理教学的一个重要环节，其目标是为教学服务，从一开始就十分重视。本实验课程在教学内容、教学方式上有别于其他课程，应与评价程序相适应。通过对实验的评估，既能体现实验教学的质量和效果，又能检测和评估学生对实验方法、实验技能的掌握程度，发现问题，提高实验教学的质量。

大学物理实验教学的评估可以是一个动态的过程，各学校可以根据自身条件、自身发展、教师能力、学生素质、经费、教育目标等因素来确定，从而使其发挥出最大的效用。

第五节　利用物理实验教学设计培养创新能力

一、大学物理实验教学中培养学生创新能力的基本途径

在开展创新活动过程中，具有创新能力的人才是开展这种活动必备的基础。而培养有创新能力的人才并非是一件容易的事情，需要根据每个人的不同发展阶段和不同智力发展特征，循序渐进地、采取有效方法进行培养。

对于大学生而言，他们正处于成长发展的关键时期，不仅思想活跃，而且还具有很强的求知欲，可以非常容易接收大量的新信息，具有很强的可塑造性，而且具有培养创新精神和身体素质的基本条件。因此，教师要从三个方面着手，注重激发学生的创造力，合理地使用各种创新手段，发展学生的创意思考。对学生们提出的一些稀奇古怪的问题和观点给予特别

的重视，使其发挥想象力，使其产生探究的兴趣和好奇心，并促使他们为自己的问题寻求解答。同时，教师要特别重视解决应试教育中存在的问题，鼓励学生探索、怀疑、独立、灵活的思维。

鉴于上述情况，在大学物理实验教学过程中，培养学生的创造力非常重要，具体培养方法和途径可以从以下几点着手：

（一）创设良好的实验教学情境，激发学生创新意识

在物理实验中，采用或创设符合物理实验内容的环境或情境。情境教学是使学生理解教学内容，促进知识与能力的协调发展的一种教学方式。情景教学是一种有效的教学方法，它可以激发学生的学习兴趣，促进其创新思维，培养其创新精神，增强其综合创造力。

（二）利用实验教学过程，提升学生的创新能力

物理实验是培养学生创新意识和实践技能的一个重要途径。当前，物理实验教学将平等主义、开放性、兼容性和创造性相结合。教学法主要采用发现法、探索法、合作法和研究法，并辅之以传授法。实验的操作者是学生，教师是助手和协调人员。学生的观点、思想，对课本、对教师、对权威的质疑，都是实验教学的重要内容。引导学生独立思考，发现问题，解决问题，是教师的教学与领导力，是学生展示自我、发展自我、创造自我的必要条件。只有不断地激发学生的求知欲，才能使他们的创新思维得到发展，才能更好地提高学生的创新能力。

（三）完成实验报告是培养学生创新能力的重要手段

对于学生而言，学习物理知识的过程，其实是一个循序渐进的一个过程，这个过程旨在增加他们的物理知识，获得物理实验的经验并提高他们的创造力。在实验完成以后，学生会对总结得出的实验数据和实验结果进行有效分析和评价，经过系统分析和评价的过程，使学生能够更好地发展他们的创新思维，提高他们的创造力。因此，教师要积极鼓励每个学生在实验过程中主动发现问题，主动从问题中总结解决经验，并经过这样的过程来培养自己敢于探索、敢于创新的好习惯。

（四）利用设计性实验，培养学生创新能力

物理设计实验是一种较高级的实验教学方式，其是指在教师的引导下，学生参考相关的材料，设计包含实验方案、实验设备、实验操作、实验数据、实验结论的实验模型。在物理实验教学中，学生要积极探索、发现新的思想、新事物、新环境，这样才能提高学生的创造性和动手能力。也就是说，把物理实验设计作为学习的基本目标，就是要推动创新。

二、强化实验教学对于培养学生创新能力具有必要性

物理学是一门以实验为导向的学科，在物理学教育中发挥着重要作用。所以，把物理实验作为一种有效的教学手段，可以有效地促进学生的创新思维。为此，教师应对教学内容进行深入的探讨，而实验教学的方法和阶段的设计是科学的，目的是实验教学促进学生的智力发展和促进学生的创造性发展。

（一）溯本求源，突出实验思想和主张

在物理实验教学中，既要使学生掌握一定的实验技巧，同时，也要让学生明白实验的方式。常用的实验手段有“间接测量”，例如，在大学物理中，使用伏安法测量电阻，就有“控制变量”的实验手段[①]，如探究压力的影响和影响因素，也有“以大量小”的实验方法。物理实验显示了物理学家“练习—假定—练习—修改—假定”的全部思考过程。通过提问，通过让学生自己思考“不同的教学方法是否有效”，激发了他们的思考能力，进而提高整体教学质量。

（二）变演示实验为学生实验，变理论教学为实验教学

因为学生的思考方式是模仿教师，因此很难做到“青出于蓝而胜于蓝”，更难以形成创造性的学习，这也许和教师的教育方式有关。比如，演示通常由教师来完成，由学生来观察，教师若具备较强的实验技巧，并在课堂上做了充足的准备，效果会很好。这种方法可以帮助学生了解物理的概念

---

① 李林.大学物理实验[M].西安：西安电子科技大学出版社，2018.

和法则，同时也会把教师的思维模式强加在学生身上，从而影响到他们的探索能力。但是，通过让学生自己动手做实验，而不是做示范，让同学们能够主动地去思考，去发现新的知识。比如：如果学生自己设计实验，而不是使用教科书中的模型实验，那么关于光的折射的部分更容易直观地理解。例如，在学生们设计的“叉鱼”实验中，一条自制“小金鱼”被放置在一只盛满水的透明水槽的底部，一根玻璃管子上面系一条金属丝就是“鱼叉”。结果是：“鱼叉”好像是把“鱼”对准了，可是，它却始终在另一个方向，使“鱼”无法被叉中。本实验采用光线折射法，充分利用学生的自主学习能力，使他们充分发挥自己的聪明才智，增强对物理的兴趣，并积极探索新知识。

（三）适当变一些验证性实验为自主探索性实验

比如，在大学物理中，对小灯泡的功率进行测试，不仅可以作为一项实验，而且可以检验在小灯泡发光时，施加的电压是否大于、等于或小于标称电压。在实验中，通过调节滑块电阻，对流过灯管的电流、电压进行多次测量，观察其发光状况，并将实验结果进行对比，以帮助学生独立地找到规律，并作出相应的判断。这样的探索性实验有利于学生培养创新能力。

（四）引导学生设计科学合理的实验

引导学生运用物理知识独自安排并展开实验。这个要求较基础实验高出一个层次，这是一项要求相对较高、实验内容相对完整的综合性实验。为了让学生的综合实验能力更强，通常在具体的演示实验分组教学过程中，教师不可以直接告诉学生实验方法，而是要对学生给予诱导和启迪[①]。让他们在实验之前提出问题，然后进行问题研究和分析，通过实验的方式让学生自己找到解决问题的方法。学生在实验完成以后可以把自己的实验步骤与书上的实验步骤进行对比，从而确定书上的实验步骤与自己的实验步骤是否一致，自己所采用的实验步骤是否合理科学，进而通过这样的方法来培养学生良好的实验设计能力。通过这些活动，使学生在充分发挥主体

① 董正超，方靖淮.大学物理实验 [M]. 2版.苏州：苏州大学出版社，2018.

性的基础上，充分发挥其创造力，并使其体会到创新的乐趣。

（五）变传授式教学为探究式实验教学

传统上，当教师向学生传授知识时，他们基本上是被动的，这样的学习方式使得学生难以发挥其创造性。体验科学探索，既能使学生掌握科学知识，锻炼动手能力，又能使他们对科学产生浓厚的兴趣，了解未知的东西，并能提高他们的创造性和创新能力。因此，由讲授型向探究性、实验性的过渡，有利于培养学生的创造性。

三、利用物理实验教学设计培养创新能力的具体方法

实践表明，在培养学生的创新思维上，物理实验具有得天独厚的优势。但是，当前这种优势还没有充分发挥出来。教师在教学中存在着主观上的不重视，而在物理实验过程中，缺少对实验过程的精巧设计，从而不益于加强学生的创新能力发展。

创意思考是培养创造力的关键。分散式思考与聚合思考是创新思想最主要的表现。发散思维是指通过对已有的知识进行分析，寻求各种解决问题的方法。收敛思维是指在运用已有的知识和经验的基础上，通过对现有信息归纳、总结，得出合理的结论。它们是创新思维的一个重要部分，它们彼此互补，共同构成了个人创新思维的基础。特别是创新思维是培养学生创造性能力的前提和必要条件。高校的物理实验种类繁多，其特征也各不相同，所以在物理实验教学中要注意培养学生的创新思维，培养学生的创新能力①。

（一）利用演示实验教学设计培养学生的创新能力

演示实验是指教师为了达到某种教学目的而进行的一种实验。演示实验是一种特殊的展示教学过程的方法，也是学生喜爱的物理教学的一项重要内容。通过演示实验，可以让枯燥乏味的课堂变得更加生动，把抽象的理论具象化，通过对物理现象进行直观的展示，使学生能够在教师的细心

① 方路线.大学物理实验[M].上海：同济大学出版社，2018.

讲解下，加深对物理的认识，从而达到预期的教学效果。

1. 利用新颖的演示，激发学生的创新意识

教师可以利用引入新课，演示来培养学生的创新意识。

例如，在气体动理论的教学中，教教师可以生活中简单的实验来激发学生的兴趣。如讲解压强时，用一个煮鸡蛋，一个窄口瓶（瓶口略小于鸡蛋），一张纸，一支打火机。首先，把一个去皮的煮熟的鸡蛋放到瓶口，让学生看它自己会不会钻进去。然后，把鸡蛋从瓶口拿下来，将纸点着放入瓶中。等火熄了，再将鸡蛋放在瓶口，会发现鸡蛋被吸入瓶中。在课堂上用这样的例子来激发学生的学习兴趣，并能使他们对新知识产生好奇和兴奋。在实验结尾，教师可以向学生提问，鼓励他们进行探究和创新（比如，是什么引起了这个现象？）。这时,学生们就不得不积极地进行思考和研究。

2. 演示实验操作前增加猜想环节，给学生提供思维发散的空间

在教教师的讲解下，让学生有足够的时间去推测实验中可能发生的各种物理现象。这种认识是建立在人是学习的基础上的，尤其是大学生，他们具有求知欲。让学生去猜想，把自己所学的东西都用上了，并开动脑筋来分析实验。他们还可以利用实验的机会，与同学讨论和分享他们的才能，以探索实验的本质。

举例来说，关于“超重”与“失重”的概念，让同学们去猜想，如果一个带着小洞的瓶子从空中自由地掉下来，然后再往上一扔，瓶子里的水会不会流出。很多同学都认为，如果瓶子是自由下落的，那么瓶子里的水是不会流出来的，相反地，把瓶子向上一抛，它一定会溢出。下一步，让学生们在小组中交流，并探讨为何在自由落体的时候，水流不会流出，当水流上升时，水流就会流出，接着进行示范。这时，同学们才发现自己的推测是错的，但是却不知道为什么。教室里的气氛一下子就被点燃了，大家都充满了求知欲。

3. 演示实验过程中精心设计问题，引发学生思考，培养发散思维

除了向学生展示实验现象外，教师还要注意及时合理地设计一些问题来引导学生，让学生在观察中提问，在观察中思考，这摆脱了分散思维的

能力，提高了课程的效率。

比如，教教师在讲解动量守恒的时候，可以使用牛顿的摆来进行教学。当仪器被展示后，教师可以提问，引导学生进行思维。比如，有没有看到过这种设备？知道它的用途是什么？或类似的东西。引导学生们猜测。学生们惊讶地发现，只有远处的一个球弹了起来，其高度与被拉起的球的高度差不多，其余的球根本没有移动。接下来，请学生们猜测如果拉起两个球或三个球会发生什么。当一切都得到证实后，大家都感到很好奇，并且希望了解其中的缘由。教教师不直接回答，而是询问他们有没有留意到小球的个头。小球的尺寸及数目对试验结果有没有影响？不断地启发和发展学生的创新思维，让学生自己找出答案。

4. 变教师演示实验为学生参与探究实验，培养创新能力

在一般课堂上，教师在课堂上进行演示，而在实验教学中，教教师的操作、学生的观摩是最基本的步骤，但这并不意味着对学生的实际动手能力的培养与提升，同时也限制了他们的创造性。由教师引导学生进行探究，教师仅需参与探究，并示范操作，以实现同样的教学目标。虽然展示的目的是一样的，但把演示者从教教师转变为学生也有很多益处。首先，要想取得成功，必须预先学习有关的知识，这样才能增强他们的学习能力。其次，学生的演示比教教师的演示更能渲染课堂氛围，引起学生的关注，更能体现学生的主体性，展现自己的经验，使他们的主动性得到最大程度的发挥。在教学实践中，教教师的及时提问与引导将会对学生的学习起到很好的促进作用。

为了达到这个目的，就必须让学生掌握并完成所有的示范，教师只需改变教学方式，就可以调动和引导学生积极尝试，获得更多的探索机会。举一个例子，在曲线运动课程中，教科书中的速度方向是由教教师做示范实验来展示的。在实际教学中，学生可以进行这项实验。首先，在每次实验中，为了得到球体的运动轨迹，学生可以在轨道上多次调整球体的出口位置。在此基础上，教教师通过对运动轨迹特征的观察与分析，通过选用合适的工具进行测试，找出钢珠在偏离轨道时的速度和与曲线之间的关系，从而启发人们的思考和创作。

（二）利用验证性实验教学设计培养学生的创新能力

验证实验的目标是对已知的物理内容进行检验，强化所学知识，培养学生的观察与实际操作能力[①]。很明显，验证性实验无法激发学生的创新思维与创造力。所以，教师必须对课堂教学进行再设计，或者在课堂上添加探究式的教学内容，以提高学生的动手能力和创新能力。

验证性实验的实验程序基本是一成不变的。学生们只需机械地做实验，不用想那么多。因此，在实验过程中，教教师应该考虑在实验过程中留出一些空白，让学生自己去设计，让他们自己去操作，自己单独做实验。这样，学生在做实验的时候，就会产生一种不断探索的感觉，既能让他们更好地了解实验，又能增强他们的创造性。

（三）利用探究性实验教学设计培养学生的创新能力

探究性实验是学生通过实验，探索、分析、调查和总结，从而形成科学概念的一种认知行为。在教教师的引导和启发下，探索性实验需要学生对实验材料、实验方法、实验过程进行研究，并能独立地发现和解决问题。调查实验要求学生在没有教教师的指导下进行独立的调查和研究。

在教学过程中，应充分考虑学生的心理特征和认知能力，力求做到既生动又有趣，还能确保学生对实验的浓厚兴趣。在进行探究式实验时，教师要尽量选取与现实生活密切相关的主题，以达到对实验的熟悉程度和接受程度；所用的实验设备尽量简单、方便；实验中所包含的规则应该是有深度的，要让学生自己摸索。在教学过程中，要注重引导学生主动探索、推理、论证，使学生的思考能力得到全面的发展。

比如，在解释什么因素会引起物体摩擦的时候，要让学生先用双手去触摸各种表面，比如桌子、书籍和衣物，然后问他们有什么感受。然后，我们会鼓励学生把自己的实验经历和自己对物体摩擦的大小的推测联系起来，这样才能培养学生的思维。此时，教师要积极评价所有的猜测，并让同学们进行实验，以证实他们的猜测是否正确。在进行这样的实验时，可以采用团队的形式，由组长带领，各小组成员可以自行设计和进行实验研

① 王瑞平.大学物理实验 [M]. 2 版.西安：西安电子科技大学出版社，2018.

究。在实验教学中，通过教师的引导，使学生能够自主地进行思维和沟通，从而得到实验效果。

（四）利用设计性实验教学设计培养学生的创新能力

设计实验是指学生按照特定的教学目的和教学内容进行设计和实施。设计实验在培养学生的创造性方面起着很大作用。为此，可将学生分为同等规模的小组，团队成员可以合作并进行实验。在此基础上，教师将实验的基本原则和目的告诉学生，然后由各个小组来设计实验，并对实验的方法进行分析，最后完成实验并讨论和分析结果。在实验过程中，教师只是一个助手，尽可能让学生自己思考，逐一解决他们面临的问题，最终完成实验。这不仅培养了团队精神，而且还培养了团队合作的能力，也培养了他们独立思考、解决问题和设计实验的能力①。促进了他们的创造力。教学时，教师可以问一些问题，如“为什么要这样设计？”“如果没有，还有别的办法吗？”以及采用其他培养学生创造力的方法。

① 陈小敏.大学物理实验教程[M].长沙：湖南大学出版社，2018.

第三章
大学物理自主探究式学习模式

第一节　自主探究学习模式理论

一、教学模式的结构

现行的教育模式研究多从五个层面进行评估，因此，我国学者认为，教学模式应该包含五个层面。教学方式的组成成分是不可或缺的、无可替代的。教育活动在一定的时间和空间内进行，其空间表现为基于某种教学理论，对教学过程中各要素之间的状态与联系进行处理与协调，并在时间上体现了对教学活动各阶段、各环节的合理安排。按照不同的教学理念，设计教学目标，教师与学生的活动安排与组织是不同的。我国学者认为，一套完整的教育模式应具备理论基础、功能目标、操作程序、实现条件和教学评估五大要素。五大元素相互关联，相互影响，构成了一套完整的教学模式。以下将对这五项内容进行说明。

（一）理论基础

教学模式都是基于一定的教育理论基础而形成的。每一种模式都有其内在的理论依据。换言之，教学模式的创造者为我们充分解释了我们为什么会想要通过教学方式来实现这些想要实现的预期目标。以具体的理论为基础的教育思想或教学模式，是其深层次的内在精神或实质，它决定着它的方向与特点。理论依据是与其他教学方法相分离的，但它却是渗透和嵌入的，而这一切的构建都是基于理论的。程序教学法以行为主义心理学为理论依据，而不是以人为本的心理学为理论依据。有些教学模式的理论主题是一致的，这些都是现代认知心理学的理论依据，概念获得教学模式、累积性教学模式、先行组织者教学模式。一种教育模式的成熟性可以从其理论依据的成熟程度来判定。

（二）功能目标

因为任何一种教学方式都是以达到某种教育目标为目的的，因此，它的一切要素都是围绕着这种功能目标而进行的。功能目标是事先估算出一个活动会为学生提供“什么”“多少”。教学和学习模式的中心是功能目标。作为教学模式各个组成部分的中心，其不仅约束了其他因素，而且还成了评估的标准。比如示范教学模式的主要目的在于让学生能够从基础的概念和知识中选择一些有代表性的素材，并通过案例的学习，培养他们的独立思维和工作能力①。在这种模式下，其发挥的作用是培养学生的民主精神、独立人格和创新能力。功能目标还可以从某种意义上引导教学模式的研究，同时也可以作为一种反馈，帮助组织过程的调整和重构。

（三）实现条件

它涉及多种必要的要求，以使得教学方式发挥出一定的作用。任何一种教学方式都必须具备特定的条件。教学模式的实施需要教师、学生、课程内容、教学手段、教学时空的结合。以布鲁姆的“掌握”模式为例，研究发现，三大影响因素——认知前提行为、情感前提行为以及教育品质。在拥有良好的学习环境的情况下，大部分的学生能在学习中拥有良好的表现，并从中感到满意。认真地思考和保证模型的实施，可以更好地利用这个模型，并顺利地达到最终的教育目的。

---

① 刘德生，胡国进.大学物理实验[M].苏州：苏州大学出版社，2018.

（四）活动程序

另外一种观点认为，教育方式实质上是一种程序，它是从一开始就设定好的。不同的教学方式，其实施过程也不尽相同。每一种教学方式都有其自身的具体操作流程，并对其具体的实施过程进行了具体的阐述。一般而言，教学过程的本质是师生关系、教学内容和教学实施的时间序列。由于这一过程关系到教学内容的发展次序、教学方式的交替，以及心理活动内部复杂的次序。在实际的教学过程中，往往会出现许多意想不到的状况，因此，活动的过程必须是基本的、相对稳定的，而非机械的。

（五）教学评价

不同的教学方式，其评估标准也不尽相同。每种教学方法都有其自身的特点、适用的领域和作用，因而必须制定评价标准、评价方法、反馈和调整方法。

二、物理自主探究教学模式设计的理论基础

（一）发现学习理论

在教学活动中，学生是主体，是主动的探索者，教师的角色不在于传授已有的知识，而是要为学生创造一个探索的环境。教育并非要建造一个小的、有生命的图书馆，其应该让学生们自己去思考，去获得知识。他也相信，学习并不是从已有的知识中获取知识，而是建立一个特定的知识系统。学生应该是积极地去学习，而非被动地去学习。

发现法着重于学习的过程，并着重于学生的直观思考。他指出，直觉思维和分析思维的区别在于，直觉思维没有经过仔细的界定，而是以跳跃、重叠和快速的方式进行思考。无论是科学家还是学生，直觉思考都很重要，并且在正规的课程和日常生活中都能运用到，但是仅限于此。他相信，有大量的证据显示，在科学研究中，直觉思考扮演了一个主要角色。直觉思维通常不会受到语言信息的干扰，特别是教师的指令。本能的思考可以是反射的，也可以是象形的。因此，教师必须在探索性活动中帮助学生形成丰富的图像，并防止过早的言语表达。教师的想法不是告诉学生如何做，

而是让他们自己尝试和思考。学生的学习动机常常被混淆。例如，有些学生为了得到教师或家长的表扬或认可，或为了与同学竞争，努力取得好成绩。这些都是学习的外部动机，要把重点放在了学生的内在动力上，也就是外在动力到内在动力的转变。尽管发现活动可以促进学生的好奇心，但是，他们更愿意去探究未知的结果。

人的记忆最大的问题不是储存，而是检索。从检索的角度来看，记忆也是对问题的解答，即发现的过程。以个人的兴趣和认知结构为基础的素材往往是人们在回忆中‘无所不用其极’的素材。所以，发现行为的培养可以有效促进学生高效记忆力的保持。

从“发现”理论中，我们可以看到，在“探索”和“发现”的教学中，有必要将“知识”作为“已有的结论”。在探索的过程中，学生不但可以继续挖掘和获取知识，也可以培养他们的求知欲和探索欲。

发现学习理论的物理自主探究教学模式给予的启迪是：它对物理教育的独立探究模式的意义在于：① 让学生在学习中体会到探索的过程；② 将“需要学习”转变为“想要学习”，激起学生的好奇心；③ 让学生可以通过记忆来构造自己的知识结构。

（二）建构主义学习理论和发现学习理论的学习方法

建构主义主张学习型学生的优越性，但同时也注意到了教师在教学和学习中的角色。在教师的教学过程中，教师要为学生营造良好的教学环境，并指导他们构建自己的知识系统。学生不再是被动接受知识；教师就像“教员”一样。因此，在学习的过程中，要注重运用探究与发现的方式来建构知识的含义。（1）在语义构建时，要独立收集和分析相关数据，对问题提出各种假设，并尝试用各种方法进行验证；（2）能独立、主动地决定所要解决的问题。（3）要多思考和联系，努力把学生当前所学到的知识和学生所了解的知识结合起来，并认真地考虑它们之间的关系。

要使学生的知识得以充分的发挥，教师必须在实际教学过程中注意如下几点：① 激发学生的学习兴趣，使其积极主动地进行学习。② 为内容需求创建一个情境，让学生了解当前所学的含义，并给出提示，说明新旧知识的关联。③ 为提高教学的效果，教师应该尽量安排协作式的学习，并将其导向有利于意义的构建。

建构主义学习与发现学习理论，为构建物理独立探究式教学的运作流程要素奠定了坚实的理论基础。自主探究式教学的很多重要因素都是基于这两个理论的基础上。比如，“探究”“情境”以及“提问”等“积极探究教学模式”运作流程的某些元素，都是以其概念为基础的。

第二节　自主探究学习的方式与策略

一、自主探究学习模式的基本流程

“自主探究教学”是一种全新的教学方式，其要求学生在学习过程中，对学科内容体系、思维方式、概念、理论、历史、现状和前沿进行深入的探索。其突破了传统教学模式的束缚了学生的创新意识，使学生的科学素养得到了全面的提高。因此，在物理教学中，针对不同的物理内容，采取恰当的自主探究式教学方式，可以使教学效果有所差异。但是，怎样在实际教学当中构建完善健全的自主探究教学模式，是该章节研究当中最主要探讨的问题。本节着重探讨现代教育理论与课程教学模式的设计，旨在为物理教学改革与培养创新人才的操作流程提供参考。

从不同的出发点设计的自主探究模式有不同的特点，如从问题出发的自主探究教学、从教师出发的自主探究教学和周期性的自主探究教学。下文介绍了创建这三种类型的独立调查的过程。

（一）以问题为中心的自主探究教学模式

这种模式是一种以自主学习为核心的独立研究型物理教学模式，以培养学生的创新精神、创新意识和创新能力为目标。课程分为创设情境、提出问题、独立调查、合作讨论、逐步测试、课堂总结几个流程。

1. 创设情境

教师根据学生的现实生活特点、年龄、知识和经验、能力水平和认知规律进行“解答”。创造出具有鲜明特色的直观问题情境，把握学生的思想活动热点和重点，并依据“最近发展区”的知识，为他们提供大量的问题素材，让他们愿意提出疑问。

2. 提出问题

在古代的教学当中，非常注重学生提问环节，古代的教学者普遍认为，提问是帮助学生掌握知识、提升道德修养的最主要方式。而当代的很多学生并不善于提问，究其根源主要是由于教师在实际教学过程中不注重培养学生的提问意识；“满堂灌”式的教学方法阻碍和遏制了学生在课堂提问的积极性。因此，绝大部分课堂教学的状态基本上处于学生被动学习的状态。所以，教师要更好地指导学生在学习过程中善于提出问题，通过合理有效的引导，让学生在课堂上养成质疑思维、批判性质疑思维等，提高学生提问的意识，通过学生之间自主提问、师生之间互相提问等形式来培养学生自主、积极的良好问题探究意识。要实现这一目标，教师要创造一个轻松、民主的教室环境，教师要恰当地“回答”学生提出的问题，转变对问题的理解，指导学生自己去解决问题，并指导他们自己去探索，并在恰当的时候对教师进行评估。教师要激发学生的思想，培养他们自己的思考能力，培养他们自己的提问习惯。

3. 自主探究

“听来的，忘得快；看到的，记得牢；只有动手做，才理解得深。”在传统的教学中，接受式的学习需要将所学的内容以特定的方式进行内化，但由于自身的经验不足，无法将其转化为自身的科学问题。大学生的探究性学习包括“学科学”，即“做科学”，学生需要把一系列的过程放在一起，如认识问题、提出假设、收集数据、实验和测试等，信息处理和问题解决等全部内化成学生自己的经验体系。在自主探究教学模式当中，探究验证是其核心内容之一。探究验证也会产生与科学家相似的学习研究环境，以观察与实验为基础，以假设为基本方法，以质疑与验证为主要手段，以新老知识直接联系构建学习网络。

以问题为核心的积极探究式教学法，其主要方法有：通过情境演示、课堂演示、生活录像等方式来激发学生对物理学习的兴趣和好奇心；通过教师提问、学生自我提问、学生之间互相提问、师生之间互相提问等方法来提高学生问题意识；此外，自我探究法、引导式类推、独立分析法、打破定式法等其他方法也同样可以培养学生的探究能力。最后，通过小组合作的方式，比如同桌、小组之间，教师与学生之间的不同合作形式，培养学生良好的合作精神和沟通能力，直到最终将问题解决。在这个过程中既能够锻炼学生的形象思维、又能够锻炼学生的抽象思维，同时还能够锻炼学生的聚合式思维。所以学生在进行物理知识学习过程中，可以获得多方面的思维锻炼，同时还可以得到很好的科学熏陶，这样有益于学生整体科学素养能力的提升。

4. 协作讨论

在合作讨论过程中，会出现许多不同的情况。例如，有些学生可能胆小怕事，不敢说话。在此基础上，我们可以采取小组讨论、师生讨论等多种方式，充分发挥学生的集体实力。讨论组也可以根据学生的水平进行划分，或者根据学生的水平交叉进行，根据实际情况灵活处理。也就是说，在合作讨论的过程中，教师要把主动权交给学生，适时地引导他们从自由的自我讨论转向小组讨论。在进行协作式的对话与讨论时，教师要激发学生的思考，并根据教学内容与学生的实际状况进行交流与协作。在小组讨论的最后，教师要选出一些学生和同学们一起分享讨论的结果，这样才能对结论进行修正、补充、改进，并达成一致意见。透过这种自我检讨、自我剖析、广泛的沟通，让同学在讨论中体会获取知识的过程，不但能体会到成功的喜悦，更能体会到学习的乐趣，而且极大地提高了自己的语言建设和口语表达能力。

5. 分层测评

分层测评的目的是针对不同的物理水平，让低年级的学生获得更多的满足感，而高年级的学习积极性也更高。第一层为符合物理规范要求的达标层；第二层为提升层，在达标层之上加入了分析层的学习与改变训练；第三层是卓越层，加入了一个集成层面的训练，把以前的知识和新的知识结合在一起；第四层为内容的学习和欣赏，其能为学生提供相应的自由型试题，并能针对教师的实际教学实践，设计出四种不同程度的试题，以及应用问题、竞赛物理的知识等。这四个层次是按照顺序排列的。传统的统一评价教学模式存在着一个弊端，即评价得分过低，会使优等生丧失挑战的兴趣和积极性；如果评价的标准过高，则会让低水平的学生感到不满。所以，在自主探究式教学中，四层评价注重全体学生，因材施教，具有个性化，打破了传统教学中“吃不了”和“吃不饱”的尴尬局面，使每位同学“一跃而起，吃到果实”，努力提高自己。

6. 课堂小结

课堂总结也有多种形式。学生在课后总结过程中，可以根据自己的情况自由完成，同时也可以请教同学和教师共同一起完成。课堂总结可以是口头的、书面的或论文式的。课堂总结的内容包含以下几个方面：① 学生总结自己的研究过程，介绍自己的成果或实验现象和结论，对自己的研究进程与结论进行回顾与评估；② 对别人的研究进行回顾与评估，并提供有价值的意见与建议；③ 教师会适当地补充、总结和评价学生的总结。

这些是建立一个以问题为导向的独立探究教育模式的过程。

（二）指导型自主探究教学模式

这种教学模式的目的在于将探究式教学模式与传统教学模式相结合，对物理概念进行特定的教学，具有独特的优点，但并非单纯地将传统的教学与独立的探究式教学相结合。教师自主探究式教学具有以下特点：

1. 创设情景，提出问题

教师运用现代科技，运用真实实验、研究影像，引导学生去发现、阐释、提出问题。学生在学习的过程中，会用引导、讨论的方式来提醒自己要研究的话题，并为他们提供解决问题所需的信息和实验室设备，学生可以自主安排实验计划，自主安排实验流程，自主完成所有问题的解决。

2. 科学猜想，实验验证

探究式教学的一个重要内容就是让学生设计一个探究计划，进行探究和总结。① 在现有知识、经验和收集的资料的基础上，作出更加合理的推理、假设，设计探索性的计划；② 在具备互联网设施和条件的学校里，学生们可以自行获取在线资料，并对所提问题做出猜测。学生可自行进入教师所设计的教学情境，利用网络辅助完成问题与实验，并利用现代科技及多媒体辅助教学，进行即时的实验研究，并搜集相关资料，从而做到在进行实验前可以有充足的准备，在做实验过程中也可以不慌不乱，井然有序。

3. 分析讨论，得出结论

首先，分析、识别、处理所获得的信息，并对其做出科学的解释。在进行分析和讨论时，学生就自己的猜测、假设、实验方案和结果可以与别的同学进行协作和沟通。这样的学习可以帮助同学们从多个角度思考问题，认识到自己的在分析和处理问题时的不足与缺陷，同时也能深切地体会到合作对于科研的重要意义，进而提升整体的学习能力。

4. 课题小结，测试反馈

① 学生总结自己的研究历程，对自己的研究成果、现象、结果进行评价和讨论；② 学生对别人的研究过程和结果进行评价和探讨，并给出有建设性的意见和建议；③ 教师对于学生的研究结果和评价予以最终的总结，并为小结内容不完善的同学给予补充，同时还要给予合理的评价。在这个过程中学生可以以幻灯片的形式、图片的形式等各种各样的形式进行展示；④ 教师在最后提供总结，并引导学生进行自我评估测验，以鼓励和激励他们。

这个教学模式让教师们不仅把注意力集中在了学生所学的知识上，还更多地把注意力放在了怎样教育他们上。其推动了科学知识“动态构建”，使学生能够积极参与和亲身经历。

（三）循环型自主探究教学模式

独立探究的循环模式最重要的特点是，教师将核心知识传递给学生，而学生则将其用于解决问题。通过排除固有的偏见，可以促进学生思维和探索能力的发展。这个模式包括三个步骤：探索，理解，应用。

1. 探索阶段

教师为学生创造新的教学环境，使他们能够接触到新的物理知识。对于学生目前的知识和思考方法所不能解释的新的现象，往往会激起他们的好奇心。在此阶段，教师要尽量避免引导，要让学生有充分的自主探究的空间，并且要牢记，在探究的过程中，要体会到学习的乐趣。应该鼓励同学们运用一切可以找到问题的答案的方法。

2. 理解阶段

该阶段主要是指在教师的协助下，学生对新得到的知识进行解读，并重建他们的概念信息库。在此阶段，学生在教师的协助下，运用他们所学到的新知识与所学的基本知识的关系，使他们能够对一开始的新奇事物有更多的了解与认知。

3. 应用阶段

在不同的环境中运用新的知识，可以使学生自己挖掘出知识的本质。循环型自主探究教学模式的实施过程有:① 对复杂的现象、体验进行探索，并体会到难以理解的新情况;② 参加实验,通过对所遭遇的困惑进行解释，理解知识空白;③ 对无法用新知识说明的问题,有针对性地进行情境创设，然后挖掘和积累新的知识经验; ④ 了解知识的融合, 在不同的环境中运用新的知识; ⑤ 加深理解，增加对新知识的透彻理解。

二、三种自主探究教学模式的比较

三种不同的自主探究教学模式的划分方式，主要是根据教师对学生不同程度的指导来予以划分。通过分析调查发现，以为问题为中心所开展的自主探究教学模式，相对而言教师的参与度较低。教师的首要职责是创建教学情境，在学生的学习当中，自主探究占了绝大部分时间。指导型探究教学模式相比较之下，教师的参与程度相对较高，在这个过程中，教师主要承担指导、管理和组织职责，学生在通过教师的耐心指导下，可以很顺利地完成探究学习。循环型教学模式相对而言，教师的参与程度比较适中，在这个过程中，教师的作用是传授核心知识，而学生则在教师设定的情境下接受指导，自主开展学习并进行学习探究。这三种不同的教学模式其共性在于学生都对科学问题比较感兴趣，会被这一个问题充分吸引。而在学习过程中学生对于问题的反馈，首先考虑的是证据。他们利用证据来进行问题解释，在解释过程中会把问题和科学知识进行联系，从而通过实验来证实自己的解释是否正确。

第三节　物理学生的自主探究学习能力

一、物理自主探究模式实现的条件

（一）自主探究模式对学生的要求

在实践教学过程中，利用自主探究模式进行教学，通常情况下班级人数不能过多，保持在 40 人以下即可。在实际教学时要将班级学生进行分组分类，按照每个学生具体的认知结构和兴趣经过综合性评价以后进行分组。①按照学生的具体兴趣爱好予以分类。②根据每个学生的好奇心水平和他们所具备的知识基础，对学生进行重新分类。分类的目的有益于教师从不同层面多个维度深入了解每个学生的具体学习情况，然后展开因材施教的教学。

（二）自主探究教学模式对教学条件的要求

采用自主探究教学模式可根据学校的自身条件设计教学情景，一般对教学条件的最高要求是设置虚拟实验室。虚拟实验室由一个硬件部分和一个软件部分组成。

1. 硬件部分主要是多媒体教室

① 一间多媒体教室，配置先进的电脑、投影机、录像机、高性能 DVD 播放机、无线话筒、电子教具；

② 有服务器、教师机和局域网学生机的交互式多媒体计算机房，集成交互式教学系统的电子阅览室等。

2. 软件部分

主要内容有：网络资源共享系统、网络视频点播系统、网络资源共享系统、视频播放系统、屏幕播放系统、教师和学生在线教学的编辑系统、大学物理教学软件系统、大学物理在线考试与评价软件系统。

自主探索的教学模式，除以上所提到的外部条件、硬件、软件等方面的需求外，还应该注重科研人员和学员的培养。科研人员的培训以科研人员自主学习为主，通过专题培训、讲座、讨论、外出培训等形式进行。教师应学习“学与教”、建构主义学习、建构主义认知工具等现代教育学理论，不断更新教学理念，掌握教育实验的方法；不断学习现代资讯科技，熟练运用多媒体及网络技术，并能运用多媒体及网络教学软件。

（三）自主探究教学模式的评价

课堂教学评估是对课堂教学各要素及其发展变化的价值评判，以某种价值准则为依据。科学的课堂教学评估应该以评价对象为起点，以评价的价值为起点，选用合适的方法，建立一个合理的评估系统。

教学评估是课堂教学中的一个重要环节，它的作用在于检验和提高教师的学习能力。在实施“自主探索”教学中，要注重对学生的探究活动进行评估。

1. 评价的内容

自主探究评估具有多种形式，包含了认知与非认知。主要评估的是在原有的基础上发展的水平，即从学生本身的进步水平来衡量，从多维度、多角度进行多方面的评估。认知层面主要是掌握基本知识、理解与运用、思维方式等。非认识层面主要是物理学习动机、创造能力、评价、自我调节、探究、物理学习兴趣、物理学习信心、物理学习态度、思维灵活性、合作精神、问题意识、上课心情、乐学与怕学、求知欲、关心他人程度、课堂参与程度、学习负担、独立性，等等。

2. 评价的方式

由于自主探究教学的重点在于培养学生的自我发展与探究性、创造性的发展，二者均具有较强的情感性，因此，自主探究的评判标准应当以质的方式进行。

自主探究教学的评估方法有：教师评估、学生评估、自我评估，是指根据某种标准对自身发展进行主观评估的一种方法。

同时，还可以采用团体评估和团队内部的评估，以及定性和定量相结合的方法。从多角度、多方面进行多维度的评估，构建多维度的评估表格。学习成绩评定采用开卷和闭卷两种方法。

3. 评价的原则

评价学生的学习目的在于使学习从注重知识的传授与积累转变为对知识的探究，由被动接受变为积极主动地获得，从而实现预期的学习目标和获得更好的学习效果。

启发性原则：教师在教学中的角色主要是启发，而不是灌输知识，所以教师运用多媒体、网络等手段，创造情景，指导学生进行探究，为“脑、手、眼、口、耳”提供“全渠道”的信息输入，帮助他们发现、分析和解决问题。

主体性原则：“自主探索”是一种以学生为主体的教育方式，其主要特征是“学生主体”，教师要在“问题情境”中探索、思考、发现和创造学生体验的过程。

开放性原则：教学环境是开放的；教学过程是动态的；教学内容是灵活的；教学时间和空间是开放和拓展的；教学反馈是即时的。教师需要利用多媒体和网络技术创造一个高、中、低层次的非线性教育环境，以满足不同层次学生的个体差异需求。

自主性原则：教学过程中要充分挖掘学生的潜力，调动学生对问题的兴趣和探究性，让学生充分自主探索，真正实现学生自主发现规律。

发展性原则：教育设计以学生发展为基础，最终目的是促进学生的主动性、创新性、实践能力和学生素质的全面发展。

（四）自主探究教学模式对教师的要求

自主探究式教学对条件、设施和教师有不同的要求，因此它具有很强的灵活性，适合于各级各类学校的大学物理教学。自我探索教学对学生的资质有一定的要求，对教师的要求也非常高。合适的教师对教学有很大的帮助，可以为顺利教学提供条件。不同的条件——优秀或糟糕——可能对教学效果产生不同的影响。实现教学模式的条件有三个方面：教师、学生和教学设备。对教师的基本要求大致可分为以下七个方面。① 适当的专业知识，广泛的兴趣和丰富的知识。了解当代教育理论，并能应用多媒体和网络。② 对世界最新技术的兴趣和理解，以及对教学和学习的不断研究。③ 具备一定的教育设计能力、实验教学能力和师生沟通能力。④ 有爱心，有活力，有责任心。⑤ 具有灵活性和机智性，具有高组织能力。⑥ 有自己的个性和教学风格。⑦ 灵活机智，民主意识强，组织能力强。

第四节　物理课程自主探究学习的有效性

一、物理自主探究教学模式的效果

（一）学生对物理课的学习兴趣、动机、信心有所增强

在实施“自主、探究”教学模式前后对学生进行的问卷调查结果显示，在实施 “自主、探究”教学模式前后，认为物理课有趣的学生比例增加，认为物理课“难 ”的学生比例减少，但差异并不明显。这是因为物理学的教学难度还与学科特点、学习内容的难度、评估标准和方法以及学生现有的学习经验有关。同学们对物理学的意义有了更深的认识，从而极大地激发了他们学习物理学的积极性。同时，由于学生们展示并提高了独立学习的能力，他们对独立学习物理的信心也大大增强。学生对自学物理的信心明显增强。

（二）学生学习物理的方式和习惯有所改善

随着学生对物理的理解改变，他们发现物理的兴趣、物理的学习更加有意义，从而促进了他们在物理学习中的学习方式和习惯的改变。具体体现在三个层面：① 在学习方法和习惯方面，学生的学习积极性、探索性显著提高，课前预习、课后温习次数增加，更多的同学愿意参与讨论和提问；

② 学生对问题的探索呈现出多元化的特点,除了与教师、学生进行交流外,学生也可以通过网络进行阅读和查询;③ 学生对自主学习和探究学习方式的认同度很高。

(三)学生自己探究问题的能力提高

问卷还包括了学生在自我探索能力上的提升。在教学方式上，学生的探究意识得到了显著的提升，探究能力得到了一定的提升。调查内容包括三个部分：一是对自己有兴趣的困难问题的处理；怀疑教师的结论；自我评价自主探究能力。通过问卷调查的方式，能够掌握每个学生的具体探究学习能力程度，然后对学生进行有针对性的辅导，这样能够有助于学生不断提升自己的探究能力和自主创新能力。

通过“自主性、探索性”的学习经验和初步的成功，逐步地消除了对自主学习与科学探索的神秘与恐惧，显著提高了他们的学习自信心，有效地激发了他们的探索精神和主动性。

(四)学生的自我评价意识增强了

随着“自主探究”教学模式的逐步深化，学生在学习过程中从被动“总结”到“积极思考”。很多学生在自己的学习笔记中，习惯了用注释、后记等方法来记录自己的想法、感受和疑问，并用这样的方法来与自己和教师进行交流。

相比较于传统教学模式来说，自主探究式学习模式具有更好的教学成效，而且就传授知识的整体效率和质量来说，自主探究教学方式所达到的效果更好质量也更高。毋庸置疑，自主探究式教学模式对于学生的启迪有着更多的益处，能让学生由原来的被动式学习转为主动式或者是有意义的学习。自主探究教学模式需要学生花费更多的时间，用于主动去研究一些新的知识和新的领域，然后加以分析和探究，从而掌握更多的物理知识和技能。

但是，在实施自主探究式教学的同时，学生的学习兴趣、自觉性和各方面的能力也有了明显的改善；而在教授型教育中，学生的学习更多的是为了考试，而不是为了满足学生的兴趣和综合素质的提高，所以，从长远的角度来看，自主探究式教学是非常有意义的，非常适合当代学生的个性发展以及新时代教育改革的需求。

学校的测试题目主要是考查学生的学习能力、学习的积极性、主动性、学习质量、态度、方法、能力等方面的变化，但许多学校都不重视学生的自主学习能力。许多学校在强化学生的创造力的训练上还需要改进，如果不加以改进就会对学生创造性的发展造成一定阻碍和影响，学生在以后的生活和工作当中也会缺乏一定创造力。

二、物理自主探究模式的教学的问题

（一）物理自主探究式教学是未来物理教学的必然方向

在教学中强调“自主”和“探究”是物理教师适应新课程改革的重点，也是他们自身改革的重点。

在物理教育中要注重培养学生的探究精神和自主性。这不仅需要对传统的教育模式进行改革，还需要为新世纪制定新的人力资源标准。从某种意义上说，科学探究和探究方法是科学和技术的灵魂。目前，许多教师仍然被说教式的教学方法所支配，学科知识和技能的传授被视为主要和唯一的教育目标。这显然过于强调学科知识的传授，而忽视了科学经验、态度和价值观对学生的全面和持久发展的重要性。因此，物理学教育需要重新审视其教育功能，并确定包括“知识、技能、方法、过程、情感、态度和价值观”在内的总体教育目标，强调学生在学习过程中的分析和探究。

（二）因地制宜、因材施教

自主探究模式的一个主要特点是其灵活性。在教学过程中，要根据教学情况灵活设置教学情境，根据学生的实际水平灵活设置考察内容，根据学生的水平灵活设置多维度评价。自主探索的教学方式改变了学生被动的学习方式，更加强调学生在学习中的主导作用，把对物理学中科学思想和方法的理解和掌握放在与掌握知识同等重要的地位，彰显其优越性。

学生的自主性和探究性的高低，不仅取决于学生的认识水平，还取决于学习内容的难度等方面，在教学设计中要适当地把握和选择，同时要注重与其他教学方法的配合。

任何一种教学方式都不可能在课堂上得到广泛的应用。由于教学内容、时间、条件等因素的制约，我们无法、也不需要在教学中充分运用“自主探究”教学。自主探究是科学教育的一种观念，而非一成不变的模式。

（三）自主探究教学模式实施的重要前提——民主、平等、合作的学习环境

在传统的教学模式下，教师是教学、解决问题的主体，而师生之间的联系并不紧密。但由于自主探究式教学的特点，要突破传统的教学模式，开展自主、互助、探究式教学，必须营造民主、平等、合作、和谐的师生关系，营造轻松愉快的课堂氛围，缩短师生间的距离[①]。师生关系的平等与民主化不能只是一种形式,而是要在精神层面上达到高度的和谐与统一。教师与学生间的关系与教学方式的转变，既是对学科教学的优化，也是对师生个性、科学态度、价值观念的培养。所以，自主探究教学也是师生共同提高的一个过程。

（四）正确把握“自主、探究”教学模式中教师与学生的角色和职能

在自主探究教学中，教师是组织与引导的主体，而学生则是探究与学习的主体。教师要清楚自己的作用，不能过分干涉学生自主探究的进程，更不能忽视学生在学习中所遭遇的问题。教师们一定要明白指导方针对教学有何影响。同时，自主探究式教学虽然注重学生对问题的自发探索，但其所得到的物理定律与结论却是经过了无数科学家长期的努力与摸索，这就要求科学家们具有较高的科学素养[②]。因而，探究式教学既不能适应学生的心理发展，也不能使学生像科学家那样去探索、去创造，又不能充分发挥学生的积极性，从而使教师的教育功能受到消极影响。

（五）客观地看待探究学习和接受学习的关系

在经验过程和方法、科学态度和创造力培养上，探究式学习比接受式

---

① 崔益和，殷长荣.大学物理实验[M].苏州：苏州大学出版社，2018.
② 李迎，刘德生.大学物理[M].苏州：苏州大学出版社，2018.

学习好，但在课堂上获取知识的效率和对知识结构的了解上后者要好于前者。尽管从学生的长远发展和总体发展来看，接受式学习有其局限性和缺点，但同时也存在着时间和空间上的问题。在当前的教育中，重视知识的传授，必须大力倡导“自主性、探索性”的教育，并根据不同的实际情况，采用多种不同的教学方式，这是一种新的教育发展方向。

三、实施自主探究教学模式的困难

（一）传统的教学观念与习惯根深蒂固

从传统的教学模式向自主探索模式转变，这不仅仅意味着教学方式的转变，更是教育观念的转变。教师要从“传道、授业、解惑”的角色转变为组织者、领导者和辅导者，他们不仅要注重学生的学习，还要注重学生的综合发展。由于传统的思想和方法已经根深蒂固，因此，在教学改革中，教师往往会不知不觉地被其所影响而“重走老路”。

自主探究教学要求教师转变态度。因为大部分的学生都是在重复地模仿，学习方法主要是听课、背诵、做大量的练习，而学生早已习惯了教师“喂”的方式，而被教师“喂”着离开的学生，导致了他们严重缺乏“独立探究”学习的意识、方法和主动性；形成了“自主、探究”的学习意识、方法和主动性的学生，早已养成了以良好的方式进行学习的习惯。自主探究式教学要求教师进行恰当的指导，使学生从一开始就对新的学习方式产生困惑、畏惧、抗拒、质疑，但是却能使他们对自主探究式教学充满自信。

（二）现行教材编写内容跟不上自主探究教学模式的需要

现行的物理教材都是按照系统化的方法来进行学科知识的梳理，注重学生对现有知识的牢固掌握，因此编写了大量的物理练习内容，以加强对现有知识的理解。由于现有的教材只注重对理论概念和定律的直接介绍，没有给学生充分的发现、探究和创造的空间。现行教材偏重于物理知识，往往忽略了物理实验与探究的教学，使学生难以从课本中体会到物理思维与探究方式，同时，物理实验大多是经验式的，对于教学过程、教学方法等学生只能照搬和模仿。

（三）学校教学环境和条件难于满足学生科学探究的需要

虽然现在许多学校通过图书馆、网络和实验室配备了现代教学材料和设施，但分配给众多工作人员的资源却严重不足。特别是，实验室设备和加工设施不齐全，数量少，这意味着学生提出的一些方案无法实施，因为找不到必要的设备。这是独立探究教育的一个重要的物理制约因素。此外，由于人口的急剧增加和教育资源的有限，现在大多数学校的班级规模都很大，通常是 50~60 人，很多地方是 70~80 人，学生在“自主、探究式”学习中的交流机会也因大班额而受到很大限制。

（四）评价方式和教学时间是制约教学改革的瓶颈

传统的教学评价多注重学生所掌握的知识、技巧，可以用一种简易的定量的方法来衡量，而自主探究式教学则注重学生的探究体验、学习科学的方法、培养学生科学价值观，难以用定量的方法来衡量。因而在很大程度上造成在物理教学过程中，教师往往会忽略学生科学探究体验，忽略对学生科学方法和科学态度的培养，忽略对学生正确价值观的培养。当前，各类型学校对学科教学的评估主要集中在知识与技能的实现上，而对教师自身的教学评估则存在着较少的改革余地。这部分制约了在“自主探究性”的教学中采用不同的评价方式。

此外，基于知识和技能的评估方案要求教师在“教学任务”上花费大量时间，学生在“独立和调查性学习活动”上花费大量时间，可能会加剧课堂时间紧张的问题。

物理“自主探究”教学模式的实施，使学生的学习兴趣、学习动机、自主学习意识、探究学习意识得到提高，改进学习方式和习惯，增强自主学习和科学探究的能力，培养学生的自主学习和科学探究能力，培养学生未来的教学观念和方法。在“自主探究”的教学中，学生积极主动、活泼、合作、自信，对学生全面、持久发展具有重要的作用。

“自主性、探究性”教学模式的实施还存在着教师与学生思想转变不易、教材内容与编写形式陈旧、教学条件不完善、评价体系改革困难等诸多制约因素。

四、用好物理自主探究学习模式

（一）自主探究的意义

1. 物理自主探究教学的内容

物理自主探究是一种以特定的教学内容为基础的教学活动，要求学生对特定的问题进行探索。基于已有的知识，他们可以自由地探索、发现和复制物理知识。探索包括观察、操作、猜测、验证、收集材料，根据经验，类比、分析，通过总结得到初步的结论。

在此过程中，学生可以根据以往的知识与经验，对新知识与内容进行加工与了解。在教学中，学生有充分的时间和空间去探究、去思考。在教学中，要鼓励学生大胆地猜想、提出疑问、提出异议。尤其是当学生的观点不对或者有偏见时，教师要给他们一个自己找出问题的机会，不要用自己的观点去取代。也就是说，在教学过程中，教师要给予学生充分的思考和探究的空间，而不能越权，要给学生留出最大限度的自主研究和自主学习时间。

2. 物理自主探究教学模式中的合作交流

在学生自主学习的过程中，学生会碰到许多问题，并用学生的协作和交流方式来寻找问题的答案，教师再给出正确的回答。这种交流方式有很多种：学生自由交流、小组交流、教师组织课堂交流、辩论交流。在交流中，同学们可以尽情地发挥自己的思考方式与过程，并与他人进行探讨与分析，从而清楚地认识到知识的规律以及解决问题的途径与方式。这样可以让学生对知识有更多的认识，以及掌握更多学习科学的方法。在学生之间的交往中，同学之间可以互相学习，加强协作，增进沟通。

自主探究是合作学习的根本，而合作学习是培养学生自主探索能力的重要途径。在自主学习和探索的过程中，缺乏对已学到的知识的初步理解，是不可能进行合作学习的。合作学习不能过多，在自主学习的基础上，倡导以小组为单位的形式进行合作学习，当学生在学习中遇到困难或者有一人解决不了的问题时，可以采取合作式学习；不要等到在出现问题时，才选择组织学生进行合作学习。

3. 物理自主探究教学模式中的师生互动

在学习过程中，会有许多问题是学生自己解决不了的，他们能够独立地学习、交流、合作，并能够将其应用到实际问题中去。在这个时候，教师要用精确、简练的语言进行深入的说明和强调，让学生能够建立起一个清楚的知识网，并且能够顺利地将其应用到相关的问题中去。但是，不能过分地去解释，而要对学生们所提出的普遍问题进行分析和着重剖析，因为教师们都知道哪些问题非常重要，并且能够被广泛地应用。教师的角色是引导者，必须发挥强有力的引导作用。

（二）物理自主探究教学模式要注意的问题

第一，在教学过程中，要注意掌握师生角色的转变，教师由“传道人”向“指导者”转变，学生由“被动接受”到“积极探索”新知识建构转变。教学以学生为中心。

第二，在自主探究式教学中，教师应注意在情境的设定上要充分考虑到物理学的特点，运用物理学的趣味性，培养学生的好奇心，使探究式学习顺利进行。

第三，物理教学情境的设定应充分考虑到学生的学习状况，以避免学生在后续的探究活动中受到外部环境的制约，进而挫伤学生的探索热情。

第四，教师和学生要彻底摆脱传统教学的陈旧思维，以全新的教学理念参与到物理自主探究教学中来，避免新的教学模式和旧的教学方式无法进行有机结合，避免探究式学习流于形式。

第五，在实施自主探究式教学中，应注重多样化的评价方法，避免采用单一的、定性的方法来限制学生自主探究的教学模式。自主探究式教学的各个环节并非一成不变，有的还可以根据不同的课程类型和学段的具体要求而进行增删、修改；同时，独立探究并非孤立存在，有时与其他有效课堂教学方法相结合，可使课堂充满活力。能否成为一种成功的教学模式，取决于你的课堂教学是否真正地体现了“以人为本”；它的根本出发点是促进学生全面、持续、和谐发展；这真的可能吗。

第四章
大学物理概念教学模式

第一节　物理概念教学的理论基础

物理概念是人类思想中的一种关于普遍性质和本质特征的反映，是物理现象的抽象化解释，是观察、实验和物理思考的结果。物理概念的产生离不开物理思考，而物理学是人类精神活动的最高层面。学生对观念的理解与把握，绝非单纯地被动地接受课本或教师的某些观念或法则，而是一系列深刻而又复杂的心理活动。所以，对物理概念教学的心理学基础进行深入的探讨，并以先进的理论为指导，具有十分重要的现实意义。

一、大学物理课程标准

大学物理是高校本科专业基础课，它与理工科课程紧密结合，以培养学生的科学素质为目标。学生学习基本物理知识和技能，体验科学调查的过程，了解科学研究方法，培养创新意识和实践能力，培养对自然探索和认识的兴趣。通过对物理学的学习，使他们认识到物理学能够有效地推动科学技术的发展，从而为他们的终生发展打下坚实的基础，从而使他们形成正确的世界观和价值观。

（一）大学物理新课程的基本理念

观念是一个人坚持并把他的信仰付诸行动；这是一种思想和手段的行动。课程理念是课程实施的前提，教师把“教学与引导”作为课程设计的核心。新一轮物理教学的基本理念是：第一、从课程目标出发，注重全体学生科学素质的全面发展；第二，注重基础知识的教学，体现了选修课的本质；第三，体现了现代性、基础性和选修性；第四，在实施上，注重学生的自主性和多元的教育方式；第五，重视和鼓励学生在课程评估中不断更新观念。

（二）对大学物理概念教学策略探索的启示

1. 从课程目标的三个维度来设计教学过程

在高等教育中，物理教学的具体目标可分为三个部分：知识与技能，程序与方法，情感、态度和价值观。在教育领域，三个层面的课程目标并非彼此分离，而是在同一教学进程中进行整合。所以，在教学设计中，应从三个方面来考虑教学内容与教学活动的编排。例如，若能利用打点定时仪来学习自由下落，在教学过程的设计中，即在处理实验信息能力的基础上，可以提高知识的获取。

2. 提高科学探究的质量，注重科学探究学习目标的实现

在课堂上，创造一个以探究为导向的环境是很重要的，学生可以在其中观察和体验，能够发现和联系；培养学生的探究能力，收集、分析、处理信息的能力，评价科学的能力；培养学生以物理事实为证据的思想，以证据、逻辑和已有知识为依据的思考方式。让学生在学习物理过程中，能够形成主动查找和挖掘证据的习惯和观念，然后利用逻辑思维、利用科学解释方式对现有问题进行全面的解释。

3. 使物理贴近学生生活，联系社会实际

在教学中，教师要根据自己的实际情况，选择合适的教学材料，培养与学生的亲和力；通过对多个领域的交叉研究，让学生能够把物理学与其他学科联系起来，对身边的生活、社会现象进行深入的研究。学生通过学

习，加深对科学、经济、社会的认识，增强科学为人类服务的社会责任感和使命感[①]。

4. 突出物理学科特点，发挥实验在物理教学中的重要作用

大学物理教学要重视对物理实验的认识和掌握，使学生正确地运用实验器材，获取更精确的实验信息，并对所得到的信息进行推理、归纳和总结。要鼓励学生充分利用实验资源，充分利用周边的条件进行实验。同时，要使学生了解实验的整个过程，使学生能够对实验的结果有一个切合实际的认识，从而使之融入他们的工作和生活中。

二、多元智能理论

（一）多元智能理论的基本观点

多元智能理论很快引起了全世界教育工作者的兴趣和关注，自20世纪90年代以来，它已成为教育改革的重要理论基础之一。

多元智能能够在一定的文化环境下，解决问题，并创造出一种产品。在此基础上，提出了一种新的智力属性与结构理论，即“多元智能”。多元智能理论认为，智力具有多样性，是一系列的能力，而非单一的能力，其基础结构具有多样性，不同的能力是相对独立的，并不以一种整体的方式存在。在多元智能的结构中，有七种智能，分别是语言智能、逻辑智能、视觉智能、身体智能、音乐智能和人际关系智能。多元智力是一个成熟的模式，其中也包含了自然观察者智力和自我觉察/内省智力。

多元智力理论认为，人在同一时间内具有许多相对独立的智力。这些相对独立的智力并非完全孤立而是相互联系，它们以各种不同的方式联合运作。这些智力，甚至同样的智力，都会以各种形式出现在一个人的身体里，使得他们成为独一无二的个人。不同文化的人在智力发展的方向和水平上有很大的差别，而文化的发展和需要促使他们发展自己的智慧。也就是说，智慧的种类很多，根据情况而定，而且表现形式也各不相同。

---

①杨先卫，杨种田.大学物理下[M].北京：北京邮电大学出版社，2017.

（二）对大学物理概念教学策略探索的启示

1. 形成积极乐观的学生观

不同的学生有不同的智力优势，不同的学习风格，不同的学习方法。在学校里，没有一个学习成绩不好的学生，有的只是智力特征、学习类型和发展方向不同的人。教师必须时刻意识到，他们是由多种不同层次的智力所组成的，问题不在于他们有多聪明，而在于他们在哪个领域有多聪明。对学生的期望值很高，教师就会将更多的注意力放在课堂上，让学生更加自信，更加努力，为成功而奋斗。

2. 正视学生差异，创设学习环境，因材施教

每个学生的智能都是独一无二的。教师应针对不同的学习风格、认知模式，采用不同的教学方法。同时，教师要不断地对自己的教学行为进行反省，给学生提供更多元化的学习环境，让他们有更多的选择，以利于形成高效的物理学习方法。

3. 树立灵活多元的评价观

物理教学应注重以流程为基础进行评价，注重学生的自我评价和同伴评价。通过从不同角度观察、评价和分析学生的优缺点，从而改善教学活动，培养学生的自信心，使学生更好地发展。

三、建构主义对大学物理概念教学策略探索的启示

从建构主义理论角度来看，物理教学是基于物理认知结构基础上而展开的一门学科教学。为了使物理意义的构建达到目的，教师应针对学生物理认知结构的特征和其变化规律进行细致的设计。

（一）创设物理情境，促进意义建构

为了激发学生的解题兴趣和求知欲，激发他们解决问题的主动性，教师可以通过创设与物理教学内容相匹配和可以充分融合的情境，更好地激发学生探索和解题的欲望。

求知欲总是在特定的环境中产生。问题的背景具有很强的诱惑力，可

以对学生的学习产生很大的促进作用。因此，物理教师要创造与教学内容相关联的情境，把所包含的事物（实物、图形、语言等）按照空间的排列、时间顺序和相互关联的方式，以某种形式呈现在学生的眼前，并产生某种刺激，使其产生解题的兴趣。其目标是在探究物理学定律时，促进学生学习，培养学生解决问题的兴趣，并让学生独立研究和解决问题，发掘自己的潜力。

（二）物理教学中应突出学生主体性的发挥

学习并不是简简单单让教师把知识传递给学生的一种过程，而应该是由学生按照自己已掌握的经验来思考和创造知识的一个过程。教师要给学生留出自主解决问题的空间，要给予学生足够的信任、足够的尊重、足够的理解和更多的帮助与引导。从而在一个民主、和谐的课堂氛围中，通过师生之间的友好交流、相互合作、热烈讨论，进而让学生更加生动和灵活地理解物理知识。

四、最近发展区对大学物理概念教学策略探索的启示

物理教师应该充分认识到学生的实际发展状况，而不应该以自己的亲身经历和个人的主观感觉来判断，这不仅会使教育水平和学习效率下降，而且还会对学生的能力产生一定的影响。教师要根据学生的特点来调整教学内容。课程中的教学内容应与学生的日常生活密切相关，并能成为他们所关注的主题。任务的难度不能过于简单，也不能过于繁复，要紧密贴近和适合学生的发展方向，在实践中进行适当的调整，这样才能让他们的认知在教学中处于最近的发展阶段，从而获得最优的教育效果，进而有效地提高他们的智能水平。

在一间教室内，有数十名同学，各有不同的学习基础、不同的学习态度、不同的智能发展程度，造成了他们的最新发展区域的差异。在物理教学的关键、难点问题上，应根据不同的学生、不同的教学时间，制定一系列有层次、有难度的问题，从而达到提高教学效果的目的。

五、有意义学习理论

（一）有意义学习理论的基本观点

依据所获取的知识和所涉及的过程，把教室的学习分成两类：机械式-语义式和接受-探索课堂教学方法。“接受”和“探索”的最大差别是“从各种资源中汲取知识”。在接受式的学习中，学生们需要自己去发掘更多的知识。认为一切接受学习都是机械式的，发现性的学习都是有意义的，一个错误的理解。不论是接受或发现，都可以通过机械的方法来实现，或许也存在一些意义。

接受-探索学习不必是死板的、被动的。接受性学习的真正意义在于，它需要学生“自己思考”。有价值、有意义地接受学习的三个前提是：首先，学习的内容有其自身的逻辑，这与学习者之前的认知结构存在着本质上的关联和非人为的关系。本质关联是一种新的概念，以新的符号和标志为表现形式，与学生的表象、有意义的标志、概念、命题等有内在的关联。其次，学生要有“有意义”的学习态度。这是一种倾向，即把老的知识和新的知识结合在一起，就像谚语说的那样，“外在的原因是内在的。”在教学过程中，教师要采取行之有效的激励手段，使学生在课堂上积极地进行思维活动，使新知识与旧知识相融合，使其成为正确的认知结构。只有充分发挥学生的学习积极性和自觉性，才能使有效的学习取得成功。最后，学生的认知结构中应包括对新知识的吸纳。只有满足上述三个先决条件，“接受-发现”方法论才能成为教学的有效途径。

（二）对大学物理概念教学策略探索的启示

在课堂上，应注意以下几点：其一是要培养学生的学习动力，使他们愿意进行有意义的接受。其二，在教学中要注重教学的逻辑性，即教学内容的呈现、教学顺序的安排、教学方法的选择，都要根据物理的逻辑结构进行细致的安排。在进行课堂教学之前，教师要认识和把握学生的固有认知结构，并依据已有的知识结构，判断出新知识是否完整、清晰，从而有针对性地进行教学，使新知识融入到原来的知识体系中。只有这样，我们才能进行有目标的教学，使新的知识融入到原来的认知结构中。

六、教学过程最优化理论

(一)教学过程最优化理论的基本观点

教育流程的最佳化是指将教育法律与原则、现代教育形式与方法、教育体系特征、内部与外部环境等因素结合起来。为使该过程最有效(即最优化)而进行的控制。将教学过程视为一个系统，并将辩证的系统方法作为研究教学的方法论基础。这意味着：教学目标、教学内容、教学条件、师生活动方式、师生互动方式、教学效果分析与自我剖析这些基础构成了一个整体，需要以更加紧密的关系来加以研究。换句话说，教学过程的所有组成部分，教师和学生活动的内部和外部条件都必须被视为相互关联，从这些要素中，我们需要有意识地从任务、内容、形式和教学方式中挑选出最好的解决办法。通过这种方式，我们可以找到一种方法来全面提高教育质量。

优化教学过程的关键是选择一个在特定条件下优化组织过程的解决方案。因此，重要的是要有明确的优化标准，这可以通过对所有的选项进行比较，然后作出最后的选择。把效率和时间耗费作为最好的准则。有效性的质量标准是，每个学生在一定的发展时期内达到现实可能的学术表现、道德和发展水平。时间消耗的准则是教师和学生必须遵守学校所设定的课程和完成作业的时间限制。

(二)对大学物理概念教学策略探索的启示

流程优化理论是把握课堂教学中的核心问题，即如何在不增加师生负担的前提下，合理安排教学流程，从而达到提高教学效果的目的。这也是我们在新一轮物理教学改革中所面对的问题。

第二节　物理概念教学的问题分析

物理概念教学是教师和学生学习的过程，二者相互联系、相互促进、相互制约。教学要充分考虑和基于学生的学习。另一方面，学生也不能盲目地学习，要严格地遵从教师的指导。

物理概念教学是一项具有普遍性的教学活动。在教学中，我们通常会按照教学的规律来讲解，让学生掌握基本的知识和技能，从而形成严谨的逻辑思考。

一、物理概念教学的基本原则

在传授物理概念时，必须遵循下列基本原理。

（一）顺序发展原则

“顺序发展”是指根据概念的逻辑结构和学生的认识发展的先后次序来进行，从而使学生在一定程度上掌握基本的概念，并对其进行系统的学习，从而形成严谨的逻辑思维。

知识只有从事物的本质中形成一个系统，实际上是一个理性系统，才能被我们完全掌握。大脑里塞满了零零碎碎的、毫无联系的知识，就好像一个杂乱无章的仓库，里面的物品杂乱无章，即使是他的主人，也没有办法从这些杂乱无章的东西中找出自己想要的。

要想教概念，就得把每个概念的先后次序都考虑进去，而且当有了先后次序以后，即便这些概念都一样，也会因为各种概念之间存在着逻辑性的关系而有不一样的解释，例如温度、质量、能量等，这些都是在不断发展中形成的。在教学中，要充分考虑教材的系统性和学生的阅读规律。如果想要在第一时间赶上，那就“太快了”，不但会让学生无法接受，还会极大地打击他们的积极性。概念性教学中的连续发展原则应当符合下列几点要求：

第一，教学内容要遵循组织体系。教师要在教材、学生的个性、自身专业的基础上，深入了解教材体系，充分发挥自身的聪明才智和创造性，编制好教材。

第二，要把握好教学的主要矛盾，要把握好教学中的关键与难点。连续发展就是区分轻重缓急的教学。关键是要把基本概念和技能放在课程的中心位置，并在重要的内容上花费更多的时间和精力。这些困难是针对学生的，一般来说，由于不同的原因，每个学生的困难都不一样，这意味着需要设计各种策略来帮助学生突破教学困难。

第三，从浅到深，从容易到复杂。要做到这一点，必须要符合学生对知识的理解，并且要有一定的次序。许多经验表明，教育并非“跳跃式的追赶”,而是“循序渐进”。当学生的基础打好了，学生的认知能力就会自然而然地提升，学生的学习就会变得更快、更有效率。

（二）灵活性原则

这个概念是人类辩证思维的产物，它是动态的、灵活的。所谓动态和灵活的思维，是指从多个不同的角度思考问题的解决，并在思路受阻时迅速朝正确的目标思考。思维的灵活性应建立在可调整的基础上，因此，思维的灵活性是建立在概念的灵活性之上的。物理概念具有弹性，所以在教学中要注意运用弹性原理。

以下为几个概念化教学的灵活性原则。

第一，要从不同的角度来理解和解决物理问题，就必须意识到，在具体的应用中，概念的意义并不是一成不变的。这是由于在不同的环境中起主导作用的对象的本质特征是不一样的。比如,“力就是一个对象对一个对象的影响”，是力的表象，而“力影响物的移动”则是指力的动作。

第二，教学理念并非要掌握这些概念。定义一个概念，并不代表它的含义已经被确定。因此，在学习了一个概念的含义后，学生需要灵活地应用于问题的解决，并对其意义进行理解。

第三，概念并不是相互独立的，它们总是与其他的观念紧密相连。例如，力、功、能量、动量。所以，我们要注重教育学生从全局的观点来学习，这样才能使他们在范例中不断地学习，养成良好的学习习惯。

第四，概念是一个矛盾的整体，两个完全相反的概念常常会互相转换，例如：直线运动与曲线运动、变力与恒力、整体与局部、变质量与恒定等。

因此，要充分运用“灵活”的教学理念，训练和指导学生运用各种不同的观念去认识和解决物理问题，培养他们的辩证思维能力，增强他们的解题思维能力。

（三）直观性原则

直观性原则是指在课堂上，教师要用对所学事物或教师的语言进行生动的描写，以清晰的表象来引导学生对所学事物、过程的清晰的表现，丰富其感性的认识，从而使学生正确地理解和发展自己的认知。

运用直观性原则，可以让学生把书本上的知识和所反映的东西相结合。任何必须了解的事情，都要透过事情本身来教导；也就是说，应该尽量让学生看到、触摸、听闻等。通常情况下，人们思考时依靠形式、色彩、声音和感觉。逻辑并非其他事物，其只是我们心中对自然事物与现象之间关系的反映。逻辑思维对于每个学生来说都至关重要，而且依靠逻辑思维人们会自然把事物现象与真实现象进行相互联系，从而在我们大脑中形成一种反应、形成一种思维。

直观性原理是指学生认识的基本规律，能使其具有感性、形象、具体的知识，能激发学生的学习积极性，减少抽象概念的困难；从事物内部结构、相互关系和发展的过程中，可以促进学生的科学意识的形成，加深对知识的理解和应用。

物理学是与自然界最为接近的学科，物理学的概念是物理学的基本性质的体现。因此，在物理概念的教学中，应注重直观的运用。利用物理实验、挂图、幻灯片、录像、影片、电视等，让学生了解物理学的基本概念。比如习惯性的讲解，没有具体的资料作为依据，解释起来不仅耗时耗力，还会让人难以理解。一些学生无法直观地感觉到的现象，比如，在进行概念教育时，要通过语言、形象的讲解，使学生获得感性的认识，使他们产生生动的形象或想象，从而达到直观的效果。语言的直觉不会受到物质的制约，依靠的是学生所拥有的相关的经验和知识。例如，通过学习机械波，可以解释电磁波的概念。

(四)巩固性原则

巩固性原则是指在教学过程中，通过对知识和技巧的学习，使学生在一定程度上牢牢记住，并能在必要时快速地重现，从而促进知识和技巧的运用。

历代教育者对知识的整合都十分重视。孔子主张“学以致用”，即“温故而知新”。知识的保存与获取是学生获得新的知识、顺利地进行学习的先决条件，是掌握和运用知识的先决条件。在学习物理学的时候，比如，我们主张“巩固”原理，而不“巩固”，就无法累积知识，无法进行复杂的创新思考。比如，如果不能掌握粒子的概念，就很难进行运动和受力分析；同样的，如果没有对能量和功的理解，那么，不能学习动能与能量守恒定律。

概念教育的巩固原则应遵循以下基本要求。

第一，知识的巩固不能和死记硬背相混淆，而应建立在对知识的认识上。思考分为三个层次：构思、判断和推理，没有了解物理概念，就难以进行后续的思考。

第二，应合理地组织修订。一旦学会了一个物理概念，以后必须经常复习。

第三，复习不应建立在单纯的记忆或背诵上，而是要在应用中积极保留。只有不断地联系新知识和修正旧知识，现有的知识和技能才能在应用过程中得到确立和深化。

(五)科学性和思想性统一原则

“科学性”和“思想性”是指教育要在马克思主义的指导下，把科学知识传授给学生，并通过知识教育来培养他们的社会主义道德观、人生观和世界观。

思想与科学的统一，是德智体全面发展的需要，是物质文化、精神文明的需要，是知识的思想性、教育规律的需要。知识是人类认知与改造世界的劳动成果，是人类思维与世界观的结晶。它自身既是科学的，也是思想的。

物理概念是人类文化的集合体，它包括了科学与思想两个层面。在教学活动中，科学是思想观念的根本。不讲科学，把错误的知识传递给学生，只会给学生带来误导，更没有思想。科学精神就是思维。只有用正确的思想和方法，才能揭示事物的本质与规律，构建科学的知识系统，形成正确的思想，因此，我们不能脱离思想来谈论科学。

科学与思想相结合的理念教育必须符合下列基本要求。

第一，在物理概念教学中，必须保证其科学性。在物理概念的教学中，所涉及的知识、方法、过程应当具有科学性、正确性和指导性。通常，把具有争议性或不可信的知识作为基础的科学知识传递给学生是不恰当的，这样会使他们产生错觉，影响他们的基本观念。

第二，以物理观念为基础的唯物论、辩证法等意识形态教育，都具有普遍性。比如，在了解了电之后，解释一下为何雷电会攻击天空，就能破除某些学生的迷信观念。在掌握了相关领域知识以后，应当着重于相关领域知识的物质化和对物质世界发展的作用。

第三，教师自身的职业发展与心理训练是必不可少的。俗话说，“要想打铁，就得先把自己练好。”要使科学和观念相结合，教师自身就必须具有卓越的职业素养。

（六）理论联系实际原则

理论与实际相结合，是人们在理解与学习过程中必须遵守的基本原理，也是物理概念教学的基本准则。空洞的理论毫无意义。理论是不能脱离现实的，是不能脱离思想的。

物理概念教学的首要任务是把知识传授给学生，而课本上的知识则是学生的间接体验，因此要把理论与实践结合起来。只有通过这种方式，我们才能真正解决教育中的间接经验和直接经验、感性认识和理性认识问题，学习和应用、认识和实践之间的关系。

概念教学的理论联系实际原则应该遵循以下基本要求。

第一，物理教学，应以概念为导向，以实践为导向。所以，在教学过程中，一定要指导学生对理论进行正确的学习，否则就无法与实践相结合。

物理概念来源于现实，反映了其基本性质，这使得它们更容易与现实联系起来，例如，“完成工作”和“加速前进”等概念。

第二，强调对物理概念应用能力的培养，并在实践中充分发挥物理概念的作用。比如，大学生在学习密度的时候，可以通过测量固体和液体的密度来加深对密度的认识。同时也要注重社会实践，例如让学生到工厂进行实地考察，使他们能把所学的知识和现实相结合。

第三，讲解物理学的基础知识，注重技巧的培养。在物理概念教学中，应注意培养学生的动手动脑能力，而不反是完全掌握物理的基本原理。强调在教学中先讲授物理基础概念，然后进行实践，倡导“精讲多练”“讲练结合”，以提高对知识的掌握与应用。

（七）可接受原则

可接受性原则是：教学内容、方法、数量、进度都要符合学生的发展特点和要求，但又要有一定的难度，重要的是，学生在身体上、精神上和素质上都得到充分的发展。

观察和运用个体的能力发展中的重要和次要的方面是我们自己的。教师应该按照这个主次秩序的原则去观察学生能力的发展。首先，重要的是根据学生的发展阶段开始教学，并继续分阶段教学。毫不奇怪，人们从经验上知道，教育中给予的知识除非适应学生的接受能力，并成功地转化为学生的精神财富，否则就不能被理解、被接受。

在教授物理概念时，应以下列方式遵循接受性原则。

第一，我们要对学生有全面的认识，并从实践中加以指导。教学的出发点是学生的发展水平，是教师在教学之前，乃至在教学中都要对学生的发展程度以及当前的知识与能力的现状进行全面的认识。其是教育的基础，也是学生的知识增长和接受的起点。只有在学生发展的层次上，教学才能被人们所理解和接受。在心理学上，有“最近发展区”这一概念，也就是说，教授的知识不能超出某个范围，例如，力的教学，因为我们很难从力的解析中跳到重力、弹力、摩擦力等方面进行解析，所以，如果我们从力的解析中直接跳到对受力的分析，那么学生将难以接受。

第二，要综合考虑学生认识发展的时代特征。随着科技的快速发展，广播电视、报纸、书籍的广泛传播，学生们在很小的时候就接收到了大量的信息，相对于以往的学生来说，他们在学习的过程中，得到了许多新的知识。在这样的背景下，有必要为学生当前的认知发展程度设置一个指导参照点。举例来说，在教学“单摆”这个概念时，如若还用摆钟引入课堂，会让很多同学觉得陌生，因为在当代的学生生活中，摆钟是罕见的。

二、物理概念教学的基本功能

物理教育在实践中具有一定的应用价值，它能使学生在任何时候都能用概念来分析和解决问题。

（一）物理概念教学可以发展学生的思维能力

概念是思维的一个单元。在教师的指导下，学生在掌握了物理概念之后，运用这些概念进行分析与求解，从而使他们的思考能力得到持续的发展。比如，断开的绝缘电线互相缠绕，而其他电气设备的电阻却没有接近零，这是怎么回事？两根电线重叠，为何使用者家里的熔断器会被烧毁，而其他使用者却没有受到任何影响？要想清楚电力系统中的故障原因，必须从实际出发，认真地考虑这些问题，搞清楚电力系统中的电阻率分布，从而认识主回路和分支电路的故障原因。完成此问题的全过程会使学生的思想得到全面发展。

（二）将理论和实际联系起来，能够培养学生的劳动技能

通过实习、实地体验、实地考察等方式，把理论与实践相结合，可以使学生的劳动能力得到提高，使学员掌握了工作技能。举例来说，当你去一个离心泵站时，你会发现，离心泵与表面的距离一般都不超过 10 m，一般为 5~7 m。怎么会这样？它涉及大气压力，它的数值通常是在标准大气压力附近浮动。如果将其转化为标准大气，那么它所能承受的高度就会达到 10.34 m。离心式水泵离开地面过高，空气中的气压会把水推向离心式泵壳体，使水泵的叶轮无法把水抬到更高的地方。在考虑了各种损耗后，离心泵的出口至地表面的间距通常为 5~7 m。这样，通过对现实问题的不

同分析，就可以使所学到的物理概念更加牢固，并且能够提高工作的技能。

（三）通过物理概念的教学，能使学生领略物理学的研究方法

物理学有各种方法，包括观察方法、理想模型和逻辑推理。物理学的研究方法和物理概念的教学方法、理解和应用等是紧密联系在一起的。通过对物理概念的认识和运用,使学生能更好地理解和掌握相关的研究方法。具体包括：利用何种研究方法的特点；如何利用这些方式来发展物理学的观念；在物理研究中，这些方法是关键的，等等。其既能提高学生对物理概念的认识，又能分析问题，同时也为今后的研究开辟了新的途径。

（四）物理概念教学能提高学生学习物理的兴趣

学生的兴趣在物理教学中起着重要作用。最好的教师是兴趣。物理概念的教学与学生的兴趣密切相关。一方面，学生对知识产生了浓厚的兴趣和学习的积极性；另一方面，他们也更加努力地去了解和掌握概念的物理含义。许多同学反映“学物理难”“学得乏味”，其根本原因在于对物理概念的把握不好，无法将全部的物理知识融会贯通，遇到问题时无法通过物理知识进行解析和求解。“越是学习，越是困难”。关键是要把握好概念。如果观念教育能取得成功，学生对物理概念能区分与关联，则物理定律的学习将会有一个牢固的基础，物理知识将会相互融合，不会被打断，从而让学生逐步形成完整的物理概念，让学生们不再把物理学当成一堆毫无意义的东西，反而会认为这是一个结构严密的科学系统。只要有了这些观念，知识就会更有条理，问题就会迎刃而解，学习的兴趣会增强，从而改善物理教学的品质。比如，电磁感应现象是一种普遍存在于生产和生活中的电磁现象：发电机、电动机、变压器等，在这种电子设备中产生的电磁现象，虽然表面上看起来差别很大，但是只要有了“磁通量的变化率”这个概念，就可以把握住这种现象的实质，不管是对电磁感应的产生、对感应电流的方向、对感应电位的大小，都有一定的了解。用“磁通变化率”的概念来求解电磁感应问题，是研究电磁感应问题的出发点。掌握物理学的基本原理，有助于提高学生的解题能力，提高学生的学习兴趣。

三、物理概念课型与其他课型的关系

一般来说，物理教学按教学内容可分为四种基本类型：概念课、规律课、实验课和练习课①。

（一）概念课与规律课

物理概念、定律和理论是物理学的精华，而教授物理学的基本原理则是传授物理学的基本概念和规律。物理知识通常可以分为：现象，概念，法则（包括公式，定律，原理和定理），以及理论（学说）。物理学是一种感性的认识，而概念、法则和理论则是一种理性的认识。物理学的基本原理和法则都是建立在物理学的基础上的。物理学定律表示了这些元素之间的关系，所以，要了解物理现象，掌握物理定律，增强分析与解决问题的能力，就需要对物理概念有很好的了解。

所以，在这个意义上，概念是规律的基石，而物理定律又是每个概念之间的相互联系。基于这一点，本节将从以下两个方面探讨和分析概念课与规律课之间的联系。

了解物理概念是对物理定律进行深入研究的先决条件和依据。物理概念是理解物理学规律的根本，理解物理学的基本原理和方法，必须把握物理学的实质关系。一个主题是一组概念与概念的连接。要想学到物理，就必须先了解物理的基本原理，再对其进行深入的探索。举例来说，牛顿第二定律在经典力学中是一条重要的法则，其牵涉无数的物理事实，但是我们是否可以说,该定律是由许多物理事实直接推导出来的？那是不可能的。从很多物理学事实中,我们可以用复杂的思想方法来构造和发展物理概念，如“力”“质量”“加速度”。比如，在匀速直线运动中，位移-时间之间的关系以及速度-时间之间的关系是一个较为复杂的函数关系，但是，“匀速直线运动”“瞬时速度”“加速度”这几个概念却是足够清楚的，可以直接导出例如“加速度”这样的概念。这说明，通常情况下，在没有先建立有

① 王洵.大学物理基础教程[M].北京：中国铁道出版社，2017.

关的物理概念之前，是无法了解物理学定律的。

第一，第二，学习物理法则能使人们对物理的概念有更深的了解。对物理法则的深入研究，为进一步的学习打下了坚实的基础。运用物理法则对现实问题进行解析，能使我们对已有的知识有更深的了解，并能更好地把握新的概念。比如，在运用欧姆定律和电力法计算电力问题时，必须从电阻、电流强度、电压等基本概念入手，对电阻的变化进行分析，并最终解决该问题。

（二）概念课与实验课

物理学是一门实验型的学科，物理概念、物理定律、物理理论等，大多是以实验为基础，物理知识来自实践，是通过观察、实验、分析、推理等一系列活动得出的。对物理来说，实验尤其重要。掌握一定的实验技术，对物理实验的基本认识，对科学采取严谨的、以事实为依据的态度，是今后的科学实验与创新的重要依据。物理的实验与概念的关系可以从两个角度来看。

第一，对物理的概念有很好的了解，能够增强人们实践的能力。掌握物理的基本原理和定律，是做实验的先决条件，再好的人，在堆积如山的实验设备面前，也是束手无策，就算动手，也会出错。比如，在绘制静电场等电位线时，要理解场强度与电势之间的关系，可以帮助学生更好地进行实验，提高实验的整体质量。

第二，物理实验帮助学生掌握物理概念。物理实验课加强了对这些基本物理仪器的训练使用，如天平、秒表、弹簧秤、比重计、温度计、卡尺、螺旋测微计、气压计、电流计、万用表，对于掌握简单但冗长的质量、温度、力、电流、电压、电阻和其他基本的物理概念都非常有用①。

教师经常需要进行各种演示实验来帮助学生理解物理概念，例如，用水平抛出的粉笔头来说明平抛的运动,用手持的书本来说明支撑力和压力，或者用手推的桌子来说明摩擦力。对一些人来说，理解物理学概念可能是

---

① 刘金龙，李梅.大学物理实验 [M]. 2 版.北京：中国农业大学出版社，2017.

困难的，小实验往往能发挥出意想不到的效果。

（三）概念课与习题课

习题课在实践教学当中又被叫作习作指导课，经常和作业评价课程一起进行。本课程的主要目的在于教导学生解题、发展及提升其分析与解决问题的能力。物理训练是大学物理教学中的一项重要内容，包括计算、问答、图表、实验、证明、判断和综合。每一种不同类型的习题都与实际概念教学之间有着密切的联系，具体体现在以下三点：

第一，通过多做习题，使学生对物理的基本概念、规律有了更深入的了解和把握，把所学知识与实际生产生活紧密联系起来，使他们能够在有限的时间里把所学知识应用到实际中去。所学到的知识，若不能应用到实际问题中去，将会很快被忘记。比如，在掌握了密度的概念之后，可以让同学们去解答诸如海水的选取或是测量一块方砖的重量等日常问题。另外，通过了解蒸发的原理，可以让学生了解到，为什么在太阳下，水会出现蒸发的物理现象，以及在清洗之后，我们要将衣物放在露天晒干，以此来帮助他们了解到有关的物理定律以及物理概念，这对学生在物理学习方面有着很大益处。

第二，习题教学是将概念教学联系起来的一个重要纽带。概念教学的目标是在学生的脑海中形成清晰容易理解的物理概念。概念的形成过程包括：列举学生所熟知的生产、生活案例，然后通过观察、认知、了解与概念相关的物理现象，并进行有关实验，运用以上所述的方法，进行相关的实验，从而让学生加深对这个概念的了解。概念教学与实验教学不可分离，尤其是在了解概念或概念的不同与关联时。这一“联系”体现了物理知识与教学过程之间的内在关系。二者之间就像有一个纽带在衔接着。

第三，概念教学是以问题为导向的。概念教学完成后，要进行习题教学，以掌握物理概念，但是，习题教学不能建立在没有了解概念的基础上，因为概念教学不在于解题，而在于掌握知识，运用知识来解决问题。所以，要在练习之前进行概念教育，概念教育的质量可以通过学生的练习来体现，而概念不到位，就等于没有源头。

四、物理概念教学中常见的问题

(一)忽视学生的知识背景，教学中没有顾及学生的认识发展规律

物理学的教学常常忽视了学生的知识背景和理解的规律，尤其是新入职的物理教师。他们常常责备学生，指责他们的错误，却不去想他们为何无法明白一些简单的问题，也没有想过自己的教导有没有问题。忽略学生的知识背景，一般有两种情况：

第一，有的教师在学生初学物理的时候，就低估了他们，觉得他们不懂物理，什么都不懂，什么都是白手起家，这是一种很大的误解。从建构论的观点来看，学生并非像教室里的一块白板，他们从一出生就在不断地探索、适应、丰富经验、形成特殊的认知方式。他们在遇到问题的时候，会根据以往的经验和自身的认识水平做出自己的解释和假定。所以，教师在开始上课前，一定要了解到学生目前的生活经历与课程的内容，以及他们的思想，以及他们所掌握的知识，轻视学生，以简单机械的方式设计课程内容，想方设法让学生学好物理理论就可以了。

第二，通常情况下教师会对学生的物理知识基础予以人为的拔高或者夸大，总是一厢情愿的认为物理学起来比较容易并不难，会以自己的标准来要求学生，这种情况一般在刚进入工作的教师身上表现得更为明显，他们总觉得在课堂上进行讲解物理太容易了。然而他们并不明白，他们这种看法比较主观，对学生而言不会有很大益处，反倒影响学生对于物理的认知，因为这些教师普遍觉得学习物理没有任何挑战性，归根结底是由于他们具备专业的知识背景。因此他们必须纠正自己的想法，要多站到学生的角度去思考问题。

因此，作为物理教师必须充分了解和研究自己的学生。在任何情况下，学生在智力上始终处于教师的劣势，教师不能为了自己的心理满足而忽视了学生的智力背景和认知模式。应该说，学习概念，结合学生实际，提高物理概念的教学效果，这是一个逐步加深学生对概念的理解的过程，从整体角度出发的教学更适当。

（二）教学中脱离教材，大搞“题海战术”，舍本逐末，不重视物理概念教学

教师要认真地对待课本，严格遵守教学大纲，使教材的作用得到最大限度的发挥。然而，在当前的物理教学中，特别是在物理概念的教学中，有些教师直接断定、淡化或跳过了教材的内容。人们总是感到没有必要把时间浪费在一句一句的事情上。所以，他们不会在课堂上认真地研读教科书，而会花费很多时间去找参考书，用大量的问题来弥补，并找出一些棘手的、带有偏见的问题。很多教师在准备考试时，都是马马虎虎，只注意总结，经过简单的解释，就会转向练习。物理学家们的辛勤实验、严谨的逻辑思维以及极富创意的发现都未被纳入考量范围，仿佛一切都是从天上掉下来的。学生在学习过程中会表现出消极的态度，不能发散物理思维。

教师教学不当，造成学生不重视课本，就算是一般的学生，也会觉得，要把物理学好，需要大量的练习。这样的认知会让学生们自发地去收集大量的习题，而事实上，就算他们能够做出来，也会因为思维定势而止步一些相似的问题。在这样的情况下，他们的作法也是一样的，因为他们的思维方式是一样的。甚至在做题过程中无法真正弄清楚什么叫物理，当练习题稍有调整时，他们就会一筹莫展，因此对于教师而言，在教学过程中必须注意到这个问题。

因此，无视教科书，让物理教育误入歧途，确实是一个错误，物理教育不能实现它应该实现的目标和任务。课本虽然看上去很普通，但是它是实现系统性、高度思想性、科学性的教育目的和使命的重要手段。物理课本提供的是观察、实验、思考、态度和科学方法的培养方式，以提高他们的思维、分析和解决问题的能力。教师不重视课本，而过多地关注问题的解决，教师将会很仓促，而且只会事倍功半。

（三）物理概念教学中割裂了形象思维与抽象思维的统一

物理学的基本思想是物理学的基础。一方面，这是当前学生物理思维发展的一个重要因素，也是他们思想活动的产物。物理学的观念历来被视

为发展物理学思考的一个关键手段。

思考是人类大脑对客观事物的一种间接、普遍的反映，而以概念、判断和推理为表现形式的思考就是所谓的抽象思考。外物与现象对人脑的影响会形成对应的影像，并将影像以记忆的方式储存于人的意识中，运用这些影像来进行思考，即为隐喻思维。

抽象思维和形象思维是最根本的两种思维方式。物理学的概念应当是形象思维与抽象思维的有机结合。比如，在学习机械波的概念时，要让学生把平常所熟知的波浪、声波反射到大脑里，但不应该停留在这里。当然，这并不意味着抽象思维优于形象思维，在某些情况下，形象思维在理解概念方面可以发挥重要作用。

在这个阶段的物理教育中，教师和学生都容易忽视形象思维能力的培养，而注重抽象思维能力的培养。在学习新概念的早期阶段，物理概念的直观性没有得到充分的强调，也没有转移到抽象的符号表征上，导致基于不稳定图像的抽象思维，这影响了随后的知识保留。例如，力的概念必须建立在充分的现实主义基础上，以便我们进行想象性的思考，获得清晰、生动和明确的物理表征，并以抽象的符号表示力。

在当前的物理概念教育中，形象思维的培养远远不及对学生的抽象思维能力的培养，常常被忽视，忽视了形象思维、物理现象、物理实验等。单纯重视学生的抽象思维，这对于学生理解物理概念有很大的影响。

（四）物理概念教学中对物理前概念的影响关注不够

在物理课上，经常会有这样的情况：学生们进入教室时，教师会给他们灌输所谓的“正确”或“科学”的概念，但这种概念对学生来说毫无意义，这些物理概念的真正含义很快就会被学生遗忘。目前的实际物理教学现状就是如此。

在实际教学中，往往会出现“前概念”对物理教学造成的干扰，极大地妨碍了学生科学概念的形成，从而影响着物理教学的质量。所以，人们往往把注意力集中在其消极效应上，而忽视了其在物理教学中所起的推动作用。事实上，有了“前”这个概念，才有一个正面的影响。

1. 物理前概念对物理学习的积极作用

学生对不同形式和层次的成见，其中许多是表面的和非本质的，与科学知识相抵触。然而，教师不能忘记，学生总是根据自己的经验，从自己的角度看待和理解世界，那些经常被视为“难以理解”的表达方式可以解释某些现象，指导他们的生活。“汽车必须拉动才能移动”“灯泡需要电才能点亮”，此外，“水往低处流”和“在紧急情况下，当踩下刹车，人就会倾斜”，即使是那些从未进过教室的人也应该明白。用建构主义的话来说，这种“常识”是个人心理属性的一部分，是认识和理解生活中某些现象的宝贵工具。因此，教师不要简单地指责学生的先入为主，而是要认识到，先入为主并不是学生编造的概念，而是理解事物的一种方式，他们在形成先入为主时花了很多时间去思考，他们的存在有特殊的意义。

很多之前的物理学观念掌握得还不全面，只有经过大脑的加工，它们才会变成科学。教学实践也表明，很多陈旧的观念都是教师和学生的一种资源，应该把它们当作“生长点”，让他们从原来的观念中发展出新的科学观念。比如，“铁重于木材”是一种古代的“密度”概念；“在冬天，外面一坨铁的温度比一坨木头低”是一个古老的导热性概念；“汽车必须拉着才能移动”是一个古老的摩擦力概念。想象一下，一个对周围的物理世界没有物理表征的学生，对物质及其运动没有理解——根本没有前物理概念——就不能和普通学生一起学习物理学。

因此，在物理课上，学生通常会在教师的指导下，根据所学到的知识，逐渐地去理解新的物理概念。“功”是建立在“工作和劳动”基础上的，同样，热膨胀，热传导和物质状态改变的观念和法则也同样适用。热膨胀、热传导、态改变等概念与规律，也是以对有关热现象的了解，并且在此知识层面形成的。

物理教育实践教给我们什么，学生在成人和教师的影响下见多识广，又有过城乡生活的经历，从小就养成了敏锐观察和思考的良好习惯，对学习物理既轻松又感兴趣，结果是加倍的好。

2. 物理前概念对物理学习的负面影响

另外，在物理研究前，以事物的非基本性质来考虑问题，如果对前概念造成错误理解，又或者容易和其他概念混淆，那么会造成模糊不清、错误的成见，从而对物理的研究造成负面的影响。

例如，学生经常认为是力使物体移动，物体上的力越大，其速度就越大。学生们在一些“事实”的基础上获得这种经验，例如，当一个人推着汽车时，静止的汽车会移动，或者当一头牛拉着犁时，静止的犁会移动。这部分是因为学生在分析物体运动的原因时，只考虑推和拉的因素，而忽略了阻力的因素。这些都会使学生产生上述的错误认识，也会让学生的物理知识和物理概念学习产生偏颇，最终造成日后的物理实验也发生错误，因此针对物理概念和物理知识的理解必须在教师的正确引导下进行。

又如在马拉车的问题上，人们通常认为马有力量拉车，而车没有力量拉马，或者马拉车的力量大于车拉马的力量。最有力的证据“是车不拉马，但马还是拉着车前进”。在这里，我们只拘泥于马拉车前行的直观表面现象，不愿或不能对车与马、车与路之间的力的作用力过程进行深入细致的分析，这也说明学生在分析过程中观察得不够细致、分析得不够透彻。

这种误解只能通过物理实验来克服，这些实验正确而完整地重新让学生观察了各种现象，并对其进行了彻底而深入的分析。

这表明，不能把前物理学概念当作全有或全无，必须从两方面进行分析和处理。

（五）物理概念教学中不注意词语的运用，对教学用语不够重视

一种思维形式，认为物理概念反映了一组物理现象的基本性质，是大脑对事物性质的反应。其需要通过语言加以表述，从而使之成为人类的一种认识。概念教学要在语言的调控下进行，语言是概念活动（信息）的表现方式，通过语言积累、储存、传递、发展和处理信息。

大家都知道，物理现象千奇百怪，但用语言来表述的，只能是物理的性质，具体的物理定律，或者是对其进行了详尽的描述，或者说，定义的词语，都会有一些偏颇，无法用语言来描述。所以，在实际操作中，教师应该尽量减少教材中的词汇，以免学生在理解过程中对物理概念有片面性的理解和错误的理解。举个例子来说，“惯性”概念，其主要是指当物体在保持匀速直线运动状态时，或者在静止状态时所产生的一种物理现象。这

当中，物体无论是在动态或者是静态的过程中，其性质都是一样的，都是属于惯性。这也是在概念介绍过程中的最主要注意部分。通过词不难发现，物体无论在静态和动态情况下惯性都是其固有的性质，也就是说每一种物体都有这样固有的性质。这种性质和物体运动与否没有任何关系，和物体有没有受力有没有相互之间的碰触都没有任何关系。所以教师在进行物理概念讲解时，需要详细进行说明，从而解决和排除学生在概念理解上的困惑。

概念可以用文字表述。词汇是一种语言的概念，而概念则是其内涵。形式与内容是相互补充的，若将二者割裂开来，则难以掌握其内涵。比如，重力这个单词就是用来定义物理概念的，它的意思是，宇宙中的所有物体，比如太阳、行星、地球和月球，如果学生只是明白万有引力这个词的概念，那么是无法明白与之相关的其他概念的。

但概念与词汇并非完全一样，其实质并非词汇。一个字可以代表不同的概念，同样的意思也可以用不同的字来表达。在教学中，物理概念的形成主要依靠教师的启发和引导，依靠教师的话语来揭示物理概念的含义。因此，在教学过程中，要特别注意语言表达，避免引起学生的误会。比如，关于物体引力势能的观点，其实只是一种习惯性的表达方式，并不具有科学性。在教学开始时，教师要着重指出，物体的引力势能应当是物体与大地之间的势能。还有一些隐藏的情况，比如同步卫星隐藏了“卫星围绕地球的角度和周期，与地球的角度和周期是一样的”，完全的弹性撞击隐藏了“没有能量损耗的撞击”。而且，牛顿第一定律和惯性定律，在教师们讲课的时候，并没有着重指出它们的不同和联系。常常造成学生无法深刻地了解其物理含义，仅了解字面上的知识。所以，把学生的思想引导到词汇深层的物理含义上，是一项很有必要的工作。

（六）物理概念教学中割裂了物理概念现象和本质的统一

从唯物辩证法的角度来看，物质世界是一个充满了矛盾的世界，这就是事物和事物之间的辩证统一。

物质性是一种可以被直观地感觉到的物理过程，而物理本质则是对同一事物的共同性质的抽象。在物理教学中，要把概念和现象有机地联系起来，既要充分地运用物理化学的联系，使学生能够充分地了解概念的本质，在物理学教育中，似乎不仅要充分利用物理学与自然界的关系，引导学生发挥自发性，激发学生的思维，从现象中揭示本质，而且要充分利用人类认知概念的心理结构和原型，引导学生将概念与典型事例联系起来。一个典型的例子是物理学与物理学的对应关系，它将概念与新的物理现象联系起来，从而得到本质上的解释。

在唯物主义认识论的基础上，实践是知识的源泉。例如“惯性”概念教学，在讲授之前，先以一两个与惯性相关的生活现象设疑，再结合“车辆突然发动，人会向后倒下”“车子突然停下来，人就会向前倾”，这就有助于我们对“两车追尾时，驾驶员的伤势有何区别”等问题进行说明。

但是，在目前的阶段，一些教师对物理概念的教学还没有足够的重视。有的教师说了很多生活现象，很复杂，但是没有典型，学生常常抓不住问题的关键，教师讲了一遍现象，没有把它的实质说出来，也没有把它提升到理论的高度，导致了现象和理论的脱节。例如，“力”这种现象在日常生活中普遍存在，但其实质是“物与物的互动”，如果教师不能及时将日常中的“力”的现象升华为 “力”的本质，学生在今后的学习中就会遇到很大的困难。

有些教师在提出概念的时候，往往会做一些细致的分析和解释，而不能很好地掌握从理论到实践的过程，虽然学生们看起来理解了，但并不能及时地将这些问题与现实联系起来，导致他们在遇到一些问题时，会感到束手无策。比如"电磁场"这个概念，教师一步一步地给学生讲解，让他们理解，但是在分析的时候，他们往往会忽略这个问题，并且，在这个研究中，他们会用理论来指导自己的工作，并不是很实际，而是看起来不会，需要了解原理。

所以，在物理概念的教学中，应将抽象的概念和具体的事例相结合，使学生了解现实生活中的各种物理现象，不管是宏观的，还是微观的，都具有一定的内在法则。与此同时，每个物理概念并非凭空产生，它们有着深厚的客观性。物理学的概念是事物与自然的有机结合，是人们认识和把握物理学的先决条件，也是发展辩证思维的基础。

（七）物理概念教学中割裂了物理概念个性与共性的辩证统一

物理学概念的一般性质是指其所反映的对象具有的一般的物理性质和本质特性，也就是其意义。举例来说，“力”一词的共同特征是重力、弹力、摩擦力、分子力、电场力、磁场力等，也就是相互作用。一个物理概念的属性是指在这个物理概念的扩展中所包含的各种特性。比如，重力是因为地球的引力作用在一个物体上，它的大小可以用 $G=mg$ 计算，即以垂直向下的方向计算；而弹力是由于物体的变形而产生的，其大小和变形量不定，如弹簧的弹力采用公式 $f=kx$ 来计算，不同的弹性体形具有不同的指向性，因此，在教学中采用的评判方式也不尽相同。摩擦力和分子力也是一样的。

有关物理概念，众所周知其中有一定的矛盾性特征，而其中最普遍的矛盾体现在个性和共性之间的对立和统一，任何物理概念其在解释事物本质过程中，都存在抽象性特征，而在这个解释过程中，也能够反映出不同事物具备不同的个性，一些非本质的东西可以适当地撇开。站在某种意义角度来分析，物理概念的获得事实上是一种公共性对个性的否定，换句话说，就是在抽象思维形成过程中，物理概念之间会存在一定的差异性，他的共性和个性也会被相对分离，从这一点足以反映出思维对象在从统一性和共性当中将所有的差异性和个性排除，然而从客观角度来说，物理概念对客观对象进行概括过程中，既可以反映出同一性和共性，同时也可以把二者之间差异性以及个性直接指出，因而这就需要在抽象思维思考过程中，将其上升到一个新的层次，用辩证思维去看待一切事物，分析其个性、共性、差异性、矛盾性等。凡是普遍的，都只能概括地包含所有的个体，而不可能把所有的个体都归入普遍的范畴，而共同特征仅仅包含了人格的最基本和决定性的特征，而人格也不可能全部都具有普遍性。

物理概念的教学忽视了物理概念的普遍性与个性间的辩证关系，一方面，物理概念的一般性、个性的隔离，使原本清晰的物理概念显得枯燥、抽象，学生对物理概念的理解还停留在表层，不能将已学到的物理概念与自己的知识体系有机地结合起来。无法有效地吸收和适应这些概念，从而影响到学生的认知结构的发展与构建，造成物理概念的逻辑系统无法形成。

举个例子来说，在教授讲到“能量”这个物理概念时，他把所有的能量和不同的能量分开，单独地进行学习，这会让学生觉得，新的知识不能融入原来的知识体系中，只能学到一些毫无意义的符号；另一方面，学生只能学习一部分被拆分的概念，无法掌握整个能量的概念，而且对于这个概念的整体应用也没有充分掌握，说明学生对于这个概念的理解还是一知半解。

忽略了物理概念的通用性和个性之间的辩证关系，同时还忽略了物理概念的通用性和个性的差异。教学的基本目的应该是以学生的未来为基础，要有远见，在具体的物理实践教学过程中，教师要教授学生的是活生生的知识与技能，以达到学生对所学知识与技能的恰当迁移，从而促进其今后的学习与发展，学生得到更大的进步和提升，尤其是在物理方面可以掌握多方面的技能和知识。

开展具体的物理教学过程中，学生往往容易把很多物理概念混淆，他们在掌握和了解物理概念过程中，无法将物理概念当中的通用性和个性进行有机结合，最终造成在物理知识和物理概念理解过程中容易出现错误，比如在了解弹性物理概念时，学生普遍认为如果有弹性出现的时候，就说明会有接触，这是一个力的共同特征。然而他们并不清楚摩擦力和分子力也有自己的特性。

因此，在物理概念的通用性与个性的结合上，他们将能够清晰完整地掌握物理学概念，正确应用所学的知识，为未来的学习打下坚实的基础。

（八）物理概念教学中割裂了物理概念量与质的辩证统一

物理概念的性质就是它的物理性质，而物理概念的数目就是它的数学形态。物理概念和数学概念的区别是，它的发展是以打破观念和外界的关系为基础的，而自然科学理论的发展则以建立概念与外部世界的联系为前提，这就提出了自然科学理论是否与外部世界兼容的问题。

因此，物理概念既与经验有关，也与物理理论的构建有关，在物理学中，如前所述，这些在质量上和数量上都有规定的物理概念也被称为物理量。物理量是自然和数学形式的统一，是对立统一的辩证法。在物理概念的教学中，应注意教会学生从概念的物理性质中把握数学形式。对于物理量来说，一定的物理本质总是用一定的数学形式来表达，一定的数学形式也反映一定的物理本质，但它们之间没有单一的关系，同一个数学形式可以表达不同的物理本质，不同的数学形式可以表达同一个物理本质。公式只是一种形式，其必须遵循物理学意义上的约束条件所表达的物理本质，脱离了物理本质的数学公式只会出现纯粹的形式，毫无意义，甚至是错误的理解。因此，在物理教学中，要不断地通过具体的例子来指导学生分析和比较这些相同或不同形式和质量的公式，以加强对物理量的形式和本质的比较，这一点是非常重要的。

除此之外，教师还要帮助学生从量的变化中理解质的变化。物理世界的变化不仅是量的变化，也是质的变化，量变导致质变，质变总是以量变的形式出现。因此，在教育中，最重要的是教会学生从量变中把握质变，使他们正确把握对立统一的质量和数量。首先，物理量的决定因素发生变化，带来了质的变化。教学生分析这些例子有助于他们从量变中把握质变，防止他们从纯数学的角度理解和应用物理概念和公式。其次，决定一个物理概念属性的环境和条件的变化导致了质的变化。例如，质量点、理想气体、单摆、理想电压表、电流表等都是在一定条件下建立的，如果与这些条件相关的因素超出了它们建立的范围，那么事物的主要矛盾就会发生变化，它所属的概念类别也会发生变化。

可见，物理对象和物理过程可以包含在物理概念中，它们与所在的条件和环境密切相关，可以看出，如果条件和环境发生变化，对象和过程也会发生变化。因此，与其笼统地说一个物体是一个质量、一个单摆、一个理想的电表等，不如强调和教授任何物体在什么条件下有什么概念属性。这是由概念的数量和质量的辩证性质决定的①。

五、学生的智力因素与物理概念教学之间的关系

在学生的物理学习活动中，学生的智力因素起着直接作用，主要包括观察力、想象力、思维力、记忆力和注意力。下面仅对前三个要素与学生学习之间的关系进行分析，以便于教师在教学过程中采取相应措施。

（一）观察力与物理概念教学的关系

观察通常是一种有目的的心理活动，观察能力是这种心理活动和认知

---

① 王新顺，李艳华.大学物理教程下[M].北京：机械工业出版社，2020.

能力的有效程度，即观察能力是一个人通过观察活动全面、深入、正确地认识客观事物和现象的能力。观察能力和物理概念之间的关系主要体现在以下几个方面：

第一，观察是建立物理概念的基础。物理学始于观察，物理研究亦始于观察，所有物理概念的产生，几乎都是由观察而来。法拉第说："科学离不开观察，科学研究则靠细心观察"。没有观察，无法构成概念，因为没有感觉的物质，推理、论证和假设都无法进行，也就没有了概念形成一说，所以在物理概念形成过程中，观察是不可或缺的一环。

第二，优秀的观察能力是学习物理概念的关键。实践表明，学生的观察力是影响其学业成就的重要因素。学生成绩不好的原因有很多，但是最普遍的原因是缺乏观察力。对某些成绩不佳的学生，在积累了大量的物理现象之后，会对所观察到的事物、现象产生浓厚的兴趣，进而在学习的过程中，通过观察，得到对物理现象和过程的感知。在这种辅助下，学生们只有通过观察，再经过思想的处理，才能形成物理概念，并确立物理定律。就像爱因斯坦说的："一个理论是建立在与许多人的观察中，而这个理论的真相是存在的。"所以，一个好的观察力是培养物理概念的必要条件。

第三，观察能力对其他智能要素的发展有很大的影响。观察是了解的基石，是"思维的触角"。假如其他智力要素的发展没有建立在良好的观察能力之上，则由于缺少资料，思考等心理活动将无法得到很好的发展，从而导致正确观念的形成停滞。

（二）想象力与物理概念教学的关系

想象是人类在受到外部刺激的作用下，对已经存在的事物进行整合、改造，从而形成新的意象的一种心理活动。物理学中很多伟大的发现都和想象联系在一起，想象力远胜于知识，因为其囊括的数量是有限的，而想象力则是构成世界万物、推动前进的动力，是知识演化的源头。

大多数物理概念的形成都是通过想象活动而获得的比喻式的归纳。我们只能像物理学家一样运用自己的想象力，来了解这个概念的实质。想象与概念的关系有两个方面。

第一，概念是对某一种事物的本质进行了较高的归纳和抽象，而概念的生成则是由特定向抽象的转变。在此过程中，既有的与新的表现形式在特定的条件下被整合、转换，从而构成了一个物理概念的总体形象。

第二，物理概念形成过程中，思维是最主要的一个心理活动体现。想象和思维之间处于交叉关系，思维中包含着想象，想象过程中也会有思维。事实上，在想象过程中会自然而然形成一种形象思维，学生利用这个形象思维过程来进行概念理解，通过形象思维可以把问题简单化，只是在慢慢的深入思考过程中，可以将形象化的东西进行抽象化，通过逻辑分析，通过自己的语言描述，最终形成对概念的新的解释和理解。

爱因斯坦的创意发明首先具有想象力并且形象先行。他写道："在我的思维体系里，书写和说话都是无用的。心灵的要素在一定程度上就是我能'随意'地复制和结合的清晰标志和形象。在我看来，上面提到的这些要素是可视的，有时候是感性的，接着是用语言和其他符号构成的逻辑。一般词汇和其他符号只能在第二个步骤中被发现，而在以上提到的联系活动已经非常成熟并且能够被随意复制的时候，这时所有被描述的联想活动都可以充分建立起来，而且可以充分地发明出来。"

（三）思维力与物理概念教学的关系

学生在观察物理现象的过程中，所接触到的知识在大脑中不断合理地转化，去粗取精，去伪存真，将感性认识上升为理性认识。思维是人的智力活动的中心，思维是最重要的，而身体的学习动机则是思维和概念之间的联系。具体表现在以下几个方面：

第一，思维使认知上升为理性的意识，物理的概念通过词语（符号）表示，从客观的物理事实出发，从人的大脑中抽象地反映出一个概念，而要理性地理解物理的本质必须在感知物理现象本质的头脑中进行思维加工，经过一系列的比较、分析、综合的思维过程，省略了事物的非本质性质，忽略了某些现象和外在的关系，抽象地归纳出了事物的基本性质，然后用语言加以表述。可见，思维是概念形成、感性认识上升为理性认知的最根本的心理活动。举例来说，对于物体之间的推、挤等作用，学生们已经掌握了大量的感性认识，但是这种大量的感性认识和力的概念存在着本质上的差异，因此，要正确地认识到力的概念，就必须对其进行反思。

第二，思维将日常概念升华为科学概念。日常概念，也就是所谓的“前概念”，是基于自然、信念和日常体验的，并在正式的物理教学中，在学生们接受正式的物理学教育之前，就已经形成了一个简单的物理学概念。科学概念是一种反映事物本质的概念，其内涵精确而深刻，是在教育环境下得到的；从日常概念到科学概念是认识上的质变；它是通过积极的多向思维，对各种概念进行甄别、筛选、去伪存真，并赋予科学定义。

第三，思维为理解概念提供了一种逻辑性的途径。逻辑思维方法是理解物理学概念的内涵与外延、理解物理概念的定义的关键。逻辑思维的方法告诉我们，要理解概念的逻辑结构，就要理解概念的意义和扩展。而逻辑思维又是正确界定物理概念的先决条件。比如，要了解惯性，首先要做的就是定义和阐明它的意义。

第四，思维把物理学的概念组织起来。在抽象、概括、分析、综合、系统化和具体化的过程中，新的概念与原有的知识系统相结合，形成了一个由物理概念构成的网络系统。

思维能将物理概念系统化，有助于人们更好地了解新的概念。比如，当学生掌握了“弹力”这个概念之后，就可以通过思考扩展衍生出压力、拉力等其他物理词汇的概念，使他们自觉地将其纳入已有的范畴，而这些范畴只局限于弹力的概念，而非其本身。

思维可以创建一套物理概念体系，同时也有助于记忆、巩固和深化已有知识。在刚开始学习一个概念的时候，他们倾向于关注它所指向的物体，而不是思考。只有将概念纳入认知体系中，学生才能多层次、多方位地思考概念的内涵，思考概念与其他概念之间的关系，进而加深对新旧概念的认识。举例而言，以“电动势”一词为例，电动势是由电源所产生的电位差的函数，随着对电动势的了解，充分把电动势与能量的转化进行紧密联系，把其与化学电池原理进行联系，把其与闭合电路欧姆定律进行联系，把其与电磁感应现象进行联系等[①]。在学生的大脑中，电动势的概念是一个单一的点。

这表明，学生的智力因素与物理概念的学习密切相关。因此，教师在教授物理概念时应给予适当关注。

---

① 吕桓林，王永良.大学物理实验[M].北京：北京邮电大学出版社，2019.

六、学生学习物理概念的障碍分析

在学习物理和形成概念的过程中，学生经常遇到各种障碍，主要表现在以下几个方面。

（一）先入为主的错误前概念

在学习一个新的概念时，由于受到以前概念的影响，往往很难形成一个科学的概念，正如上一节所讨论的那样。

（二）新旧知识间由于存在“矛盾”而产生认识上的困难

比如，把一个细长的玻璃管插进一个装有水的容器里，就会产生一个“不符合连续性原则”的“表面张力”，但是，由于表面张力的影响，管道里的水不会缩小到最小的表面积。

（三）新知识与原有知识区分不清而产生认识上的错误

比如，学生不能分辨出磁通量变化率、动量动能、电动势、电压等。容易对物体受到的重力以及物体对支持面的压力等出现混淆，甚至都无法辨清弹簧的伸长量和弹簧伸长后的长度，等等。

（四）原有认知结构中没有相应的观念因而不能同化新知识

比如，由于学生不具备恰当的概念理解，难以掌握“电势”和“场”这两个概念。

（五）思维定势的消极作用造成的影响

在人们的思维当中，思维定势是非常常见的一种心理现象，其主要是指人们在思维过程中以一种固定的思维方式去思考和分析问题，意味着人们在思维过程中具有一定的趋向性和专注性，在思维定势当中虽然对学习有积极正向的影响作用，但也在一定程度上带有消极影响作用。

例如，许多学生在谈论浮力时，他们说“飞机和风筝在升空时，都会由于受到浮力的作用才会上升到天空”；在学习刻度和温度计时，他们对比重计上的刻度不一致感到无法理解。学生们通常习惯于单向或正向思维，不善于发散或逆向思维。因此，教师在教学时也要注重加强对概念的比较识别，对具体问题的分析，克服心理思维定势的消极影响。

（六）缺乏综合分析能力而造成的困难

由于缺乏全面的分析能力，使学生在学习过程中出现了许多问题，如无明确的目的，只凭自己的摸索，无法将对象体系的整体与局部组织起来，无法准确地判断出研究的结果，就像猜想那样去寻找答案。

（七）学习中不恰当的类比和推理，形成“想当然”

学生往往会回想并联想到自己认识的东西，因为这些东西难以察觉，而一旦他们这么做，就会产生一个错误的观念，或是出现想当然的做法。比如，摩擦力是一种“阻碍物体运动的力”，而被踢出的球也会受到“冲力”的推动，从而向前运动，运动的物体具有惯性，诸如此类，等等。

（八）学生在直观教学中产生新的错误认识

直观教学是一种很重要的物理教学方式，一般分为实物直观、教具直观和语言直观三种。但在实际教学中，常常很难全面、精确地反映对象的特性，从而造成学生对事物的认识失误。比如，用一种稳定的水流来说明电流的形成原因，电流的方向性和电流的阻塞，但是在导线中的电流是由两种不同的电流构成的，这是水流根本无法展示的。

（九）解决问题时抓不住关键环节

物理问题的解决往往是从原始状态开始，经过若干个过渡状态，最终达到目的。解决这个问题的关键在于找到一个中间环节，循序渐进地达到一个理想的境界。

（十）不善于寻找替换方案

在应用物理概念与规律求解问题时，最关键的一步往往是确定要解决的问题与目标，而要确定一个对象并不困难，但有时所要解决的问题与目标之间并无直接联系，若无法找到合适的替代方法，则会给思维带来阻碍。比如，当学生研究桌上的书籍有多大的压力时，学生就不能用桌子来做实验。假设一个学生要研究一个人在荡秋千过程中，人坐在秋千上会对秋千板形成的压力，这时学生在做实验时就要把人作为主要研究对象。

七、物理教学中应对前概念的策略

在物理教学中，对传统观念的转变就是对其原有的认识结构进行改造和重组。在建构主义理论的指导下，学生的认知结构重构是一个认知发展的过程，即同化与适应。教师应该怎样引导学生把自己固有的想法转变成科学的观念，并在此基础上对他们进行“同化”“顺应”。这就需要教师理解学生的思维特征，培养他们的建构思维模式，传授他们的建构思维。

根据建构主义的教育思想，建构主义提倡的教学模式是：“以学生为中心，以教师为主导，结合情境、合作、对话等学习情境，以激发学生的主动性、自觉性和创造性，从而使学生在现有的知识中，有效地建构出意义。要转变学生的成见，必须从以下几个方面入手：

（一）合作学习——全面了解前概念的途径

为了改变学生的成见，首先要了解他们有哪些成见，只有当教师了解了学生的成见，才能采取有效的策略来改变他们的成见。对于学生来说，只有当他们知道自己的成见在哪里时，教师才能纠正这些成见。合作学习模式对教师和学生之间的沟通是必不可少的。

建构主义在教学中注重师生以及同学之间的互动。建构主义相信，每个人都会根据自己的经验来构建自己的认识结构网络，所以他们只能了解不同的或者具体的东西，而没有一个完整的认识。教育的目标就是要让学生能超越自己的认识，看见不同的认识，看见事物的另一面，这样才能建构出更完整、更深刻的东西。

通过同学们相互之间的讨论和沟通，可以让同学们在对事物的认识上进行横向的学习，互相补充，不断地推进自己的思考过程，组织和调整各种观点，这样有益于自身能力的不断拓展和重新构建。另一方面，师生间的对话与沟通，让教师了解学生对问题的认识，并从他们的观点出发，深刻地认识到问题的根源，从而指导他们进行纵向的丰富和调整。

因此，通过合作学习，可以更好地让教师理解物理教学中的一些固有的偏见。开展协作学习要合理安排课余时间，为课堂教学奠定良好的基础。

（二）情境性教学——转变前概念的基石

怎样才能有效地改变学生的固有观念，重构和改造他们的思想？构建主义情境教学是一种很好的途径。首先，这种教学方式使学生学习更贴近于真实的环境，以解决实际问题。其次，这种教学与实际问题的解决方法相似。教师不会把事先准备好的知识传授给学生，而会在教室里呈现在实际生活中与专业问题相类似的探究情景和氛围,以及创设一个这样的过程，并给出一个范例，并指导学生去探究。

情境教学是改变传统教学观念的基础吗？由于学生的预设是在生活中形成的，而用现实的事例去教授那些早已形成的先入为主的人，则会使他们的思想发生共鸣，并产生矛盾，进而形成科学观念。举例来说，很多同学都把“摩擦力”看作是阻碍物体移动的因素，其实教师可以通过一些现象来激发他们的思考。再举个“位移”的例子，教师可以想象出一个学生在扔标枪，一个人在扔铅球的时候，对他们实际做出的动作，教师可以指导他们去构造一个位移的概念，并通过构造这样的概念来加深自己个人的理解，在形成这个概念的过程中教师发挥了一定的引导作用。

（三）随即通达教学——强化、巩固科学概念的方法

物理教学的重点在于让学生对物理概念有一个全面和深刻的印象。“随即通达”是教学实践当中解决问题的一种最有效的解决方法。

在学习的过程中，我们可以从多个视角来进行意义的建构，因此对物理概念的认识也是多种多样的。同时，在运用已有的知识来解决实际问题时，这些概念具有很大的复杂性和差异性。对于简单的事情进行简单的理

解，往往会容易忽略那些在不同的环境和不同的视角中很重要的东西。要克服因事物本身的复杂性、多重性而造成的认识上的困难，应以对大学教育的基本认识为基础，采取“随即通达”的教学方式。

随即通达教学认为，针对相同的学习内容，要在不同的时间进行多方位多层次的讨论和学习。而且每次的情景学习都要经过变化和调整，并且每次学习的目的如果不同，那么最终对问题的立足点也会不同。学生在学习相同的内容时，可以通过多种途径进行学习，从而对相同的问题有更多的了解。显然，通过对相同的内容进行多次“通达”，学生将会更加充分和深刻地理解这一内容所包含的知识。与传统的教学方式不同，传统的教学方式是通过简单的复习来强化普通的知识和技巧，而每一次“通达”的目标和焦点也各不相同。这样，学生就能从多个角度了解概念，把自己的经历和特定的环境结合在一起。这样，学生就能得到全面的了解，并得到知识的飞跃，而不仅仅是重复和巩固同样的内容，这就是“通达”的结果。

从实践教学当中不难看出，利用建构主义的方式来加强和巩固科学观念是非常有效的，而且其对学生有正面积极的影响。对于这个影响过程具体表述为：学生们更加相信物理学概念的正确和广泛的应用，首先是体现在定性问题层面，其次是体现在定量问题层面，这两个层面都比较贴近事实。能够让学生更深入透彻地将自己之前理解的物理概念与最新形成的物理概念进行对比分析，因为只有经过学生自己讨论分析以后，才能让教师充分掌握学生是否真正将课堂上所学的知识和内容吸收并理解。让学生自己在脑子当中形成一种概念转变，同时明白这种变化是其在智力发展过程中必不可少的一个过程。让学生们将自己所掌握和学习到的知识充分运用到实际生活当中去。

从总体上看，相比较于传统的教学方式，以上几种教学方式都比较复杂，而且实现过程中困难较多。但是，要让学生们真正了解科学物理学的观念，教师就必须要有耐心和细心的准备，并且要对他们的学习心理进行仔细的评估。对于一个教师而言，学生掌握物理概念是对自身付出努力最好的回报。

第三节　物理概念教学的方法策略

基于新课程理念的大背景下，物理概念教学应该以学生为中心，以培养学生全面发展、提高全体学生的科学素养为目标，在教学过程中实现立体教学的目标，注重教学方法的多样化和学习方式的多样化。所采用的教学方法测量，一般主要是指教师在宏观和微观上自觉地规划、评价和调控教学活动的各个要素，以达到最大的教育效益。有效的教学方案与教学方法是教师进行有效教学的前提，而且这二者缺一不可。

一、物理概念教学的一般过程

从物理学概念的整个教学过程来分析，这个概念其实是一个值得研究的重要课题。

（一）深钻大纲和教材

物理概念的教学要根据教材的内容来进行。一般而言，就是要理解教材中有关物理概念的宗旨和科学性，也就是要研究为何将其引入到物理学中，科学地表述，以及在物理学中的位置与功能。具体地说，其一，必须对物理概念（包括物理实验）进行澄清，也就是定义物理概念的基础；其二，要决定哪些是由物理事实引起的问题，即有必要介绍一些有关概念。其三，进行研究的方式和具体方法。其四，要对概念的定义进行逐字审查，使其充分、精确地阐明其物理含义，尤其要阐明其适用的条件。同样重要的是，要决定物理的数量和单位。其五，在教材中要清楚地阐明紧密关联的概念和概念与前、后概念之间的关系。清楚概念在教学中的位置，是重要的、困难的及关键的。理解教材中概念的广度与深度，并掌握在教材中所占的比例。其六，利用这些概念来进行实际问题的分析与解答，例如，教授哪些范例和练习，说明哪些常见的现象，以及为了适合教学的课程特色而添加的问题。

比如，在讲授加速度前，教师应该认真阅读课本和教材，从目标和科学的角度，思考下列问题：怎样运用真实的实验现象来说明加速度？加速度是怎样表现的？在物理学的角度上，加速度是怎样的呢？怎样区别于其他概念？在理解了这些问题以后，教师在准备课程时，需要充分对这些问题进行认真思考。

（二）从具体实例出发引入概念，抓住现象的本质特征来形成物理概念

概念导入是概念教学中的一项重要内容。物理概念是以客观的事实为依据的，教师在讲授物理概念时，要尽量选取有其基本特点的典型实验和例子，通过具体的例子和实验，让学生对物理现象有一个清楚的了解，教师的分析要揭示其本质，引导学生由感性到抽象。教师在此基础上，通过对物理现象的本质进行剖析、阐明，从具体的感性认知到抽象的理性认识，从而形成物理学的概念①。

比如，讲到加速度，教师可以从我们日常生活中所见到的车速的改变，比如汽车刹车，火车离站，或者物体垂直降落。实验也很简单，比如，在教室里，教师可以利用弹簧秤加速小车的拖拽，也可以用标点定时器做实验，让学生对物体的速度变化进行分析，并从现象中发现其内在的规律，使加速度这个概念自然而然地在学生心中形成。

针对那些无法用实验方法介绍的概念，也可以用现实生活中的实际现象来进行推理和解释，比如“量子”这个概念。实际上，我们的生活中也有相似的事情发生。但是在实际上课时，同学们往往对这个概念模模糊糊，很难理解。所以在介绍量子之前，教师应当先举出一些日常范例，让学生们了解量子的本质，从而更易于了解其概念。

（三）揭示概念的本质，着重引导学生理解物理概念的物理意义

感觉不到的事物，往往我们无法立刻就理解它的意义。唯有那些被了解的事物，才会被更深入地感知。教育实践证明，只有了解了一个概念，

① 李义宝.大学物理实验 [M]. 2 版.合肥：中国科学技术大学出版社，2018.

学生才能把它牢牢地抓住。所以，教师要让学生了解这个概念，让他们明白其中的含义。要想弄清楚概念的实质，有两个要点。首先，要引导学生正确地思考，正确地进行分析、比较、综合、归纳、抽象和推理。其次，必须对概念进行准确的界定。对一个概念的界定，是对这个概念所反映的事物最根本的条件，通过对这个概念深刻地理解，才能够真正理解其本质含义，才能对其做出准确的定义。

如果不能清楚地理解一个物理概念的含义，就很难掌握并运用好这个物理概念。例如，学生往往把加速度和速度混为一谈，错误地认为加速度是速度的增加，速度越大，加速度应该越大；既然速度小，加速度也应该小；如果速度为零，加速度也为零；所有运动，无论快慢，加速度都为零。这些都是因为学生对加速度的物理意义没有一个清晰的认识，因此，教师除了教授加速度外，还需要教授 “什么是加速度”。除了反复强调加速度的物理意义，解释它的定义和阐明其概念性质以外，教师还需要举出更多的日常例子来帮助学生理解 “速度改变” 和 “速度改变快慢” 的含义。尤其是要重点说明：加速度是一种物理量，其反映了一个物体在变速过程中的速度的变化，其和变化速度量和其所花的时间的比率有关。在介绍了加速度的物理含义和表达方式后，为了更好地理解，还要说明两者的联系，以此来帮助学生加深印象。

（四）联系实际，运用概念

如果学生能够将新概念与他们自己生活中的实际问题解决方案相结合，他们就能更好地学习和理解这些概念。如果他们能够着眼于自然界，并应用概念来解决问题，他们就会对物理学表现出强烈的兴趣和探索的欲望。

在应用新概念时，学生需要充分运用自己的想象力，拓宽自己的视野。例如，在学习了加速度的概念后，需要教会学生在日常生活中运用这个概念，而不是简单地在书上进行习题练习。有一些物理现象，例如火车出站、汽车起步、汽车追赶等，都可以被提出来。例如，某些国家的交通主管机关，为了保证交通的安全，特制定出死亡加速度 500 g (g=10 m/s^2)，通常在车祸时，汽车的加速就会到达这个数字。试想一下，如果两辆摩托的时速为 36 km/h，撞击时间为 2×10^{-3} s，那么司机会不会有生命危险？再比如，热力学中的“熵”，可以引导学生阅读相关的课外书，让他们明白“熵”在信息、系统论、宇宙学等理论中的作用，并进一步认识到“熵”这个概念。但是，在实践中使用概念时，要结合学生的实际情况，提出符合学生特点的问题，最大限度地调动学生的学习热情。

（五）注意概念形成的阶段性，逐步深化

完整的物理概念往往不是一次就能深入、透彻、详尽地讲完的，它有一个由浅入深多次重复的过程，所以我们要根据学生的特点，采用线性和螺旋式上升的课程结构相结合的方法，有一些非重点知识，线性，如流体力学、状态变化和几何光学，有一些重点内容，如运动与力、功与能、电磁感应等，其结构是螺旋式上升的。

物理学概念不可能一下子就彻底理解，只能从简单到复杂地逐步加深。因此，在谈论物理学中的概念时，有必要反复注意概念形成的阶段，由浅入深。例如，在介绍“加速度”的概念时，首先利用生活中常见的现象介绍运动学中的加速度，然后在讨论牛顿第二定律时将物体的加速度与施加在物体上的复合外力联系起来，以阐明加速度的原因，最后加深对加速度作为运动学基本概念的理解，以反映它是运动学的一个基本概念，并使之易于理解。最后，学生将了解到加速度反映了物体运动状态的变化。通过这样一个过程，学生对加速度有了更全面的掌握，并能更容易地理解其物理意义。

二、物理概念教学的创新策略

对物理学概念的学习，从其产生、表述、理解和应用，往往需要几个教育环节才能完成。在没有具体教学环节的情况下，学生对概念的理解往往是有偏差的。例如，有的教师只重视概念的应用，不重视概念的获得过程，课堂上一味地进行解题训练，这样的教学往往让概念“横空出世”，学生不能真正理解概念的内涵：因此，物理概念教学必须整体设计。需要强调的是：① 在具体应用这种策略教学时，不宜千篇一律，否则容易导致僵化，往往需要与多种教学策略配合起来，这样课堂才会有活力。② 概念教

学不是一步到位的，必须根据学生实际（不同基础的学生）及课型确定合适的目标，这样教学才有针对性。

三、物理概念教学的创新模式

有经验的教师总是能针对不同的概念,采用不同的教学模式组织教学。常见的概念教学模式有以下几种。

（一）“子概念—概念”模式

一个物理概念的获得有时是建立在子概念基础上的。牢牢抓住子概念进行教学，然后由子概念引出新概念，才能达到掌握概念的目的，这就是“子概念—概念”教学模式的特点。物理概念之间是有关联的，它们组成了一定的概念体系。从概念体系的建构特点看，一个概念的建立往往会成为另一个概念建立的基础。抓住概念之间的这种建构关系，可以有效地组织教学。模式操作图如图 4-1 所示。

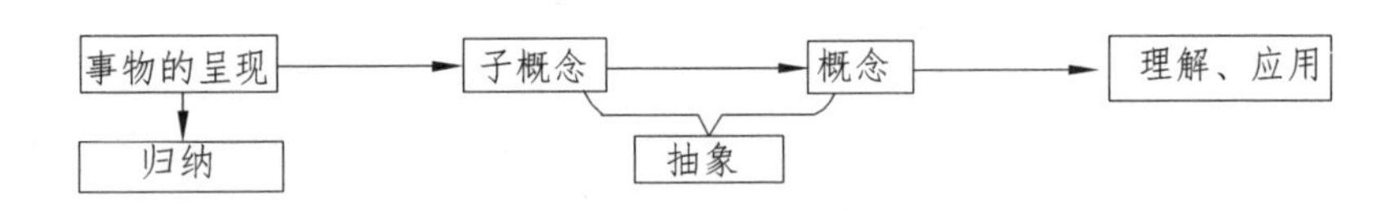

图 4-1　“子概念—概念”模式操作图

（二）“理论—生成”模式

这种教学模式的特点是：不用归纳与抽象，而是根据物理量之间逻辑性的内在联系，从某些已知的理论模型中自然生成新的概念。模式操作图如图 4-2 所示。

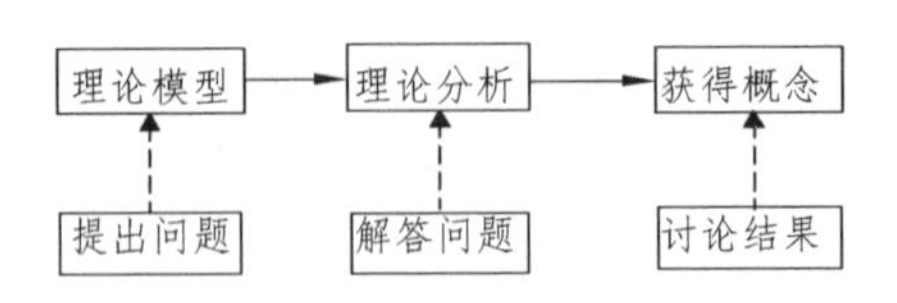

图 4-2　“理论—生成”模式操作图

由此可见，这种概念的获得方式往往与某种规律的诞生（如动能定理）捆绑在一起，可以说是一箭双雕式的教学设计，类似的还有冲量、动量、重力势能、弹性势能的概念的获得。

（三）“实验—探究”模式

有些物理量是根据另外两个量定义的，而且这些量比较容易测量，如密度、压强、电阻、折射率等。这种教学模式是以实验为基础，采用探究的方式进行，不仅能调动学生学习的积极性，更重要的是通过测量的手段，使学生认识到从定性到定量是人类认识事物的重要方法，这样的概念教学用“实验—探究”模式比较适合。模式操作图如图 4-3 所示。

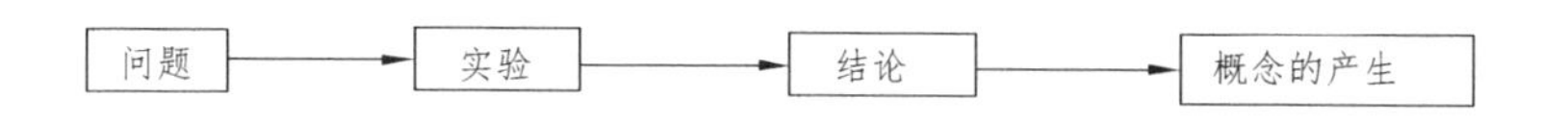

图 4-3　“实验—探究”模式操作图

（四）“类比—迁移”模式

除了“实验—探究”模式，我们发现还有一些物理量，虽然也是利用另外两个物理量的比值定义，如电场强度、磁感应强度、电动势、比热容、电容等，但由于另外的两个物理量直接测量起来并不方便，因此一般采用其他教学模式，这里介绍的“类比—迁移”模式就很适用。模式操作图如图 4-4 所示。

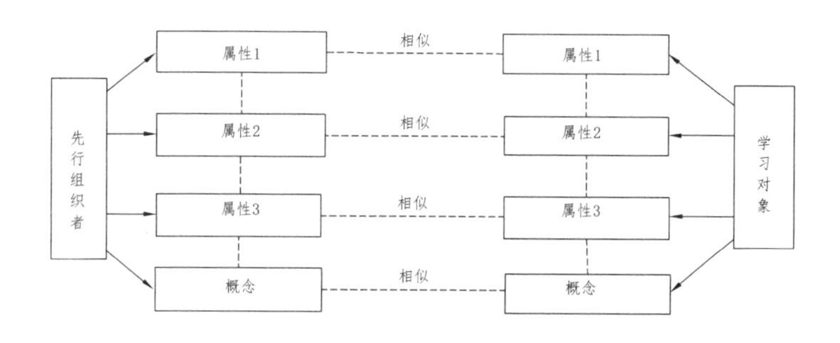

图 4-4　“类比—迁移”模式操作图

类比就是人们根据两个对象之间某些方面的相同或相似，推导出它们在其他方面也可能相同或相似的一种认识事物的思维方法。

类比不同于归纳、演绎等一般的逻辑推理，它的逻辑依据是不充分的，它超越了“一般”这个中介，表现在逻辑中断时另辟蹊径，打破常规，出奇制胜，它能帮助人们利用已知系统的物理规律去寻找未知系统的物理规律，可以增强说服力，使人们容易理解，类比使一种学习对另一种学习产生了促进作用，这就是学习的迁移。在物理概念教学中，“类比—迁移”模式以其创造性而独树一帜。

物理学中存在着力—电类比、电—磁类比、声—光类比等。类比方法使用得当，会产生事半功倍的效果。

（五）“甄别—归纳”模式

有些概念，如瞬时速度、加速度、失重、浮力、向心力、功、热量、波速、交流电的有效值、磁通量等，引入后容易在理解上出现偏差，这种偏差表现在三个方面：① 前概念造成的干扰，新概念容易与学过的某些概念混淆，或与日常生活的经验冲突，形成认识上的错觉；② 暂时不知道引入这个概念的目的是什么，或对概念的产生感到突然；③ 教材中没有对概念给出严格的定义，只对它进行了一般性描述。在遇到这样的概念时，可以用“甄别—归纳”模式来教学，这种模式操作图如图 4-5 所示。

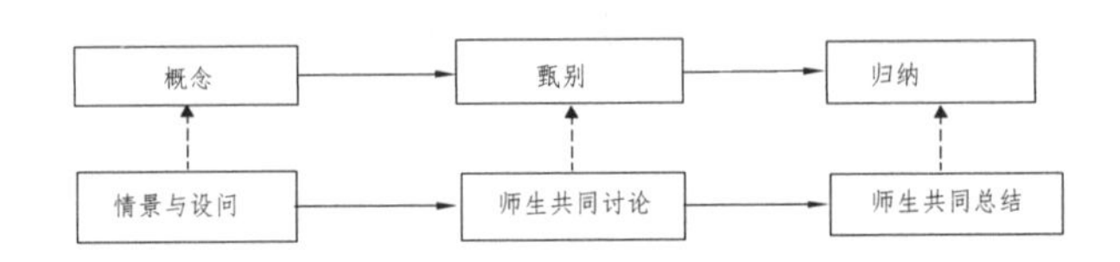

图 4-5　“甄别—归纳”模式操作图

“甄别—归纳”教学模式应用非常普遍，实际上人类认识事物的能力就是从不断地比较和辨别中发展的。

（六）“目标—诊断”模式

这种模式适合于：① 概念的复习教学；② 衔接教学；③ 以学生自学、小组合作学习为主的教学。这种模式的教学能直接抓住概念的“要害”，引导学生从不同角度来理解同一概念。模式操作如图 4-6 所示。

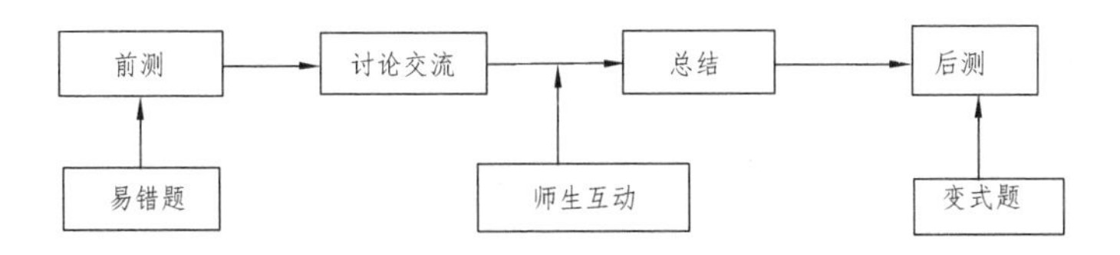

图 4-6　“目标—诊断”模式操作图

第五章
信息时代大学物理教学模式

第一节　信息技术对物理教学模式的影响

一、现代信息技术的概念

现代信息技术是指以计算机为基础，以教育技术为依托，将通信技术与传播技术进行有机结合，对各类媒介信息进行处理、编辑、储存及展示的综合性技术。媒介信息通常包括文字，图片，图像，视频，动画和声音。现代信息技术将各类媒体信息以数字化技术进行加工，从而让综合后的多媒体信息技术在根本上具备多元化的特征和优势，比如在表现形式上具备新颖性、趣味性等，同时其还能以一种图文并茂、形式新颖的形式充分展现出来，全面把现代信息技术的优越性得以充分体现。

（一）现代信息技术在物理教学中的功能

现代科技在物理教学中的应用从技术的层面上讲有以下的特征：

第一，现代教学都注重教学情景的设计，现代信息技术具有多媒体信息处理能力，如图形、文字、声音、动画、视频等，并将多种媒体信息进行有机融合，实现了有形、有声、可视化的多媒体展现效果，从而为物理教育创设了一种生动有趣的教学情境，这样也有益于培养学生发现问题、提出问题的学习能力。

第二，现代科技有助于将物理抽象的知识概念具象化。现代信息技术是一种集合了视频编辑、动画编辑等各种多媒体信息编辑的技术，透过宏观的模拟、宏观的画面、定格的分析，使物理教育能够对静止与其他情境进行具体、动态的抽象创造，使学生能够透过意义建构，积极地寻找问题的答案，建构自己的认知结构，同时也有益于培养学生自主学习、自主寻找和探究问题。

第三，现代技术为师生之间和学生之间的交流提供了更方便的渠道，更有益于加强学生学习。运用现代信息技术开展互动教学，能即时搜集与回馈教育信息,并能为物理教学提供适合学生需要的学习节奏与学习方法。

第四，在物理教学中，运用现代化高科技对教育信息进行优化处理，能够帮助学生在学习当中提高和增强自己的知识认知结构，让自己的整体学习能力从低级向高级转变。

第五，现代信息技术具有共享性特征，即能够在物理教学当中，提供最丰富的教学资源。在现代信息技术与计算机网络技术进行全方位融合的基础上，充分运用其具备的共享性特征，可以让物理教学资源得到更好的扩充和丰富，让物理教学由原来的封闭式教学方式，直接转向为开放式教学模式，从而使得教学效果达到最佳成效。

（二）当前信息技术在物理教学中的现状

在物理教学中，计算机的应用给学生提供了很大的便利，但是，在现代物理教学中，计算机的运用却出现了一些问题，具体问题主要表现在以下几个方面：

第一，教师并没有利用计算机技术从根本上改变教学的方式，所谓“课件”在本质上来说还比较传统，依旧尚未改变以往的教育方法，教材讲授依然是一种惯例。而多媒体教学方式反而不同，它是把无法想象的事物具象化、生动化了起来，比如，在多媒体教学当中，通过借助数字模拟技术，让原本的教学知识在传播过程中以运动的方式呈现出来。

第二，计算机在教学中只是取代了“黑板”的作用，只是让原本的教学过程在一定程度上实现了一些具体化和人性化的特点，让原来的手书转变成了投影模式，然而就这种方式而言，依然没有打破原来的教师讲、学生听的教学模式壁垒，因此只能作为传统教学方法的辅助和补充，对于个别课件来说，很多教师采取的依然是灌输式教学方法，这样的教学方法依旧不难看出教师没有充分应用信息技术，让信息技术在教育行业进入了一个误区。很多现代技术下的物理教学已经迷失方向，浪费教育资金。

二、信息技术环境下的物理教学的变革

现代信息技术应用于教育领域，这对以往的教育模式形成了较大的冲击和影响，就拿阅读教学来说，让原本的阅读方式也发生了翻天覆地的改变，由于原来的文本阅读模式转变为了多媒体的阅读模式，阅读效率更高，效果也更理想。而从物理教学角度来分析，借助现代化信息技术，可以让物理教学模式打破传统的忽视学习者差异等各种现状，使学生能够依据自身的实际情况和特征，建立起自己的知识框架。

网络与多媒体的结合应用，使教学的形式、手段、方法、环境发生了变化，使学习的效果和效率得到了极大的改善，使学生的学习积极性得到了极大的提升，学习的独立性得到了极大的提升，思维的空间也得到了极大的改善。这对培养学生的灵活应用能力具有重要的作用。这一切在传统的教学中是很难做到的。

在当前信息技术条件下,传统的教学方式已不能满足现代教育的需要,必须构建以信息化为基础的新的物理教学模式。

第二节　信息技术环境下物理教学模式

一、信息技术环境下物理教学模式研究的理论基础

（一）传播理论

1. 现代教学理论及其启示

就教学理论而言，其主要是指为了设计更加高效合理的教学情景，为

了达到更高效的教学目的,而创建的一套具有多种教学功能的系统化理论。具有典型代表意义的教学理论包含赞可夫的发展性教学理论、建构主义教学理论等。

现代教学理论给物理教学带来的指导性意义包含，通过借助计算机多媒体教学，既有益于学生提高对知识的掌握能力，又有益于学生提高智力等方面的发展。把促进学生发展放在首位。在充分运用多媒体计算机的功能和作用的基础上，帮助学生创设良好的学习情景，再加上教师的充分引导，可以让学生快速投入学习情境当中，主动积极地进行学习和探究。

2. 教育传播理论及其启示

教育过程事实上也是一种典型的信息传递过程，而在传递教学信息过程中，首先是有传播者也就是所谓的物理教师根据相关的教学信息在第一时间传递给学生，而在传递过程中，教师会主动把信息进行编码并且转变为学生可以接受的内容传递给学生，在传递过程中教师会借助多媒体教学工具，将信息准确高效率地传递给每个学生。学生在接收完信息以后，会自己进行译码并转变为自己的知识，然后加以研究和理解。所以在进行多媒体计算机辅助教学研究过程中，需要结合、参考现代教育传播理论知识，这样有益于我们在课堂教学当中更高效地进行信息传播。

现代教育传播理论给课堂教学带来了以下几方面的启迪：① 传播进程。总体而言，该流程可划分为三大环节：识别传播对象、做好信息传播的准备，确定传播目的，并制定一套详尽的传播任务。实施信息传播，在信息传播过程中包括挖掘和开发信息，进行信息加工，进行信息筛选。信息对人们的思想和情感产生影响，使人们的心理状态发生改变或做出相应的反应。通过对信息传播的影响进行分析，对其进行及时的调整和纠正。② 传播效果。通过两个主要的测量指标来测量传播的有效性。第一点，就是影响的范围。第二点，就是对深度的影响。传播模式有交互式、“五 W模式”等各种各样的传播模式。这些模式对我国构建多媒体教学模式有一定的参考价值。

（二）教学理论

目前的教育模式改革，主要转变传统的以教师为主的教育方式，既要使教师在教学中起到主导性的作用，同时也要使学生的学习主体性得到充分的体现。从教学模式、内容、方法等方面予以不断的改革和优化，从而逐步实现全方位的改革。

1. 传统的以教师为中心的教学

传统的以教师为中心的教学模式具有以下特征：① 在实际教学当中，教师主要承担着知识传递的责任，是一个主动的传授者，而且对于整个教学活动开展负有一定的监督责任；② 在实际教学当中，学生是一个接受知识传授的对象，其属于一个被动接受者；③ 多媒体是一种很好的演示教学工具，用以支撑教师的教学；④ 教科书是学生获取学习内容的主要来源，也是最重要的知识资源。该模式具有以下特点：有益于教师在教学中的领导地位；有益于教师对整个教学活动的组织和监控；有益于师生间的沟通，使科学知识得到系统化的传播；学生的情感因素在学生的学习中起着非常重要的作用。其最大的不足和缺陷则是：教师在教学中占据了绝对的主导地位，忽略了学生的主体作用，从而不能促进学生的创造力和学生的快速进步与成长。

2. 改革教学模式

经过改革优化以后的教学模式，主要以学生为主导，该教学模式最主要突出的特点是：① 学生成为信息处理的主体，成为知识的积极建构者；② 作为课堂教学的组织者和引导者，教师在学生构建知识结构中扮演着重要的角色。③ 多媒体教学工具是帮助学生提高自主学习能力的主要工具；④ 对于学生而言，获得学习内容不仅可以通过教材，还可以通过其他途径来获得，比如通过图书馆、通过互联网来进行大量的知识资源获取。

从20世纪90年代开始，随着多媒体、网络技术的广泛应用，尤其是在互联网的基础上，这一体系逐步形成。

二、物理教学模式的现代特征

大学物理教学要广泛地吸收了国内外的教育思想，并结合大学物理教学的实际情况，运用现代教育理论，对我国的物理教学实践产生了积极的影响。然而，在实践中，由于技术条件的制约，需要在课堂上创造出一种能够反映出现代教育理念的教学情境，也就是怎样充分调动学生的学习积极性和主动性，创造一个能够使学生自主学习、发现和探索问题的教学模式。

在现代信息技术的飞速发展下，运用现代信息技术的物理教学方法，可以发挥最大化的优势，为现代教育创造极具互动性、开放性、自然性的教学情景。举个例子来说，在利用现代信息技术的集成性情景性功能，能够让学生在学习上更加有兴趣，同时结合应用题智能性等特征，可以方便于学生在学习上自主进行知识搜寻、解锁和分析，同时给学生创造与信息技术相关联的学习环境，让学生快速获得自己想获取的信息，并且培养学生在学习上的信息处理能力，提高学生的整体科学素养。

由此可见，现代信息技术的应用，为大学物理教学提供了一种有效的途径，可以有效地解决传统教学中存在的弊端，并为教学模式的革新提供强有力的支撑。构建以现代教育理念为指导的“学习型”教学模式，是改善物理教学效果，构建现代物理教学模式的一种行之有效的方法。

第一，以心理学理论、教学理论为指导的原则。

第二，“学教并重”原则。

第三，物理、科技、生活相结合的原则。

第四，实验优先原则。

第五，交互性原则。

第六，综合最佳效果原则。

在信息技术背景下，大学物理教学模式的研究，应以此为指导，以达到更好的教学效果。

第三节　信息时代下物理教学模式研究的应用

一、信息技术支持下的大学物理教学的优越性

在现代信息技术的背景下，大学物理教学相对于传统的物理教学有其

独特的优越性，具体体现在如下几个方面：

（一）多媒体计算机辅助教学可以突破物理教学中的重点和难点

课堂实验展示，对于物理实验过程，根本没有办法实现宏观的、微观的、极快的、极慢的过程，举个例子来说，物理分子运动的扩散过程，原子结构反应过程等，在传统的教学模式当中，由于受到一些特殊条件的限制，以至于教师无法把实验过程给学生进行生动直观的展示，也不能加强学生对于物理实验过程中所有知识的吸收和理解。然而利用计算机技术，可以充分突破时间和空间的限制，通过逼真的模拟，灵活的应用物理场景，把物理实验过程生动形象地展示给每个学生，从而加深学生的物理实验印象，加深学生对物理实验过程中的问题理解。

对物理基础理论的解析，可以在实验中展示，但是无法揭示。带电粒子在电场和磁场中的加速、偏转和旋涡作用下的动力学；刚性碰撞时的微观形变；在电磁振动过程中，电流方向的改变；电磁场的转化；电磁波的发射与接收；在光作用下，光与光的传输；磁通在电磁感应中的改变和很多其他的现象，都是难以解释的，可以用多种方法来分析。尽管这些物理过程很难被理解，但是，多媒体计算机可以用来显示和模拟一些无形的要素，例如放大的尺寸，流动的箭头，磁力和电力线的方向。把无形的要素、变化的规律告诉学生，使他们能把无形的东西变成有形的东西，把抽象的东西变成图像，从而改变他们的思考模式，减少思考的困难，达到事半功倍的目的。

显示思维过程，很多思维方法可以借助多媒体方法让学生有直观的认识。比如，在讨论运动的合成与分解时，从平面和纵向两个方向上，我们可以看到，抛物线的运动是一个关于匀速和自由下落的综合运动，其用一个生动的、逼真的方式来描绘人们的思考方式和思想的过程，让人很容易地接受它。

（二）信息技术可优化物理教学内容的呈现和教学过程

第一，多媒体计算机具有超文字的能力，能够对物理课堂的教学内容进行优化。

第二，教师也可以根据教学内容的要求，把各类教材和教学需求结合起来，形成一个有机的整体。这对教师的教学内容进行科学、合理的组织与管理都是有益的。如此也可以让教学内容管理和组织实现最佳化效果。

第三，借助多媒体技术开展实践教学，这种多媒体信息技术可以把文字、图像、声音、动画、视频等集为一体，从而创建更加生动、逼真的现实教学情境，让教学内容更加直观、生动、活泼，更有益于激发每个学生在学习上的热情，让学生对学习内容有更深刻的理解和掌握。

二、信息技术环境下我国大学物理教学中存在的问题

计算机和多媒体在物理教学中的应用对物理教学模式产生了很深远的影响，但实际上利用信息技术教学的过程中还存在很多的问题。总体而言，存在以下一些问题：

第一，动态教学过程全面实现了数字化和电子化，但教学的主题也变得模糊。动态教学是指教师根据教学的难易程度和学生的接受程度，以及授课中遇到的问题及时调整教学内容，但是，在实践中，教师过分地依靠电子课件，不顾课程实际推进教课进程。

第二，网络课件切入的时机不对，反而让学生分心。多媒体网络课件是为了教学的需要才引进的，而实际教学中教师为了追求课件的“丰富”而忽略了课堂整体的效果，往往引入过多的元素，如音响效果、光照变化等，分散了学生的注意力。

第三在教室里利用课件可以减少教师在课堂上的时间，从而节约了学生的学习时间，同时也节约了很多课堂教学时间。有些教师没有很好地利用这个时间为教学效果的最大化努力，而是增加了教课的内容，使课堂的内容信息量过大，给学生造成负担，不利于记忆。

总之，在信息技术飞速发展的今天，信息技术对教学的影响是必然的。但同时，我们也不能盲目地相信信息技术的无所不能。在信息技术的背景下，大学物理教学也存在着同样的问题。

三、优化信息技术支持下的物理教学

要想有效地将信息技术应用于物理教学，必须注意下列问题：

（一）把传统教学和信息化教学模式很好地进行整合

相比较于其他媒体技术来说，现代信息化技术具备更多优越性特征，但是尽管如此，仍存在一些不足之处。鉴于传统的教育方法一直以来都在不断地改进和变迁，也具有其自身的优点。所以在应用现代信息技术来改革教学方法的过程中，要将其充分妥当地融入传统教学方法当中，使二者之间实现有机结合，二者之间实现优势互补，如此才能让其发挥最大化作用。

第一，从内容层面予以整合。在传统教育方法当中，有些物理过程没有办法进行生动逼真的展示，这时就需要借助现代化的多媒体技术，借助该技术的优势，进而提升整体物理实验教学效果。

第二，从时间层面予以连接。在教学的过程中要把握好传统教学和信息教学时间上的过渡，不要出现“冷场”的局面。

第三，在空间上实现连接。传统教学用到的道具主要是黑板，信息技术教学中用到的道具比较复杂，但在各种教学道具的切换中要注意空间上的连接，不要让学生有不适应感。

（二）教师做好指导者的角色

在课堂教学当中，要注重采用信息技术的量与度，通常情况下，教师是课堂教学当中的引导者，而学生作为教学的主体，需要全民学会利用信息技术来完善教育的过程。部分教学内容，也要结合网络教学平台，给学生提供更丰富的教学内容，让学生能够自主地在课堂上进行讨论和学习，这是其他电子媒体没有办法做到的。教学的课件应该简单明了，而不是教师所教授内容的简单重复，教师需要把主要注意力放在引导学生怎样更好地挖掘问题和解决问题之上，进而活跃课堂教学的整体氛围。

总而言之，在现代教育当中，信息技术是一种全新的现代化教学手段，从本质上颠覆了传统的教学方式，尤其是在物理课堂教学当中，利用信息化技术进行教学是一种全新的教学模式探究，既可以改善和优化原本的传统教学模式，同时也可以弥补传统教学当中的一些弊端，在综合两种不同教学模式的优势基础上，给学生营造更好的学习氛围。同时在实际教学当中应用信息技术时，教师和学校要注重对其所产生的教学效果等方面的研究，探究怎样更好地运用这种技术来构建最佳的教学环境和教学氛围，唯有如此，才可让大学物理教学实现高层次、高质量的改革。

第四节　信息技术与物理教学整合模式

一、信息技术环境下的探究式教学模式

在基于信息技术的基础上，探究式教学模式发挥的作用不容小觑。而探究式教学模式主要是以探究物理规律为立足点,以开展实验活动为核心,以促进学生长久稳定的发展为目标的一种全新的教学方法。

第一，结合需要研究的课题提出需要探究的问题。

第二，结合目前已掌握的知识和经验提出相应假设；第三，进行证据收集；第四，总结结论并提出解释，对好的观点和结论进行交流和推广。

正是由于这种教学模式的指导，才使得教学形式可以实现多样化、灵活化。然而从应用范围角度来分析，其能够围绕一个探究活动展开多层次的教学,也就是说在实际教学过程中可以把这一个探究问题充分融合进去,从而进行全过程的探究。然而从思维角度来分析，这种教学模式也可以是归纳式或者是总结式的，同时也可以是类比式的，而从教师的具体操作角度来分析，在实践开展过程中教师作为引导者，学生作为主体学习者，教师只要发挥恰到好处的引导作用即可。

二、多媒体环境下探究式教学模式的技术支持表现的方面

（一）多媒体技术

就多媒体信息技术来说，其具有多重优势和特征，它能够让信息以更直观、更丰富的体现形式展现出来，利用这种技术进行探究式教学或探究式学习有着很多的益处。

在开展探究式教学过程中最主要的一个问题是教学情境的设置，通过设置合理科学高效的教学情境，能够让学生对于物理有更直观更生动的了

解，而且在构建探究问题的各种条件过程中，可以提前引导学生进行问题思考，但是在传统的教学模式当中根本难以设置完善健全的教学情境，也没有办法利用多媒体技术来生动灵活地探究物理规律，因此在两种技术相结合的基础上，可以帮助学生创建虚拟探究环境，让学生更逼真、更深刻地理解物理现象和物理规律,已达到这种教学模式所想要达到的教学目的。

（二）虚拟现实仿真技术

在物理教学当中，物理实验是一项非常关键的内容，通过物理实验可以让学生主动去探究一些与物理有关的知识。受时间上的限制，如果对每一个理论都通过传统的实验加以验证，那必然是耗时长，效率低。有些实验一般的实验室很难达到实验要求，结合现代信息技术当中的虚拟建设功能，可以帮助学生创设虚拟物理实验室，这样就可以快速达到解决问题的目的。

所以，在实践教学当中，教师可以充分利用虚拟现实技术来模拟物理实验情景，通过这样的方式可以让学生更逼真、更生动地了解所有有关的物理设备、物理现象等，从而让学生自主地去摸索物理定律，加强学生对物理知识的掌握。

第五节　信息技术与物理网络教学模式

在物理教学模式当中充分应用信息化技术能够让其发生较大的改变，渗透到各种传统的教学模式中，从而产生新的探究式教学模式。

一、网络环境下的探究式教学模式

基于网络环境下所展开的探究式教学模式，主要是指利用现有的丰富的网络教学资源，按照之前设定好的学习目标，引导学生自主地应用多媒体教学工具和教师、同学之间开展探究式学习的模式，让学生对学习产生更浓厚的兴趣，自主选择进行不同步骤的学习程序，而且利用这种教学方式可以让学生自己确定学习步调，自己评价自己的学习成果，在学习过程中主动发现错误，并纠正错误，直到完成最后的学习目标，在这种教学模式当中，教师和学生之间、学生和学生之间都属于平等互动的一种学习关系。

网络使学生之间和师生之间的交流更加便捷，从而促进了探究式教学更加有效地进行。

多媒体网络是一种由多个主体共同控制、共同联网而形成的一种计算机系统。这种计算机系统当中包括多个点对点的链接，比如有教师和学生之间的链接，学生和学生之间的链接，借助多媒体技术和通信技术可以让学生、教师之间没有时间和空间的限制，形成个性化的教学方式和自主化的学习方式，从而给学生创造更加广阔的学习空间。让学生充分在学习上体现出主导地位，形成一个全面化的网状结构教学网络，这当中探究式学习方法具体体现在以下两个层面的优势：

第一，多媒体网络能够加强学生与学生之间以及教师和学生之间的互动沟通与合作，有益于教师更好地监控学生的学习活动。

第二，多媒体网络为学生的自主学习提供丰富的学习资源。

利用互联网所提供的信息资源，突破教材的局限，丰富封闭、孤立的课堂，使课堂的知识面得到极大的扩展。这样，学生不仅可以从教科书中学到东西，还可以开阔他们的思想，理解百家思想，理解学术观念，运用专业知识，并获得发展和运用信息资源的能力。

二、“演示—模拟—探究”教学模式

“演示—模拟—探究”是以实验为基础，运用计算机对实验现象进行物理过程的仿真，以强化学生的印象，便于辨认实验现象的产生和改变，并使之成为一种抽象的归纳，指出了一般的法则概念和一般的物理现象。这个模型的效果要好于经验试验之后的抽象归纳。这是因为，相对于演示，学生的观察常常是延迟的、被动的，实验现象常常会迅速地消失或者变得模糊不清。通过计算机仿真，可以有效地解决这一问题，使学生的学习进程得到最优化。该过程可能会有许多的改变。比如，可以做很多的演示实验和模拟实验，并且结合计算机技术设置问题情境和物理实验情境。

三、“讨论—探究”模式

“讨论—探究”模式的基本教学过程如下：同学们结合具体问题进行不断观察、阅读、小组讨论、小组汇报、运用总结、实践。

成功地运用现代化信息技术开展教育，其最主要的一点要求是，学生必须具备正确的信息技术应用基础，同时还能够与学科基础知识进行有机结合，除此之外还要求学生具备良好的认知能力，能够主动探索和研究问题，并有能力完成教师所指定的作业。

运用探究式教学的方法，改变了传统的知识传授方式，促进了学生的创造性和动手能力的培养。随着教学改革的不断深入，信息技术的飞速发展，探索式的发现学习将会越来越多地被运用到大学物理教学中。

以信息技术为基础的探究式教学，着重于学生在探究活动中的体验和感受。在教学中，学生的学习将由消极的学习方式向主动参与、主动探究、不断建构和不断整合的认知方式转变。各类教育媒介既由教师和学习者控制，又是学生获得知识和信息、发展技能、讨论和共同交流的重要手段。通过探究性的学习，不但可以让学生获得更多知识，还可以让学生了解到更多的研究方法和详细的研究过程，为学生以后的学习和发展打下了坚实的基础。随着信息技术与学科课程的深入融合以及信息技术的普及，这种教学模式也将日益受到教育界人士的重视。

第六章
大学物理教学模式创新

第一节　慕课、翻转课堂、微课的教学创新

一、慕课

（一）慕课的定义

“慕课”（MOOC）顾名思义是一种开放式的网络课程，相比较于传统课程来说，可以针对上百个甚至更多的学生进行课程教学，而在传统的课程当中只能够针对几十个学生进行教学，但是一门慕课课程可以动辄针对上万人，国外最高一次记录是同时有 16 万人上课；第二个字符“O”是 Open（开放）的缩写，指的是无论你是谁，不分国籍，不分地域，只要你有兴趣，都可以参与进来，只需通过非常简单的步骤，就可注册参与该课程，主要体现以兴趣为导向的开放性；第三个字母“O”是 Online（在线）的缩写，意思是可以在网上完成学习，无须长途跋涉，也没有时间和空间的限制。

慕课的形成基础是基于网络开展的，其颠覆了传统课程教学模式当中的局限性，使得学习方式和教学方式更加开放，与丰富的网络资源相融合的课程学习模式,是近几年迅猛发展的一种基于网络的在线课程教学模式。简单来讲，MOOC 就是可以实现大规模的网络教学课程，在网络教学平台

上，人们普遍具有分享协作的精神，对于分散在不同局域网络的人们，可以集中在一个共同的教学平台上开展开放式学习，这种课程的目的是加快知识的传播，提升学习者的整体学习效率。

大规模在线课程教育方式犹如一场风暴般突然掀起，被比肩于四大发明的印刷术带来的教育变革，人们把它视为“未来教育”的曙光。众多专门供应 MOOC 的服务商相互竞争，群雄逐鹿，最终形成 Coursera、edX 和 Udacity 三大巨头。

二、特点

（一）规模大

不同于个人发布的少数一两门课程，“大规模网络开放课程”（MOOC）不单单某个人或组织发布，也可以由众多的参与者发布，就是说只有这些课程规模足够大，它才是典型的 MOOC。

（二）课程完全开放

遵守创用共享（CC）协议。封闭的网络课程即便很优秀，也没有办法叫作慕课。

（三）网络在线课程

这种课程教学模式，一般是不需要面对面的，完全打破了时间和空间的限制，不管学习者身处哪个地方，只需要在基于互联网技术的基础上，都可以花最少的钱甚至免费情况下接受全球一流大学的优质课程的教育；学习者需要做的仅仅是准备好连接好网络的一台电脑即可。

（三）“慕课”的发展趋势

1. 慕课的规模将进一步扩大

慕课的特性使其规模比传统课堂更具有收缩性。以后 MOOC 规模将实现更大一步的扩大，而且与之相匹配的供应商数量也会持续增加。当前已经有许多网络在线教育服务平台，甚至还有一些教育机构正在与这些教育服务平台进行竭力合作，他们的教学模式基本上都属于慕课类型。

2. 新型慕课将走向独立

慕课的早期形式其实是传统课堂的升级，是用现代技术来武装传统的课堂教学，并把课程搬运到网络上。与传统课堂相似，教师的个人魅力是吸引学生去学习的关键，加入新型时髦的教学方法，更具有吸引力。而随着世界各国高等教育率先采用先进的网络技术进行教育教学，教育者们发现了一片新天地，重新认识人在慕课中的作用（而不仅仅强调技术在慕课中的作用），从而将慕课的发展推向了新的高度。上述各大慕课厂商所提供的慕课资源，大多都是以传统的方式进行的，即以教师在课堂进行教学为主，只是利用更先进的现代的技术手段重新表现出来。随着时代的进步，传统的慕课已经跟不上时代的发展，新的慕课方式应运而生。

新的“慕课”倡导了“关联”的教学思想。慕课分为两类，分别命名为“传统慕课”及“关联慕课”。与传统的慕课相比，所谓的关联慕课，是一种与传统的教学特点和结构相区别的关联式教学方法。他们主张聚合，确保学习者可以通过通信及线上网页随时获取课程内容；关联慕课强调重新组合，鼓励各班级成员共享学习资源；关联慕课需要对不同的学习资源进行再分配、重组，以适应学生的个性化需要；积极地传播，分享重新定位、重组的学习资源，并且立刻把这些信息传达给全球范围内的人们。有研究表明，关联慕课对合作对话与知识建构有莫大帮助作用。

经过上面分析可以看出，关联慕课在慢慢发展成熟，并努力吸收传统学习方法的优点，力争与大学教育进行融合，发挥更大作用。由此不难看出，不远的将来，传统的慕课在今后的教学中起着越来越重要的作用，并逐步被边缘化。

3. 教师教育理念与方法将产生巨变

课程改革会使教师发生变化，慕课也会发生变化，因为互联网技术改变了我们的教学方式。之前，因为网上的课程的发散性传播的特点，其能吸引大量的网络参与者，同时也能让更多的人受益，所以教师们才会在网上分享他们的课程。现在发展到慕课时代，教师已不再是课程的唯一建设者，而是慕课课程组的一名成员，为了制作出一期合格的慕课课程，少不了与网络技术员、视觉处理专家、传媒推广人员等一起合作才能达到目的，这时候的课堂是一种协作的结果。在实际的课堂教学中，教师和学生之间的平等关系得到了提高。

通过对课堂视频的回顾，让教师不再像过去仅仅依靠测验、考试或论文答辩等方式来考查学生，也能在回放中仔细观察学生当时的学习情况。同样，一直以来，在传统的课堂教学中，教师的教学效果如何，只有学生能够感受到。但出现慕课之后，情况就不一样了，因为所有的课程都是在网上进行的，大家都能看到，也能做出自己的判断。这样，教师才能更加清晰地了解自己，知道自己缺点在哪里。也就是说，教师也可以把自己站在学生的视角审视自身，反思自身，提高教学效果。这对于提升教师的能力也有一定的正面影响。

那么，新的问题又来了，许多教师必须面临这种情况：学生们可以在任何时候和网上的名师打造网络课程，那么学生们还有什么必要去选修相同主题的传统课程呢？在传统的教室里学习同样的课程又如何？为了解决这一问题，国外的几所高校的教授都在努力改变自己的教学方式，来适应这种新的情况，他们鼓励学生先上网络课，而不是在现实中单独上课，在教室里进行讨论，布置项目并完成答辩。这种变革是成功的，这种方法颇受学生欢迎，更有效。这种方式有利于学生理解所学内容与把握主题，学生的问题分析思维和问题解决思维能力得到了增强，思维能力也得到了锻炼。这正是高等教育的首要目的。

4. 学生的学习方法将大为改观

慕课的出现颠覆了学生传统的学习模式，必然对学生怎样学习、如何高效地学和有效巩固学习有很大的影响。在传统的教室里，学生不能在学习过程中选择教师，而是要听教师讲课，而在慕课时代，学生们可以对网上的各种优质的网络课程资源进行选择。

这种改变也体现在学习过程的维度上，传统课堂上，学生一旦选修这门课就必须从头跟到尾,但慕课的学习者可以省略那些已经很熟悉的东西，集中自己的注意力去应付那些无法理解的或者还没有学会的东西。另外，现在许多网上课程都能为学生提供一些小知识以及安排一些学习任务，也可以收集学生的问题，进行归纳和整理。

慕课的兴起使教育界意识到信息技术和网络在教育中的重要作用。学习者选择课程变得更加快捷便利，课程也将会更加依赖技术，基于网络的学习方法也将呈现多种多样之势。比如已经出现的“翻转课堂”的教学模式，就是学校将在线学习与离线学习结合起来的一种模式。这种教学模式要求学生在课后可以在任何时间、任何地点观看网上视频，并预先学习相关的基本知识。课堂则不像以往那样，教师主讲知识点，而是解决在线上与线下时所遇到的困难，进而强化提升学生的知识系统，以师生互动为主，即“离场反转”。其事实上是继承了传统课堂的长处和现代慕课的优势，但是在某些方面，其比单纯的传统教学要好得多。

5. 网络技术将推动教育的巨大变革

互联网技术在教学中的作用不会止步于现在所看见的，将会以意想不到的速度发展，甚至会颠覆整个教育的观念。慕课不仅使课程发生了改变，而且也给学生带来了新的挑战；这种模式打破了人们对教师教学和学生成绩评估的固有印象。

利用数据驱动的教育方法取代了传统教育模式，这种变化会带来教育的根本性变革。

慕课的发展改变了人们对教科书的传统教理解。随着慕课的发展，现有教科书可能被现代网络技术所取代。毫无疑问，传统的学习方式中，课本是最重要的，它的功能是帮助学生学习新的知识。慕课还体现有保鲜知识的功能。引入慕课学习模式后，先进的网络技术能够以一种全新方式激发学生学习的兴趣，就像课本上的知识，它以一种艺术的形式，甚至炫酷的动漫特效，带给学习者的愉悦感和直观体验已经远远不是传统教科书所能企及。所以，很多教育工作者说，慕课所提供的录像和辅助资料十分丰富，这是一种新的教材形式。

6. 现行教育体制将深受冲击

慕课对教育界的冲击越来越大，尤其是作为人口和高等教育在校生人数第一大国的我国，影响将会是革命性的。

首先，有越来越多的高校都在搞网络精品课程，加入慕课队伍的课程数量在爆发式地增长，这一潮流已经席卷了整个世界，也波及了我国。其次，慕课改革将深刻地影响到高校的教育生态，同时也对大学教育管理工作提出了挑战。面对慕课给传统的教学方式和管理方式带来的巨大变革，以及新形势下大学应如何处理这些问题，是教育一线的教师和教学管理者所必须思考和解决的问题。再次，慕课的出现对现行教育运行体制的冲击力巨大，甚至可以称得上是高等教育的颠覆性变革。例如，传统高校的运作模式主要是以单个或分类的方式进行，导致单个或者分类的收费，如教科书、课程设计、教学、评估、学分、学位等。

7. 翻转课堂是什么

翻转课堂是提高师生间相互交流和个人互动的一种方式；是一个可以让学生自己去学习的地方，教师就像是“教练”一样，而不是“圣人”；是将直接解释和建构主义相结合的方法。翻转课堂的内容可以永久保存，供学生复习或补充，全班学生都能积极地学习，每个学生都能接受个性化的教育。

（二）特点

“翻转课堂”教学模式需要大规模借助计算机及网络通信来支撑，而近十多年，计算机及网络变得愈加成熟，费用越来越低廉，加之信息技术在教育领域的迅猛推广，为翻转课堂提供了物质基础，一些想法和理念也变得可行了。学生不再需要依赖某个教师的课堂授课，可以通过互联网检索到优质的教育资源。而课堂和教师的角色变得不同以前了。教师更应该思考的是去通过对学生在学习过程中遇到的问题的分析,指导他们解决问题，提高他们的知识应用能力。

视频教学是很多年前才开始的，并且得到了广泛的应用。这一观点在20世纪50年代被世界各国引进在了广播电视教育当中。“翻转课堂”为何会引起那么多人的注意，而那时的研究却并未对传统的教学方式产生太大的影响呢？这是由于“翻转课堂”使视频教学内涵得以拓展，具有以下几个鲜明的特点：

1. 教学视频更简明扼要

所有的教学视频，都必须做到简洁。大多数都是短短的几分钟，稍微长一些的，也不过十多分钟而已。每一段视频都有一个具体的主题，有很好的针对性，根据知识点进行检索，既准确又方便。视频的长度一般较短，根据学生身心发展特征，长度控制在学生注意力非常集中的一段时间内；网络上的视频能够自行引导，并具备较好的播放、暂停、回放等功能，有利于学生自主学习。

2. 教学信息清楚明确

即视频中不会出现教师整个身影，能够见到的是他写字的手，在陆续地画出一连串数学符号，伴随着配合书写同步讲解的声音，充满整个电脑屏幕。这样的话，就不会让人觉得像是在台上演讲，而是一种温暖的感觉，就好像大家围着一张桌子，在一张纸上写下了自己的知识。这是“翻转课堂”与普通教学录像的区别。这种理念非常有效，因为视频中出现的无关物品，例如背景里摆设的各种物品，甚至教师的身影都对学生的注意力的集中有很大的影响,尤其是学生在自主学习的时候缺乏监控的这种情形下，更容易心不在焉。

3. 重新建构学习流程

在传统的教学中，学生的学习被分成了三个阶段。第一个阶段是“信息传递”，即教师向学生们传授知识；第二个阶段是“互动学习”，即学生间的相互影响，一般是在教室里进行，以增进他们的学习；第三个阶段是“吸收与内化”。在这个阶段当中没有教师参与，一般都是在业余时间里由学生自己来做。在“吸收内化”阶段时，没有教师的参与和同学提供的帮助，很多时候，学生会觉得很困难，没有动力，也没有成就感。

“翻转课堂”使学生的学习过程得以重新组织。学生在现实课堂前完成“信息传递”阶段，在该阶段中，教师单单提供视频给学生学习，同时能够在线上辅导学生；而“吸收内化”阶段改在现实课堂中完成。由于学生有了一定的基础，教师能快速地找到学生在学习过程中所遇到的问题，并给出相应的回答。同时，学生之间互相讨论也对学生知识的吸收和内化有着巨大帮助作用。

4. 复习检测方便快捷

在视频同页面上设置几个小问题，用于学生在看完了教学视频之后，帮助其检查是否理解了视频的内容。通过这种即时性质的检测，学生能大概地知道自己的情况。如有问题不能解答，则可由学生自行决定，学生可以退回到相应知识点再学习一遍，这样带着问题去学习是非常有效的。同时，学生的在线作业也能实时上传到云端或后台，方便教师们进行处理，也能更好地掌握学生的作业完成情况。还有一些教学视频的优点，在一门较长课程的学习后，学生往往会忘了所学的东西，但是翻转课堂视频让后面的复习和记忆变得更为简单。评价方式的改变和科技的发展，使得学生可以获得支持独立学习的资料，对于教师了解学生起到事半功倍的作用。

（三）步骤

1. 创建教学视频

首先，要清楚教学目的、学生的基本要求，确定视频需要讲到哪些内容和重点；接着查找相关视频或重新制作视频文件，录像档案要考虑到各个班学生的专业背景以及视频的制作流程，在具体制作视频时应该尽可能兼顾到大多数同学的想法，这样的视频课程更能与学生的学习方法和习惯相适应。

2. 组织课堂活动

因为网上学习者已从课程视频中了解到有关课程的内容，那么在现实课堂中应该做什么呢？翻转课堂成功与否在这一步非常关键，否则会回到传统视频课堂老路，在教室里，教师会组织高品质的教学活动，以巩固所学，让同学们可以继续进行下一步的学习，让学生通过参与具体活动的方式来应用和激活其所学知识。这些活动形式不限，例如学生自己搭建内容；探索性活动；独立解决问题；利用项目驱动练习，等等。

（四）优点

1. “翻转”让学生自己掌控学习

在翻转式的课堂上，学生可以利用教学视频，从而达到简化学习的目的。学生无须像在传统的课堂里，很紧张地听着教师的讲课，害怕自己会漏掉什么，失去方向感，或是不能清晰地听到，无法跟上上课的速度等。相反，学生在任意空闲时间和地点，如寝室或家里学习线上的视频课程时，可以在更加自在和轻松的环境中进行；视频的节奏和快慢都由学生自己掌握，对已经掌握的知识可以直接跳过去，对复杂难懂的地方可以倒退回去学习多遍，甚至任何时候都可以暂时停顿，进行深入思考或写笔记，学生也可以在任何时候记录并请求教师或者同学的帮助，利用内置的或者第三方的聊天工具。

2. “翻转”增加了学习中的互动

翻转课堂最大的优点就是鼓励学生进行全方位的互动，这个互动主要体现在学生与学生以及教师与学生的互动行为。

从教学内容到教学指导，教师要花费大量的时间和学生进行交流、解答和帮助，组织学习小组，参与师生互动，对学生进行教学。甚至当教师检查学生的作业时，有些同学也会遇到同样的问题，所以教师会把他们召集起来，组建一个指导小组，有必要时可以为有着同样疑问的同学另外开办小型教学讲座。这种授课方式最大的优点在于教师首先为学生提供辅导和协助，当学生们有问题时，他们可以马上求助。

教师在教学中起着引导作用，而非内容提供者的作用，这就给了学生学习与交流的机会。在实际教学中，教师会注意到，学生们在自己组织的协作学习团队中很积极，同学们可以互相学习，互相促进，教师从唯一的知识传播者的角色中解脱出来。这种教学方法的确有神奇作用，学生们主动合作学习探讨的方式会让教师充满信心。

当学生发现教师对他们的教学方法持尊重的态度时，他们往往会作出反应。他们会慢慢意识到教师在课堂上不是来下达指令的，而是对他们的学习进行引导的。教师的目的不再是让学生机械地接受知识，而是使学生成为自主的学习者，能更好掌握课程的内容。当学生看到教师就在他们身边和他们一起讨论问题时，他们会尽力去回馈。有些教师也许会有疑问，教师怎样才能帮助学生建立起一种学习文化。问题的重点在于让学生明白，目标不在于完成任务，而在于学习。所以，教师要关注的是怎样使课堂更有意义，而不只是让学生感到自己在干一件很枯燥的事情。

3. “翻转”让教师与家长的交流更深入

翻转式教学法也直接改变了教师的注意力和沟通方式。传统关心最多的学生在课堂上的表现，例如，他们是否认真或表现得很有礼貌，是否会积极举手回答问题。乍一看，这些学生的学习表现很好，但是教师们常常不知道该怎么回答。学生有没有在线上进行学习？如果他们偷懒敷衍了事，教师怎样监管和采取哪些方法来提高学生的学习水平？这种对问题的深刻思索使得教师在为学生营造一个良好的学习氛围方面进行了协商和相互沟通。

为什么学生有找不完的理由来消极面对学习：难道他们的基础不够，难以进一步学习吗？他们的学业是否受到私人问题的影响？还是说，比起读书，他们更注重“在学校玩”？如果教师能够找出学生不喜欢读书的原因，那么我们就可以创造出一个进行必要干预的好时机。

三、微课

（一）组成

“微课”的组成部分较多，包含课堂教学小视频（课例片段）以及与该教学视频主题相关联的课件与素材、教学设计材料、教学反思、单元测试、教师点评及学生反馈等辅助性教学资源，这些因素以一定的组织关系呈现和营造出了一个具有主题的半结构化的资源的应用环境。因此，以往传统的单一教学资源，例如教学课件、教学课例、教学设计、教学反思、教学录像等教学资源等单独使用有其局限性，“微课”是在其基础上继承和发展起来，综合其优点的一种新型教学资源。

（二）特点

1. 教学时间较短

微课的核心组成部分是教学视频。微课长度往往是依据学生的认知特性和学习知识的规律来确定，一般时长较短，五至八分钟，长的也不过十几分钟。所以，与传统课堂一节课四五十分钟的教学时长相比，“微课”可谓短小精悍，称微课为“课例片段”或“微课例”也不为过。

2. 教学内容短少，主题集中

传统课堂的主题内容比较宽广，而“微课”主题突出，问题集中，更符合教师的讲解逻辑:"微课"内容主要集中于课堂教学中某个学科知识点，例如教学中的难点、重点、疑点等，抑或针对课程中某个教学点、教学主题进行教学活动。有别于传统一节课要面对繁杂的主题还可能分散的课程内容，"微课"涉及的内容更加精炼，"微课堂"也由此而来。

3. 资源容量较小

从物理存储容量角度来说，"微课"视频资源加上配套的辅助文字资源总共大小一般控制在几十兆，由于需要在线播放，格式需要采用流媒体格式，例如 rm，wmv，flv 等，这样学生可以随时在合适的场合在线观看微课视频、学习教案、课件等辅助材料，并且，如果有必要的话，还可以将资源直接下载下来，保存到自己方便使用的终端设备上，例如手机、笔记本电脑、平板电脑等，可以方便他们移动学习、随处学习。对于教师而言，也方便了教师之间进行观摩、研究、评课、反思等。

4. 资源组成、结构"情景化"

具有结构的资源使用起来才方便。一般"微课"里的教学内容要求主题集中，有统一方向，构成一个完整小体系。它以这些短小教学视频为中心，"统筹"教学设计、教案、在线课件、多媒体素材、学生的反馈意见、教师课后的教学总结及相关学科课程组的点评等教学资源，共同构成主题单元的"主题资源"，以一个仿真的"微教学资源"呈现在学生面前。"微课"资源符合视频教学的特征。学生们身处在这种具体的、典型案例带动的教与学情景中，感受非常真实，容易学习到高阶思维能力，例如"默会知识""隐性知识"等，更容易让教师达到教学观念、风格、技能的模仿和迁移，快速转化和提升教师的课堂教学水平，进一步促进教师的专业提升，促进学生知识水平的提高。微课的出现对学校教育来说也有莫大好处，微课是这门课程的重要教育资源，学校教育教学目标改革可以以微课模式作为的基础。

5. 主题突出、内容翔实

一个微课程就做一件事，集中于一个主题上；专门研究来自教学实践过程中碰到的实际问题：或是强调重点，或是难点突破，或是生活体会，或是学习方法，或是教学总结、教学思想、教育观点等，都是具体的、真实的主题，是教师和学生都可能碰到的问题。

6. 起点低、趣味创作、草根研究

由于每个单元的课程内容都较为短小，因此，对课程的制作者的起点要求可以适当降低，人人都可以参与尝试；加之主要是教师和学生使用这些微课，微课的制作目的是将教育教学目标与教学内容及教学手段关联起来，是“为了教学”，着眼点不是为了验证理论、推断理论。所以，教师决定制作成微课的内容一般是教师自己熟悉的、完全掌握的、有能力解决的知识和问题。

7. 成果简化、方便传播

因为微课主题明确，内容非常具体，所以，研究内容方便表达、研究成果以一种更直观的方式体现出来；由于课程用时少，容量不大，所以传播方便，可以借助网络、手机、微博等多种形式传播。

8. 反馈及时、针对性强

在这种微课教学模式下，由于评价活动可以在网上进行，避免现实中的尴尬局面，制作方就能及时听到学生对自己教学过程更为客观的评价，获得更为真实的反馈信息。与传统的听课、评课活动相比较，“现炒现卖”，具有即时性。由于微课可以达到课前的组内“演练”，谁都可以参与进来，学生互相帮助，共同提高，这让教师的心理压力有一定程度的减轻，不用过于担心教学的“失败”，学生也在评价时不必害怕“得罪人”，这明显比传统的评课方式要更加客观得多。

第二节　项目教学法的应用

一、“项目教学法”的定义

在特定的情况下，知识可以由自己创造；学习可以提高知识、技能和行为，促进人们的态度和价值观念；教育是有目的的、有系统的、有组织的、持续交流的，教育的结果是要达到教育目的。项目教学方法主要是指在教学过程中以项目为核心，由学生和教师一起共同完成一个教学活动项目。这种方法特别适用于职业教学当中，而项目通常是指生产一种有益于社会发展的物品，这是一种最终的生产目标任务，学生利用自己所学知识和经验，自己进行规划和组织，自己动手操作，在实际操作过程中解决所有遇到的难题，从而完成项目。当然也有些项目是一些看不见摸不着的物品，在项目设计和制造过程中可以排除一些其他的故障，设计一套完全可行的业务方案。用于教学的项目可大可小，可以是设计一个系统化的大的项目，也可以是小型的，如加工一个小部件，其目标是培养学生的专业技能。

二、“项目教学法”的分类与组成

在以前的项目教学中，人们大多采用了独立的学习方法。但在现代科技飞速发展的今天，大生产的形式对职业人才教育提出了更高的要求，越来越多的工作必须以团队合作的形式进行，并且要有统一的计划、协作或分工来进行。有些情况下，一个教学项目小组中的参与者可能有着不同的专业背景，甚至是跨越大类的不同专业领域，如管理学专业和工程技术专业等，这样的好处是锻炼他们在以后的实际工作中能顺畅地与不同专业和来自不同部门岗位的同事进行合作，共同完成一个项目。

在工程技术领域里，项目相对来说更为直观，可以把绝大部分的产品的制作直接当作项目，例如：螺、格栅、扩音器、压力器等，这些常见的工具制作都可以当作好的教学项目；而有些项目不一定以实物形式来展示，例如财务会计、贸易和服务行业、软件设计等，其项目不一定要求是实物，只要具有整体特性，并能衡量成果的工作或任务都是教学项目的选择范围，例如产品的广告设计方案、商品展示和销售活动、应用小软件的开发、界面的设计等。

项目式教学方法包括：首先，要有特定的教学内容，要有实际的应用价值；其次，能够将理论知识与实际工作有机地结合；第三，与企业营销有关联或为实际的生产经营活动；第四，学生能根据自身情况独立拟定计划并付诸实施；第五，学生已经具备足够的运用知识解决项目工作中遇到的问题的能力；第六，该项目存在一定的难度，不能过于简单，能使得学生在实施项目过程中运用新知识、新技能，获得成就感；第七，培养学生的情感、态度、价值观；第八，项目成果也可被最终活灵活现地展现出来，方便教师和同学检查完成情况，共同评价项目。

三、“项目教学法”的实践意义

心理学对人保持记忆力方面的研究证明：当人类通过“听”来感知，能保持对某一事物的记忆，大约有 20%；在感觉类型为“看”的情况下，保留率为 30%；在感觉类型为“听+看”的情况下，保留率为 50%；当人们是通过“亲身实践”来感受时，保持率高达 90%。这也证明了研究学习的科学领域大家所推崇的学习方法：听来的忘得最快，看到的相对记得久点，做过的才能会。

只有当一个人在解决他所面临的问题时发现他具有的知识或能力不够，这时真正的有效学习才开始。也就是说，教师传递知识给学习者并不是学习的过程，学生自己构建知识的过程才是学习。学习者无法通过被动地接受信息构建能力，而要基于已经掌握的新知识主动处理与建构，这是不可取代的。这种建构主义学习更多的是主观性的、社会性的，更注重情景的转换与协作。教与学应该是同一件事情，不应该是被分开来做的事情。高校教育的目的是以就业为主，以服务为宗旨，其培养教育的目标是把学生培养成职业道德和综合素养都比较高的人才，培养成能够熟练掌握专业技能的社会人才。

四、“项目教学法”的原则

（一）项目教学法是一个相对完整的工作过程

项目教学法所选择的项目都是一个比较完备的工作流程，学生要在整个“项目”中完成任务。项目教学分为七个步骤：首先是让学生对课题理解，明确任务，收集相关数据。第二是独立制定计划和决策。第三是执行计划，在一定的时间内组织和安排进一步的研究。第四是学生们在学习过程中遇到了问题，并进行了相应的处理。第五是检验流程。因为项目通常是比较困难的，学生在此之前可能没有碰到类似情况，这就要求学生在原有基础上，通过学习新知识、技能去解决问题。第六是以明确而具体的方式展示成果，进行结果评估。最后，教师与学生共同评估项目的工作成绩，并对学习进行监督。当然，各个步骤可以互相交叉，灵活变通，在教学过程中可以根据教学的需要进行灵活的运用。

（二）项目教学法注重通过完成一个项目来获取知识

其重点在于它的学习作用。学生自己组织和参加的实习是一个学习的过程，其结果并不是关键，关键是要完成整个过程。在此期间，学生们可以通过学习来提高自己的专业技能。在教学活动中，教师的角色由原来的“主导者”变为“引导者”“指导者”，并负责监督，目的是充分发挥学生的主人翁意识，积极学习。学生通过实施整个项目，了解所学的知识，掌握所需的技能，体验实际工作的艰辛，体验动手的快乐，学习分析问题的方法，提高问题的解决能力。

（三）项目教学法要求包含教学需要的主要内容甚至全部的内容

立足于项目，将教学活动贯穿于项目的全过程。教师应根据本课程的教学要求，并结合本专业的企业岗位需要，从现实的生产实践或生活中挑选具有代表性的相关项目作为教学的主体内容，因此，一旦项目被确立，整个教学流程就会成型，学生们就可以通过自主学习来实现课程的目标。如果有必要，在教学过程中，一个大的项目可以划分为几个小项目和子任务。为了加速学生对知识的迁移应用，教师可以通过演示一个简单、典型的类似项目来讲解所要运用到的知识点；剩余的项目和任务由学生（当然也可以是工作小组）来完成，教师提供必要的指引。项目教学过程中，学生往往以小组为一个单位的形式进行学习与工作,这种合作式的学习方法，有利于培养学生的团队精神，对语言表达与沟通能力的提升有极大作用。在大项目中，一个小组负责实施自己的子项目和任务，小组成员相互促进，共同学习，共同探讨并发掘有价值的信息，并最终与其他团体，乃至整个班级分享。

（四）项目教学法学习成果评价

项目教学法对学习成果评价做出了改变，以往是以考查知识点的掌握情况为标准来衡量学生的学习成绩，目前，以项目为基础的教学方法对学生的学习成效进行评估。

根据学生完成项目的情况作为对学生学习评价的基本依据。评价又可以分三个层面来考虑。第一层面，也是最核心的一个评价工作，就是由教师来评议小组完成项目的情况；第二层面，由每个小组成员进行相互评价，重点考虑的是团队成员为该计划做出的贡献；第三个层面是学生自己的评价，根据三个层面的评价来决定他们的学业。

当然，也可以视具体的情形而定，在有条件的情况下聘请企业相关工程师来参与评价，他们经验丰富，往往能给出对实践过程最有价值的意见。

五、教学策略

项目教学法使学生能够在较短的时间内完成自己的项目工作。从搜集信息、设计、实施、评估等各个环节，学生能自行掌握整个流程。透过课程的学习，学员对课程有了整体理解与把握，并力求达到每个步骤的基本要求。在项目教学中，学生完成项目的过程是一种学习的过程，一般由七大步骤组成：

（一）明确任务

在这一环节是教师根据学生情况，挑选项目，即学生的学习任务，通过学习，使学生能够清楚地了解自己的学习目的和需要完成的任务；明白任务后，学生搞清楚了自己到底要做什么，需要加强哪些知识，要训练哪些技能，最终自己要实现什么目标。

（二）获取信息

教师为学生提供相关的参考材料，帮助学生了解有关的材料，获得必要的信息，并对所需的知识和技巧进行补充。

（三）制定计划

在确定了学习任务之后，通常会分成几个小组，一起学习，并制订相应的学习方案。

（四）做出决定

根据学习小组制订的计划，可以让每个人都提出自己的看法，设计初步方案，最后由小组集体探讨，选择一个最好的计划。在讨论的过程中，中学生也能学到许多东西。

（五）组织实施

在项目执行过程中，教师可以在需要的时候进行示范，由学生在一旁观摩，当学生不明白的时候，可以询问，并由教师给出清晰的回答和示范；同学们按照自己的想法去做，做好相关的工作，而教师则在旁边看着，有必要时进行指导。学生在实施计划过程中，通过仔细研究自己所负责的分工，能高效地学习到所要用到的知识。在整个项目的实施过程中学生学习的自律性、自主性、学习效率都比传统的学习方式有巨大提升。

（六）过程检查

在项目结束后，学生们会按照要求梳理工作流程，对结果进行评估，当发现问题不能自己解决时，可以向教师或同学求助。

（七）结果评估

在完成了前期的工作之后，学生们将会展示自己的成绩，并进行的总结。教师对学生在学习中遇到的问题进行评估，对学生在制作中遇到的问题进行及时的修正。其主要目的是通过一次技能培训，让学员对自身的理论知识和技巧有新的认识，从而提高自己的能力。

从最初的项目规划，到最终的成果，再到生产一种特定的产品或一个活动成功的实施，在这个过程中，学生亲身体验自己做出产品或服务的意义，让他们感受到了成功的快乐，并激起了他们的求知欲望，使他们充满了学习的激情和兴趣。

第三节　虚拟现实在大学物理教学中的应用

一、定义及基本概念

虚拟现实（Virtual Reality，VR）技术是借助多感知交互技术，三维图形生成技术，运用现代的显示技术，呈现三维的虚拟场景，使用者可以通过键盘、鼠标等输入装置进行模拟，同时还有操作柄等输入设备，甚至配套更先进的传感设备，在虚拟现实技术中引入了头盔和数据手套，可以让一个人在虚拟环境中与周围的不同的虚拟对象进行实时交互，从而对不同的对象进行感知和控制，从达到一种沉浸的体验。

虚拟现实技术以沉浸感、互动性和想象力为特征。尤其是在实验教学中，通过体验、操纵和改造虚拟环境中的对象，得到直观、自然的反馈。学生置身于一个神秘、多维的信息世界，能够积极地获得知识、寻求解答、建构新观念。

由于虚拟现实技术具有极高的视觉体验和众多不可取代的优越性，使其在教育界占有举足轻重的地位。首先，虚拟现实可以减少真实实验中的贵重实验用品的浪费，规避具有危险性的真实实验或操作中潜在的安全隐患；其次，通过虚拟实验，使实验教学更加贴近现实，“制造”新的仪器，不断研发新的设备，在虚拟环境中增加新的功能和装备，以适应新的教学需求。第三，超越时空的极限。从另一个角度来看，其是一种将现代化的多媒体技术、传感技术和计算机网络与信息技术有机结合，在一些实验教学领域能发挥出巨大的优势，提升效果与效率。

二、教学中的应用

虚拟现实是在计算机中构建出一个形象生动的模型。人除了可以看见模型外，在高端的虚拟系统中，还可以与该模型进行交流，获得接近于真实世界中的反馈信息，非常接近于真实世界中的体验。虚拟现实在三个方面具有巨大运用前景。第一个，构造当前不存在的环境，即合理虚拟现实，例如飞机驾驶舱；第二个，模拟人类不可能进入的环境，例如地核，即夸张虚拟现实；第三种，构造纯粹虚构的环境，例如神话里的天界，即虚幻虚拟现实。尤其是在需要搭建耗资过大的真实环境时，就可以利用虚拟现实技术以代替我们的需求。

在教学方面，虚拟现实可以大显身手。可以应用虚拟现实进行仿真演练，游戏化、探索性教学。当教师试图把一些系统的内部结构和运作动态展现给学生时，可以借助简单成熟的虚拟现实技术，为学生营造一种身临其境的体验环境，方便他们观测和学习，这无论在自然物理学科还是社会学科都有积极的现实意义。搭建教学模拟环境的首要任务是对真实世界中被模拟对象进行建模，然后借助计算机程序来表达此模型，通过运算和辅助设备得到输出。这些输出就是我们所需要的，能够较为形象和粗略反映出真实世界的特征和行为。借助虚拟现实的教学事实上是一种含金量非常高的 CAI 教学模式。

当然，现阶段受到技术及经济可行性的限制，在教学中应用虚拟现实技术还处于一个比较初级的阶段，比如 3D 环境展示等，这些虚拟现实技术大部分属于桌面级的。所谓桌面级虚拟现实是利用普通计算机和外围辅助设备进行虚拟模仿，用户通过计算机的显示屏来观察虚拟环境，更进一步地用各种外围辅助设备来操纵虚拟环境中的各种物体和切换角色。常见的外围辅助设备包括鼠标、操纵柄、追踪球、力矩杆等。参与体验的人借助位置跟踪器加上一个类似于鼠标、追踪球等手控输入设备，通过计算机显示器来 360 度观察虚拟环境，并可以模拟操控环境中的物体。不过在这种虚拟现实中体验者仍然不可避免受到现实环境中的各种干扰，无法真正全身心投入其中。缺乏完全投入的体验是目前桌面级虚拟现实技术的最大弊端所在，优点是有着相对低廉的成本，方便推广。

三、虚拟实验室的实现

虚拟现实技术还可以用来制作方便学生进行虚拟实验的实验系统，其是指虚拟实验环境、实验仪器设备、信息资源、实验目标等。利用虚拟现实技术搭建的实验室，可以让学员从各个角度观看实验，搭建立体模型，通过鼠标、把手等，在物体上进行虚拟实验。

（一）仿真实验

在实验教学中借助数字化的仿真科技可以搭建虚拟实验室教学系统，一套完整的虚拟实验教学系统由前台和后台组成，后台实现实时仿真，前台是通过多媒体展现虚拟化操作环境。

目前的仿真软件很多，如 EASY-T、Cadance、Mentor、MatLab、VT-LINK3.3、OpenGL、MultiGen、SPW、LabView 等。这些工具各有特长，在搭建虚拟实验时，应根据当前条件和需求，选择相应的仿真开发工具。

（二）支持技术

现在 VR 技术的发展速度很快，目前国内外主要采取如下方式进行虚拟实验室的研发：

1. JAVA+VRML 组合

Java 因为其强大的跨平台特性，成为开发应用软件的主要工具，是一种纯粹的面向对象的开发工具。VRML 功能是对虚拟环境里各种对象的特征进行建模和描述，是用于虚拟现实的建模语言。采用 JAVA+ VRML 进行混合编程是一种非常有效的方法，可以更好地完成复杂的动态场景控制以及其他一些先进的交互功能。这种开发方式成本较高，要求客户端提供类似于感应头盔、触觉手套等大量的专业的设备，加之要能运行 VRML，也要求计算机具有很高的性能，所以搭建基于 VRML 的虚拟实验是一个较为复杂和开销比较大的过程。

2. ActiveX 开发控件

微软公司为适应现代网络需求的迅猛发展，将 OLE 技术在 Internet 重新定义，这就是 ActiveX 技术由来。在虚拟实验室中，代码的可复用性是十分关键的。ActiveX 控制项可以使用现有的 COM 标准，例如，VB、VC++、Builder、Delphi 等。但是 ActiveX 没有良好的移植性和通用性，因为其只能在 Microsoft Windows 的操作系统平台上运行。

3. QuickTime VR 技术（QTVR）

QuickTime VR 是基于静态图像处理的实景建模技术，也是虚拟现实技术。该技术利用离散数据，例如，数字图像、照片、录像等来搭建三维空间及三维物体的造型，构造虚拟环境，使得感觉更真实、图像更加丰富，细节特征更加突出，能达到全方位观察的效果。QTVR 技术易于实现，开发周期短，易于控制。

4. 使用 FLASH 进行开发

FLASH 是采用矢量图形进行开发的系统，具有容量小，可以进行缩放，高兼容性，并且可以直接嵌入到 ActionScript 中的特点。另外， Flash 还拥有一个功能强大的团队，可以让 Flash 的数据流自动升级，这大大降低了程序员的开发时间。所以现在，我们决定利用 FlashActionScript，来建立一个最简单，最实用的网上教学的虚拟实验平台。

（三）功能模块设计

不管是哪一门学科，都有三大功能模块。

1. 网络服务

登录本系统后，学生可以自行选择要进行的实验，并按实际需求接受相应的辅导。

2. 仿真实验

学生选择相应的模拟实验，按照模拟实验室的提示进行相应的操作，认真地学习操作流程，观察实验现象，对实验结果进行分析。

3. 数据库

提供有关数据服务的虚拟实验系统。

四、优势

在学校现有的条件下，一些针对大型机械设备，如电站设备、航空设备、核能设施、数控机床，还有一些非常昂贵的精密仪器设备等的实验课，例如，操作与维护拆装等实验，几乎难以实现实物操作，一方面是这些物品要不过于昂贵，要不出于保密原因不面向民用，即便一些大学有建设这种实验室的资源，但维护这些设备的开销也非常大。另外，很多实验室带有一定的危险。虚拟现实技术在这里可以大显神通，能较好解决能提供的实验条件与要达到的实验效果之间的矛盾。在进行实验时，假如要用到较多昂贵的实验器材，或者损耗巨大设备，出于成本的考虑，学校无法大规模采用。这时借助虚拟现实技术，建立起仿真虚拟实验室，学生就可以利用这个虚拟实验室进行仿真实验，身临其境，模拟使用虚拟仪器设备，通过虚拟实验室系统来衡量学生的操作结果，提示其正确或错误所在，把相关结果反馈给教师。这种仿真虚拟实验不会受场地和外界环境的限制，不会浪费器材，更不会造成昂贵设备的损坏，关键是实验效果不理想时，学生可以反复的实验，直至通过为止。虚拟现实实验室还有一个无可替代的巨大优势，就是其有绝对的安全性，不可能发生人身伤害事故。

将虚拟现实技术应用于教育对教育事业的发展具有划时代的意义。它营造了“自主学习”的环境，改变了“以教促学”的传统学习方式，通过虚拟现实来学习，学生通过自身与信息环境直接作用来学习知识，掌握技能，这是一种新型的学习方式。虚拟现实技术中，学生感受到生动、立体、传神的环境，获得直观的虚拟体验，无论针对什么科目，都能提升学习者的学习效率，学生能获得更为深刻的知识。比之抽象而空洞的说教，学生亲自参与，亲身感受更加有效得多，因为被动的灌输与主动地去交互有着质的区别。利用虚拟现实技术，可以短时间内搭建成本低廉的各种虚拟实验室，这是传统实验室不可能达到的。具体来说，其优点主要体现在如下所述。

（一）节省成本

所说的成本包括时间成本和资金成本。不少科目的实验经常都由于时间、场地、经费、设备等软硬件的限制无法真正实施。借助虚拟现实实验系统，学生无须鞍马劳顿便可以进入所需的虚拟实验室，感受最接近于真实实验的体会。在获得不错的教学效果的前提下，人力成本和物力资源消耗都非常少。

（二）规避风险

现实生活中，有些真实实验或操作具有危险性，或者资源耗费过于巨大，虚拟现实在这方面有着巨大优势，学生利用虚拟现实技术在虚拟实验环境中，不必害怕受伤，能放心地去完成带有危险性的实验。例如，虚拟环境下的船舶轮机教学辅助系统，可以防止学生误操作导致人身伤害事故的发生，并且避免了昂贵的主机和电站等贵重设备的损毁。

（三）打破空间、时间的限制

借助虚拟现实技术，能够彻底打破时间的约束，拓展空间；通过互联网及相关设备，学生可以在任意时间进行实验操作。

随着高校的扩大招生，很多学校设立了分校或者远程教育授课点，在这里虚拟现实系统可以大显身手，为各个教学点提供可移动的电子教学场所，借助网络作为虚拟实验室的信息通道，让各个终端同样可以享受到持续开放性的、远距离的教育。虚拟现实新技术应用在教育上，为社会创造更多的经济效益，有良好的社会效益。随着计算机硬件设备价格越来越亲民，虚拟现实技术正在不断发展，技术越来越成熟。虚拟现实技术有着强大的教学优势和发展潜力，在不久的将来将会逐渐受到教育界的重视，会获得众多教育工作者的青睐，将广泛应用于教育培训领域，并发挥着独特而实效的重大作用。

第七章
大学物理教学中对学生创新能力的培养

第一节　创新思维与创新能力

一、创新思维

（一）思维的基本分类：抽象思维和形象思维

思想是在脑子里进行的。人可以透过思维活动来了解客观世界的变化。思考要达到这一作用，就需要有两个条件。

第一，外界的信息一定要在人的大脑呈现。表象是思维的物质，没有了表象，思维活动就无法进行。抽象的思维运用了语言概念和象征概念来进行思维，而具体的思维则利用了形象来进行思维。当我们讲“直角三角形的斜边平方等于两个直角边平方的和”这个命题时，是用直角三角形、斜边、平方、直角边、和等概念来思考的；而当我们说“地球是围绕太阳进行公转”时，在我们的脑海里，我们看到了地球绕着太阳自转的一幕。这两种思考方式，一个是概念，一个是表象。

第二，信息的表象中具有可操作性。头脑中的形象并非固定不动，但可以用多种方法来处理，这种方法通常被称作“思维方式”。分析、综合、抽象、归纳、演绎是抽象思维的根本方法，而具体思考的方法则是分解、组合、类比、概括、联想和想象等。

事物是复杂的，我们要认识它的本质，抓住事物间的联系，往往需要综合运用多种思维方法。以形象思维为例，比如解一道几何题，面对一个复杂的图形，首先要能看出是由哪些基本图形构成（对图形的分解），进而找出这些基本图形的种种联系，如相似、相等、相切等（对图形的类比），把它们在头脑中重新组合（图形的组合），再通过联想、想象找到解题的途径，最后加以证明。可见，在解决问题时，已经将形象思维的分解、组合、类比、联想、想象等多种方法结合起来，而且和抽象思维（逻辑证明）结合起来了。所以，思维的可操作性的含义包含了思维具有一整套科学的思维方法。

外在信息是无比丰富的，它在人的头脑中的表象也应该十分丰富。无疑，人们运用的语言（文字）是非常丰富的，由于语言的可分离性和可组织性，还可以按一定语言规则组成无比丰富的语言单位，形成概念系统，使人们思考时能深入人类认识的各个领域。表象也是这样，凡是有形之物，都能在头脑中产生它的表象，加上对表象的分解、组合和类比，可获得非常丰富的表象系列，人们用表象来思考，可以生动地深入形形色色的大千世界。

由此可见，完全具备上述两种属性的思维，只有两种思维，一种是抽象思维，另外一种是形象思维，都有其根据和价值。但是从思维本质来说，这些分类出来的思维不具备独立的思维的基本属性，它们是由两种基本思维派生出来的。我们弄清思维的源与流的关系，有利于我们对思维做深层次的理解和研究，有利于我们在教育中对学生思维的培养与训练，同时，也有助于我们认识到创新的本质。

创造性是一种综合了各种不同的心理素质和技能的综合。在不同的创新领域中，人才的组成是不同的。在文学作家与工程师的技术革新之间，也就是科学家的理论成果与工程师的技术创造的差异。从创造性（创造性）的角度来看，最主要的心理品质与能力是：一是创造性，是指在创造性活动中具有较高的工作激情与自信，具有独立的思维和探索精神；第二部分是创意，是创意活动中的核心思想；第三，实践和实际操作，都是可以总结的，创意是在实践中形成的。只有通过实际操作，既有稳定的工作，又有很好的技术，才能使创意变为现实。这种卓越的创造力并非凭空产生，而是基于扎实的知识和全面的技能。根据前面一章所述，创造性是指在人类的认知活动中，创造出具有创造性的、有意义的、有价值的结果；这是一种高层次的能力的体现，是创新思维的结果。

（二）创新思维的特征绝定义特点

创新思维是一种新颖的、灵活的、有机的思维过程。

1. 创新思维的特征

创新思维是一项复杂而精细的思维活动，对上述的定义还需做具体的说明。

（1）新颖性。

思维的新奇就是思维的新成果、新产品、新作品、新理论、新方案（管理、实验）、新工艺和新方法。这些研究成果是前所未有的，而且是第一次，无论是在实践上还是在理论上都是如此。新颖可以体现在产品的所有方面，例如形式，结构和功能。现在，新技术的发展速度很快，新的产品也会很快被新的技术所替代。我们所谓的“新鲜感”，就是指学生在回答问题、做实验或者发明科技时，不是按照教师的教诲，也不是从课本里学来的，而是自己想出新的办法。比如，在数学课上寻求新的解决办法，在写作课上写出更好的新的文章，在实验课上尝试新的实验，在课外团体活动中创作新的模型、雕像和其他的作品。

（2）灵活性。

灵活的特征是多角度、多方向的思考，以及思维的变化、发散性、跳跃性等。

① 多角度、多方向。

第一，能够从不同的角度，不同的方向，不同的途径寻找不同的可能；

第二，能够快速地完成思维的转变，由积极的思维转变为反向的思维，从一种心理操作到另一种不同的心理操作；

第三，运用语言，文字，图片等各种形式来表达自己的观点；

第四，设法把无关的事情联系起来。

② 变通性。

第一，突破固有的思维方式；

第二，有能力提出异议或问题的解决方案；

第三，富有曲折变化的思想；

第四，扩展问题的时间和空间要素。

③ 发散性。

第一，有许多选择或可能的导引发散；

第二，提出了很多想法和问题的解决方案；

第三，从不同的角度去寻找事物的意义、作用。

④ 跳跃性。

第一，对问题的不确定的地方有敏锐的洞察力，对问题的后果有直接的预感；

第二，可以在感官和真实之间（时间和空间）之外；

第三，能从一件东西跳到另一件，使同一元素与另一件事有关联。

抽象思维具有广泛的灵活性。人们对抽象思维的规律已有充分的研究，辩证法就是思维灵活性的规律。我们要学习辩证法规律，发展思维的灵活性。抽象思维具有发散性、变通性、跳跃性。

在创新过程中，形象思维最具灵活性。关于这一点，可用直觉、联想、想象来说明。

直觉。逻辑是证明的工具，直觉是发现的工具。大自然的奥秘有的隐蔽很深，事物间的关系有的盘根错节，创造性的突破通常是发现隐蔽关系的结果。这里并不完全是必然的逻辑的路子。直觉有利于揭开创造过程中的隐蔽部分，因为直觉思维没有严格的步骤和规定，可以“跳过”思维的某些阶段。这种直觉来自对这类问题长期的观察、研究的积累。丰富的表象积累，彼此会互相影响，重新组合。每一条记忆轨迹都会被另一条记忆线所干扰。所以，重复给验同一种物理现象，会创造出新的印记，这种印记并不只是重新加强原有的印记，而是不断地修正以后的产物。这种重新组合，许多反应都是自动完成的。在长期思索中，正是这种重新组合，在某些诱发、启示下，令思考者豁然开朗，把问题解决了。

联想。联想一般分为接近联想、类比联想、对比联想、自由联想等，它是创新思维中一个重要的思维方法。世界上各种事物是按网状结构、以多维的（平面的、立体的）方式呈现在人们面前的。这种关系是多方面的，也是非常复杂的。在仅使用逻辑推理的情况下，采用线性法去研究、发现这些联系，那是远远不够的。而联想的方法为我们提供了发现这种多维度的、发散性的事物种种联系的一个十分重要的方法。

想象。想象结合了各种隐喻的思维方式（分解，组合，类比，联想），是通过表象的改造，在已有表象基础上创造新的形象。它是最具创造性的一种思维方法，是科学，文学，艺术，设计，体育和任何有创意的活动。人们的创新活动必须善于不断地把自己的想法、见解或设计用形象化方法（如绘图、动手制作）重新组合成不同的形式，从中产生新颖的组合。

在想象力的重要性方面，想象力要超过知识，因为其是一个有限的概念，其包含了世界的所有事物，其是推动发展的动力，也是知识演化的源头。从理论上讲，想象力是科学研究中的实在因素。

（3）两种思维的有机结合。

两种思维（抽象思维、形象思维）各自都有一整套思维方法。如果每种思维各取一种方法进行结合，则有五六十种结合形式，如果取两种方法再结合起来，则有两千多种结合形式。可见两种思维结合是多种多样、非常灵活的。不过我们认为其中有主要的、基本的组合形式，这就是：一、将观察和分析结合起来；第二，把想象和分析结合起来；第三，直观和辩证的结合；第四，将假定和试验（分析）结合起来；第五，将分散和会聚结合起来；第六，设计与实验分析相结合；第七，设计与制作相结合。

2. 创新思维定义的特点

从基本思维的范畴来考察创新思维，进而了解创新思维，从而获得一个比较全面的、可操作性强的概念。

（1）全面性。

创新思维是将形象思维与抽象思维有机地结合在一起的一种活动。“新颖性”指的是思维的结果和成品，而“灵活性”是指思维活动的特征（多维度、分歧性、适应性和跳跃性）。“两种思维有机结合”是对思维的类型、方法来说的，它包含了各种思维的方法和方式，因此，对思维的界定较为全面。

（2）可操作性。

创新思维的可操作性，可以分两个方面来说。

第一，一种思维层次。思维最根本的特征就是可以运作。所以，创新思维就是要有这样的能力：思维的敏捷（比如直觉）、思维的灵活（比如想象力）、思维的深度（例如概括、分析）、综合等等。

第二，思维活跃度。创意思维训练可以把能力训练和问题解决训练结合起来。能力体现在不同的、发展的和高质量的学习活动中。通过课堂上的学科教学和外部的多种能力的培养，为学生的创新思维提供了广阔的发展空间。教学中的各类问题解答练习（运用问题）是一种培养学生创新思维的方法,即采用问题情境一提出问题一分析问题一解决问题的教学模式，是一种探究式或发现式的教学模式，是可操作性的、深入的，是培养一种很有创意的思维方式。

创新思维的可操作性，可以将其与兴趣生成、能力培养、问题解决等活动有机地结合起来，促进学生的创造力发展。

（三）大学生的思维特点

大学阶段是培养学生创新思维的关键时期。据了解，这个阶段的学生身体和心理发育都比较快，比较成熟，有较强的自主思维和决断能力，具有较强的好奇心和求知欲，具有较强的想象力。但是，在此阶段，学生的思考方式和问题的解决方法尚未形成，因此他们的灵活性很强。

在此阶段，创新思维的发展是不均衡的，因人而异，但是每个学生都具有发展创新思维的潜能。

（四）大学生的思维发展特点

思维是人类大脑对客观世界的普遍和间接的反映，是一系列事物的共性与基本属性，同时也是事物间的内在关系。属于理性认识。

创新思维是基于普通思维的各种思维方式的结合，具有以下特征：创新思维是一种发散式思考与集中式思考相结合的思维方式，经常是直觉思维，经常是创意的想象力，经常有灵感的出现。

在解决问题时，普遍的方法是，先用分散的思想去寻找各种方法，再把注意力放到最好的办法上。在创新思维中，集中思考与扩展思考是非常关键的，而分散思考则更能帮助我们找到更多的、更新的问题的答案。直观思考的产生证明了正面的创造性思考。直觉思维通常包括猜测，跳跃，压缩思维过程，直觉和迅速的领悟。很多的发明都是从直观的思考中产生的。创意思考要求有创意的想象力。富有想象力地思考能把已有的体验整合到更高的水平，从而创造出更好的效果。当新的问题被解决时，会有新的点子和解决办法，从而产生一个清楚的思维——灵感。这是一个思想家在漫长的时间里，不断地积累和思考的成果。

大学阶段的学生不再需要大量的实践来进行理论上的抽象逻辑思考。他们的经验思考能力发展到了一个很高的层次，他们可以很好的辨别出被观察到的东西和现象之间的逻辑联系。正规逻辑思维也在很大程度上发展并支配着人们的思考。他们可以用自己的思想去分析各种需要感知、判断和推理的事物，从而找到矛盾的特点，并作出新的总结。他们可以对事物、现象和相互依赖的性质进行深入思考，并将自己所掌握的资料与新的资料进行对比，以理论为依据进行科学的分析和综合。他们的判断力由绝对性转变为假定，他们会变得积极、有想象力、大胆地去推测、去假定、去思考。他们可以预先制定研究计划、实施计划和研究战略，然后再去解决问题。他们还可以对工作进行反省，并且愿意继续提高。随着年龄的增加，学生的抽象思维能力、概念思维能力逐步趋于成熟，思维各要素趋于稳定，并趋于成年。创新思维的流畅度和适应性没有显著改变，但是，在被视为最具有挑战性的创新能力上，高水平的学生表现出了逐步提高的趋势。大学生的创新思维结构日趋完善，求同与求异相结合。研究显示，在创造性地解决问题时，二者之间的关系始终紧密相连。同时，学生的思维能力也得到了极大的改善。他们可以用不同的方式来处理问题，并且可以进行更多的迁移。在原创性，独立分析，问题解决和独立思考的能力上，都得到了显著的改善。

总之，从大学生思维发展的特征难看，大学生的创新思维具有一定的物质学生具有很强的创造力和对新鲜事物的渴望，他们具有观察，分析和逻辑思维等特定的技能。但是这种能力还不完善，还有待教师的引导与培养，另外，尽管这一阶段的学生自尊心很强，但是他们对挫折的容忍程度还不够高，因此他们要避免接连犯错，而在教学中应注重培养学生创新思维的策略与方式，以保证其始终具有开拓创新的精神，并不断提升其创新思维能力。

二、创新能力构成

（一）全面发展思维

世界上的一切事物都有其发展的过程，人也不例外。不仅人的思想、技能、能力有其发展的过程，人的创造性、情感、意志、人格也是发展的。教育的本质就是促进人的全面发展。下面从创新能力组成的基本因素——思维、知识、能力、意志、个性，研究它的发展与构成。

抽象思维与形象思维是两种基本的思维方式，它们都具有普遍意义。创新思维是创新活动中两种思维灵活的、综合的最佳结合，是创新能力的核心。因此，培养创新能力要全面发展思维，即两种思维都要发展。

1. 学科教学是思维全面发展的沃土

在教学中，不同学科的思维发展各有特点：物理学科，知识来自科学实验和生产实践，理论结合实际。

在实践与观察中，主要用形象思维；而对客观事物的性质、结构、状态的分析与研究，主要用抽象思维。

学科教学中思维的发展是丰富的、全面的，两种思维相结合的形式是多种多样的，如物理的实验观察与分析相结合以及艺术学科的想象与直觉相结合等。学科中这种思维发展的全面性和两种思维相结合的多样性，是发展创新思维的沃土。

2. 全面发展思维，要以发展形象思维为突破口

在创造过程中，人们通过联想、想象，超越感觉的、现实的和时空的局限，探索、寻找未知的事物；人们通过假设、直觉突破思维的障碍，架起经验到理论的桥梁，获取创造的成果；人们通过两种思维灵活的结合，解决了一个又一个单一思维（抽象思维）长期未能解决的重大问题。形象

思维成为创新（创造）过程中最活跃最关键的因素。

在人类思维发展史中，首先发展的是形象思维。史前时代的发明创造都靠形象思维。例如，语言就是形象思维创造的产物。语言的产生要两个条件，一是要有足够的词汇（口头的、文字的），二是要有一种约定俗成的普遍语法。其中每一个词、每一项语法，都是我们的先民创造出来的。从手势、表情到口语，从口语到文字（象形文字），经历了几万年甚至几十万年，这个创造过程是由形象思维完成的。

形象思维这么重要，人们为什么不知道呢？其原因就在于形象思维是非语言的。正因为形象思维的非语言性，人类才创造了语言文字，用语言文字来表达思维。而当人们有了语言文字以后，却只知道语言文字而不知道形象思维了。

人可以用语言（概念）来思维，也可以用非语言的表象来思维，打破了历史的禁锢，开启了思维的发展从单一的、片面的思维（抽象思维）走向思维的全面发展。形象思维是重要的，形象思维长期不被人们所了解，这就是为什么全面发展思维要把发展形象思维作为突破口的原因。

3. 学会独立思考，做自觉思维的人

创新是新颖的、首创的，创造了前所未有的事物，要创新就要想别人没有想过的问题，做别人未曾做过的事，走别人没有走过的路，所以，要学会独立思考。

客观世界的发展和变化是无穷无尽的，一些问题解决了，更多的问题又呈现在人们的眼前，需要我们去研究、探索和解决。这就要有新思维、新思路、新方法，要会独立思考，创造性地解决问题。

人类在漫长的历史进程中，思维随着生产劳动的发展而发展。在这上百万年的历史时间中，人们只知道生产劳动而不知道生产对思维的影响，头脑中的思维活动是不自觉的。这种思维不自觉的现象，至今仍然相当普遍地存在。比如，在学习过程中，同是听讲或阅读，有的理解得深，有的理解得浅，读书不求甚解；同是解题，有的只能套套公式，只有一种解法，有的则有多种解法；同是观察，有的仔细、深入、全面，有的粗枝大叶，熟视无睹。这些学习质量的差别，就是由于有的人思维不自觉、不到位。

由此可见，要会独立思考，就要在学科教学过程中，根据学科思维特点，有目的地进行思维训练，培养学生主动地、自觉地进行思维，促进思维的全面发展。

（二）丰富的知识积累

知识是人类在认识和改造世界的漫长过程中获得的知识和经验的总和。它是人类创造物质文明和精神文明经验的历史积累，也是当代一切发明创造的源泉。知识的积累要处理好以下两个关系。

第一，要处理好博与专的关系。当今世界，科学技术日新月异，新学科不断涌现，知识呈现出两大趋势，一方面学科门类越来越多，越来越细；另一方面学科交叉、文理渗透，自然科学与人文学科相互交融。因此，我们不能只看到知识分工、专门化这一面，更要看到知识的纵横交错、彼此融会、互相联系、互相促进这一面。学习要先有宽厚的基础而后才有专深，把博学与专深正确的结合起来。

第二，要处理好间接经验和直接经验的关系。既要重视历史的经验积累（间接经验），相反，重要的是要强调日常直接经验的积累。预计学生将主要从间接经验中学习，又要重视直接经验，重视实践。

（三）创新精神

人要有点胆量。要进行一项创新的活动，就必须具有创造性。创新意识是指个人在创造过程中所具有的各种相对稳定的心理品质，是创造能力的推动力和精神支柱。这包括了解创新活动、相信创新活动的前景和目的、创造活动的激情、战胜各种困难的坚持不懈、不断地探索与向前。

1. 信心

对创新进程的自信来自个体在创造活动方面的大量知识和经历，以及对科学问题的理性认识。所以，信心是一种实事求是的科学态度。既不是人云亦云，也不是盲目蛮干。自信是革新的前提。没有自信，不自信，又如何能创新？自信并非一朝一夕之功，其需要长期的训练与锻炼。培养学生对学习活动的自信非常重要。在平时的教学活动中，教师要注意学生的表现和进步，要经常鼓励他们，使他们认识到自己的进步和智慧的强大。

他们不得不这么干。

2. 勤奋

富有创造性的人工作起来很有激情，很努力。当提到发明时，很多人都会把注意力集中在发明家身上，认为他们天生就有这种才能。心理学相信，人类的天赋仅仅是身体和解剖的一部分（如大脑的神经系统），而一个人的天资和创造性取决于他/她在某种社会生活状况（例如教育、家庭、社会等）中的主观努力。任何领域的发明和创新，不管是古代的，还是近代的，都是基于长期的乃至一生的努力与研究。没有百分之九十九的努力与累积，是无法产生一心一意的灵感的。灵感来自丰富的积累，灵感是勤奋的回报。

学习是一种艰苦的脑力劳动，要从小培养学生学习的热情，一丝不苟的认真态度和不怕困难、百折不挠的精神。

3. 善问

为了满足人的物质生活和精神生活的需求,人们不断地深入探索自然，产生各种发明创造，推动着生产的发展和社会的进步。这种探索、发明创造是没有止境的。它遵循唯物主义的认识运动：实践—认识—再实践—再认识。这个过程具体说来，就是实践—发现问题—提出问题、假设—探索、实践—结果（结论）—再实践—再发现问题……

很明显，为了发现和创新，首先必须善于发现问题和提出问题。如果不能找到问题，提不出问题，哪有创新可言？事物总是发展变化的，新的事物、新的问题层出不穷，其需要用敏锐的科学眼光去发现它，有合理的怀疑并提出问题。

现在的大学物理教学以讲授为主，让学生回答教师提出的问题，或从教材中提出问题，这对于学生理解知识、巩固知识是必要的。这只是学习认知运动的一个方面，还有另外一个方面，培养学生善于发现问题，提出问题，独立思考，对于培养创新精神来说，是更重要的一个方面。教师应该在课堂上营造一种民主氛围，鼓励学生勇于提出问题，开展不同观点的讨论。教材中的练习体系也应改革，把提出问题、编写问题作为学生应做的练习。

（四）探索

人们探索求知的精神，是科学技术赖以产生、发展的精神力量。日出日落，花开花谢，从基本粒子到宇宙星系，大自然绚丽多彩、千变万化的现象，隐藏着多少奥秘。它激发了人们的好奇心和探索其中奥秘的欲望，吸引着无数科学家、工程技术人员为它献出毕生的精力。一部科技史，是人们探索自然的历史。青年学生要学点科技史，以吸取人类探索自然的精神力量。例如，在19世纪末期，有线电报线路在发达国家得以普及，这使得人们可以不用导线来接收和解读这些信号。这个问题，就算是最顶尖的科学家也不会去想。电报发明者最先设想，能把无线电波从地球的一头传到另一头。他翻阅了所有有关新的电学研究资料，做了大量的电气试验，耐心地观察并记录其结果，如果不成功，他就继续尝试，一次又一次地尝试。他继续增强自己的射击技术，从房顶到楼顶，从房顶到地面，他的哥哥带着接收机，一天比一天更长，从田地到山顶，再到下一座。他在三年的辛勤劳动和痛苦之后，终于获得了成功。

这说明，没有任何现成的解决办法或者答案——去做其他人没有做到的事情，去解决其他人没有解决的问题，而这些问题只有在探索中才能得到。

（五）实践能力与动手能力

1. 实践能力的重要性

在辩证唯物主义认识论的基础上，人类的认知活动首先是由感性向理性的发展。外界的讯息透过感觉传递至心，藉由心，我们认识事物的本质与内部规律，也就是达到理性的认识。但是，如果我们仅仅掌握了理智的知识，那么我们就已经取得了一半的成就。而在马克思主义哲学中，这只是其中的一小部分。马克思哲学认为，认识和理解客观世界的法则并由此加以解释，而在于我们运用这些法则，动态地改变这些法则。所以，由理智认识到实践的第二个认知过程更加重要。学生的学习是一项特别的认知活动，学生通过观察、阅读和听讲，由感觉到理性，认识和把握学习的内容，并通过练习、答疑、实验、制作、调查、研究和各种交际活动，使学生学会各种实际技能，如阅读、写作、计算、操作和对话。知识的基本目标是运用知识，尤其是对知识的创造性运用。其中，知识运用与多种实际操作能力的培养是其中较为关键的一个环节。让我们再次将科技研发与技术创新的过程分解为：基础、应用、发展。从基础研究转向发展研究，是人们认识中的一个重要趋势。基本研究是对客观事物的认识和发现规律，是一种科学的认知过程。应用与发展研究是运用科学的方法来解决问题，对客观的世界进行改造，是一种社会实践。

2. *动手与动脑*

人类的社会实践活动是多种多样的，在现实的社会生活中，社会人与人的关系是密切相关的。生产实践活动、社会政治生活、科学艺术活动，而人的生产活动是最基础的实践活动。所以，在不同的实际操作中，手工操作是一项基本的操作技能。动手能力是一种运用自己的双手和工具，按照特定的目标，对物体的状态、形状、结构、功能进行改造的一种实用的能力。例子包括生产，实验，建筑，雕塑，种植等。

动手和用脑子有啥关系？马克思说："劳动的最后的成果，从劳动的过程之初，就在工人的外表上，也就是思想上的。"人们在用手工作的时候，都会有一个目的，那就是他们要做的事情。这个目标可能来源于一张图纸，一个样本或者一个想象中的东西。这种目标是以一种形式存在于劳动者的脑海中。在每一步中，在劳动者的脑海中建立一幅新的影像，和劳动者的目标进行对比，并提供回馈。接着，在知觉中所起的综合作用的心理特征，不但能够确定目标（不管是静态的或动态的），也能够对事件的结局做出预测。表象的综合类比，是指通过理解事物的性质和性质来认识或预测物体的心理过程，是一种隐喻的思维活动。动手过程中不仅有视觉的刺激，也有触觉、肢体感觉的参与。

用手和用脑子是互相促进的。精细的动作有助于人们对细节的思考，而对于细节的思考则是对手的精炼。因为形象思维是非言语的，所以，在经验的过程中，人们的思想活动可以不自觉地进行。因此，人们容易忽视思维的作用，只注意动手训练，而忽视动脑的训练，不善于把动手训练与思维训练结合起来。那么，动手过程中如何有目的地发展思维呢？

第一，深入细致的观察。人的有目的、有计划深入细致的观察是一种思维活动。从四面八方的角度去捕捉和把握对象的特性，使其达到精细的目的。

第二，把经验类化。人们在种种操作过程中，积累了丰富的经验（表象），要使这些表象不是杂乱无章的堆积，就要运用类比的思维方法。要善于把制作的成果与目标比较，把现在的成果与过去的比较，把自己的与他人的比较，把这一类与另一类相比较，等等。这种类比有无意的、不自觉的，更多的是有目的的、自觉的比较。如有的人自觉地强化记忆，有的人建立分类档案，有的人进行个案研究等。经过类比思维活动，头脑中的表象是分门别类的，形成了类化的经验。这种类化了的经验，如同概括化了的知识一样，能产生迁移。越是基本的类型，越能产生广泛的迁移。这就是通常所说的“触类旁通”、“熟能生巧”。

第三，展开想象，进行创新。有了丰富的类化了的经验，形象思维就会得到发展。这时如能根据需要，开展联想与想象，对已有的经验（表象）进行加工改造，人们就能创新，创造出各种新颖的、有价值的成果（产品）来。

因此，通过观察、类比、想象、创新的思维活动，就能达到“心灵手巧”的境地。

（六）个性发展

1. 个性发展

我们阐述了创新意识、创新思维和实践能力，就创新能力来说，基本问题讲清楚了。但是对学校教育，从培养角度来说，只是讲了问题的一半，要使创新能力的培养落实到每个人，要发展每一个学生的创造潜能，还有一个重要问题，就是个性发展。

心理学通常把个性理解为一个人的整个心理面貌，即具有一定倾向的各种心理特征的总和。每个人都由自己的独特的个性倾向和心理特征所组成，世界上没有两个个性完全相同的人。共同生活的一家人中，即使是双胞胎，每个人的个性也是有差异的，因为个性是在许多因素（社会的、家庭的、学校的以及先天的）影响下发展起来的，这些因素对人的影响是不相同的。那么，是不是只有差异而无相同之处呢？当然不是，个性作为整个心理面貌，既有与别人相同的一面，即共性，又有不同的一面，即差异性。一般与个别是辩证的统一。一般不能脱离个别而存在，个别又总是同一般相联结；一般（共性）是事物中共同的本质的东西，而个别（个性）由于它的差异性、多样性，比共性生动、丰富。青少年在发展过程中，每个人的德、智、体、美都要发展，这是共性，是最本质的东西，但是在发展中又显现差异性和无比的丰富性。以智育来说，有的擅长理科，有的擅长文科，在理科中，有的喜欢数学，有的喜欢物理；以美育来说，有的爱好音乐，有的爱好美术；以体育来说，也有对田径、体操、球类的不同爱好。这就是差异性。所以个性是共性和差异性的统一。

既然个性是共性和差异性的辩证统一，教育的任务，就是既要发展共性的东西，又要在全面发展基础上发展每个学生的爱好、特长。全面发展与发展个性特长，二者是不矛盾的，而是相辅相成、互相促进的。这就是全面发展与因材施教的原则，有的学校提出“全面发展，学有特色”的教育目标就是这个意思。

2. 兴趣、特长与创新能力培养

兴趣、特长（特殊能力）、创造力是个性的重要特征。兴趣是认识需要的情绪表现。中小学生处在生理和心理发展时期，他们在课内、课外表现了广泛的丰富多样的兴趣。广泛而多样的兴趣是个性全面发展的前提。多才多艺的人，兴趣广泛而多样，他们精力充沛，生活丰富，注意力集中，不断吸取各种知识。古今中外，有不少对人类有重大贡献的杰出人才都有广泛而多样的兴趣。例如，郭沫若既是科学家又是诗人、历史学家、戏剧作家、考古学家、书法家。因此，兴趣作为非智力因素，在促进学生个性的全面发展中起着十分重要的作用。

青少年的长处和天资通常是从兴趣开始，然后由固定的爱好发展成能力。兴趣的稳定是一种持久的、较强的兴趣，这是个性发展的一个主要特点。在心理学上，对事物的稳定感是一种证明，其可以证明一个人的能力。

要想提升全民族的创造力，就必须要增强国民的创造力。我们不能让每一个人都有创意，但是没有人没有能力去做，每个人都有最好的适应特定的工作。所以，我们认为，通过教育，可以发展个人的优势，并让其创造力得以充分发挥。学校教育要从课堂和课外活动中发掘和发展学生的兴趣爱好和个人专长，并运用研究、探索、实践等多种方式，使学生的专业能力和创造力得到进一步的发展。这表明，兴趣爱好、个人专长和创造力是学校在全面发展教育的基础上发展创新能力的重要途径。

第二节　大学物理教学培养学生创新能力的必要性

一、物理学在培养学生创新能力方面的独特作用

（一）物理学的发展史对培养学生创新能力的作用

物理学的整体发展史是一个不断革新的过程。从亚里士多德时期开始，到牛顿时期的经典力学，到现在的相对论、量子力学，无不彰显着物理学家的创造力和创新精神。大学物理教学不仅要教授物理知识，还要培养物理工作者的创新意识和创造力，以激发他们的创造力。物理学中很多重大的规律的发现来自几代物理学家的卓越的创造力。比如，当讨论到牛顿第一定律、欧姆定律、焦耳定律等科学上的重要结论时，就会着重指出物理学家是怎样找到定律，并向人们展示他们的发明过程，从而激发了学生们的创造力。

（二）物理学本身的特点

1. 物理学是一门观察、实验和物理思维相结合的科学

观察是研究自然现象的最好方法，因为这些现象是自然产生的。观察能引起物理思考的现象叫作物理观察。在我们的日常生活中，我们经常会碰到许多的物理现象，比如，车子突然停下来，一个人被甩到了车的旁边，或是雨后的天空中出现了一道漂亮的彩虹。如果观察者看到这种情况，马上就会产生这样的想法:“为什么当汽车停下时,人们的身体会向前倾斜？”为什么在下雨之后会有一道彩虹在天上？这个观测是一种物理观察。物理实验是一种对环境的可操作性的认知行为，其强调了对物理现象的发生、发展和变化的控制，使人们能够更好地进行观测和获得数据。在物理教学中，学生通过观察和试验来了解物理。在学生的基础知识积累、初步观察、

分析、归纳的基础上，必然要解决物理现象的解释、物理过程的分析、习题的解答、仪器的运用。所以，有些创新能力会在问题的解决中得以发展。

2. 物理学是一门基础学科

物理学是研究关于物质运动、物质基础和物质相互作用的最普遍的法则。其不但为其他学科奠定了坚实的基础，更重要的是，物理学所揭示的时空与物质的关系，以及它们之间的相互关系，以及它的对应关系，对人类的哲学思想产生了深远的影响。而物理学又是一个应用学科的基石。比如，电气工程，无线电波，微波，都是建立在电磁场的基础上的，而建筑学的原理，如机械、声学等。没有对最根本、最普遍的物质运动的法则进行研究，是不可能进行高等形式的运动的。物质的生命活动总是建立在机械、热、电磁等方面。没有机械，热，电磁等的运动，是无法揭开生命运动之谜的。因此，物理学应该是一个有着广阔的技术应用前景和创新性的科学。物理教学中所蕴含的创造性教学内容十分丰富，是一种很好的培养学生创新思维的方法。

二、大学物理教学中培养学生创新能力的优势

（一）物理是一门起始学科

物理学作为大学的起始学科，在大学里，很多物理现象都会引起大学生的兴趣。兴趣是一种对某一事物的认识与探究的心理趋势，其是一种非智力的学习要素，但其又是一种内在的驱动力，促使人们不断地追求知识。在教育心理学中，动机是最重要的，而对学习的兴趣则是最重要的动力。所以，在大学物理教育中，我们必须从学生的兴趣入手，不断地激发他们的兴趣，并将不同的教学方法有机地结合在一起，最终才能使他们的创造力得到发展。大学物理教科书的目的就是要让学生了解一些简单的物理现象，了解一些基本的物理，然后让他们去学更抽象的力学和电学。

（二）物理学在教学中处于基础而重要的地位

随着科技的发展，学科的不断发展，物理在工业、农业生产中的地位日益重要，物理知识以其旺盛的生命力渗入到生产的每一个方面，技术的

进步使它的渗入更深。所以，要在今后的工作中找到一些有用的东西，解决一些物理问题，并在工作中获得成功，都离不开对物理学的了解。物理学是生物、化学等学科的基础课，学生若没有一定的物理知识和一定的创新意识，很难在高等学科领域获得成功。学生必须掌握一定的物理基础知识，并具有相应的创新能力，才能顺利地进行一些学科的深入研究。

三、大学物理教学中培养学生创新能力的制约因素

（一）学校因素

作为学生的直接教育场所，学校必须营造一个有利于创新的环境与氛围。在培养大学生创新思维和创新能力的过程中，学校的教育目标、教学方法、教学氛围、教学管理体系等方面发挥着重要的作用。在传统的学校教育中，学生学习的目标是传授知识，而在这种以测试为主导的价值观下，教师难以培养学生的创造性。孔子在中国历史上提出了“仁者为师”，但真正规范学校师生关系的理念却是“师道尊严”，即在教育、教学中对教师权威的任意服从，强调教师在教学中的作用和过程，而忽略了学生的过程和角色，教师们对学生的质疑多于对学生的提问。教师们也更习惯让学生提出问题，而非学生提出问题，他们往往采用预设的方法，并不会因应学生的实际状况而进行灵活的安排。在班级管理中，教师习惯于命令、监督、惩罚，但缺乏对学生的主动参与和自我管理的习惯。因为长时间的消极，很多学生的自信心不足，在很长一段时间内都会影响到他们的创新能力。

（二）社会因素

社会是影响大学生创新能力发展的宏观环境，全社会都要营造一种与时代特点相适应的人才培养环境与支撑机制，推动创新与舆论引导。首先，要正确处理好教育行政与学校的关系。目前，我国现行的教育管理制度存在着粗放僵化、管理僵化、学校缺乏自主办学、办学模式单一、办学特色不能适应高校办学特色的创新发展。第二，要加强人才的创造性发展，必须在教育领域加大资金投入。只有智慧还不够；还必须有一定的资金，良好的工作条件，以及创造一个创造的环境。第三，要充分发挥公众舆论的

作用，引导全社会正确认识人才，在知识创新、科技创新、创新等方面营造良好的社会环境。只有这种有利于创新的社会环境，才能激发学生对知识的渴望、对创新的兴趣，以及促进新思想的形成。与此同时，我们还必须通过政策和法律来鼓励人们对创新的热情，并保护他们的创造性。在人才问题上，要鼓励、扶持有才能的人出现，并不是要强调个人的卓越，要有个人的英雄气概，这是顺应了人才成长的规律。

（三）家庭因素

家庭是一个不能逃避和选择的场所，其对学生的创造性发展具有深远而广泛的影响。良好的家庭环境对学生的创造性发展起着至关重要的作用。促进创新的家庭环境，其特征是其教育目的与家庭成员之间的关系。和家长的关系很好，可以激发他们的新点子，让他们的行动变得与众不同。尤其是，学生充满了好奇心，很适合进行创造性活动。但是，中国家庭的“忠孝”观念却对学生的观念产生了一定的影响。认为顺从、老实是一个好学生的一个重要特征。一个有自己独到的观点和勇气的学生常常被认为是表现不好。

四、大学物理教学中培养学生创新能力的紧迫性

近几年来，教育的改革取得了长足的进步，但是，在学校教育中，尤其是在教室里，强调的是书面知识，而忽视了实际操作；重视学习成果而忽视学习过程；强调间接的知识而忽视了直接的体验；偏重师资培养、轻学生探究等长期以来的问题依然未得到有效解决，主要是因为传统的教育理念的影响，比如注重成绩而忽视了学习过程。在教育方面，讲授书本知识，忽视实际操作；重视学习成果而忽视学习过程；强调间接知识而忽视直接体验；教学中注重教师的引导，而忽视了学生的探索；偏重考试分数，忽视综合素质的培养等问题仍然存在。这不但使学生的学习积极性降低、学习负担加重、探究精神萎缩，还会对提高学生素质、全面贯彻教育政策、培养创新型人才等产生重要的影响。传统的教育观念、教育模式、教育引导系统无法有效地促进学生的创造性和创造性的发展。在新世纪，我们迎来了一个知识经济时代。知识经济是以知识和信息为基础，进行生产、传

播和利用的一种经济形式。知识经济的出现，标志着人类社会的大规模工业化时代已经走到了尽头，我们将步入以知识、资讯为主的知识经济时代，而以创新为核心的新经济模式，必将对传统的教育理念产生巨大的变革。

五、创新能力的培养要点

（一）对思维进行创造性培养

要培养学生的创新思维，就必须在教材上进行改革，与时俱进。在物理教学中，物理教学依然是学生获得物理知识的重要途径，因此，在教学中，教师可以充分发挥课堂教学的作用，并定期开展物理教学活动。透过丰富有趣的物理实验，提升学生的经验与思考能力，进而促进学生的创新思维。

（二）有关创新能力的培养

大学物理教师的创新思维能力的培养离不开教师的教学方式。在当今科技日新月异的社会，教师应适时地引入新的教学仪器，不断地改进和改进实验环境，不断丰富和充实物理实验的内容，使课堂上的教学与体验变得更有效率、更有意义。创造性的教学方法能够使学生从长期来看，创造性地思考，从而使他们的学习动力得到增强。

第三节 大学物理教学中培养学生创新能力的途径

一、营造和谐的教学氛围是培养学生创新能力的首要途径

（一）用全新的教育观念指导教学

作为创造性教育的组织者、领导者和实践者，教师应正确地理解和抛弃陈旧的教育观念，树立正确的教学理念。在知识经济与社会发展的要求下，创新教育对培养创新型人才具有重要意义。当前的当务之急是抛弃传统的应试教育，全面推行素质教育，培养创新型人才。因此，要转变以传

授知识为目的的教学观念，确立现代教学观念，培养学生的创新思维是教学的根本目的。要根据学生的身心发展规律，切实尊重学生的主体性，精心设计、创造和谐的创造环境，让学生在创造过程中发挥出最大的创造力。

（二）建立和谐的师生关系、激励学生积极参与

教师容易教，学生快乐学，是教师和学生的共同愿望和理想。但是，很多教师都相信，教师的权威是不可撼动的，这一方面是因为传统的教学观念对教师的教学理念造成了影响，认为对教师只能尊敬。就算他们做得不对，也不能公然向他们提出质疑。教师道德观的偏差，教师与学生之间的不平等，造成了课堂氛围的僵化和凝重。这种压力不但会使教师的教学质量下降，还会使他们的学习动机减弱，从而影响到他们的创造力。因此，教师应抛弃权威观念，与学生建立良好的师生关系，创造一种轻松、愉悦的课堂气氛，鼓励学生积极主动、勇于创新，充分发挥学生的积极性和创造性。

只有学生们有了疑惑，他们才会加入进来，去思考，去探究，去发现，去创造。在课堂上，就算学生的问题很幼稚，很荒谬，甚至错误，教师也不能随便用“不对”，“你错了”，“没有道理”之类的话来评价，更不要说训斥和嘲讽了。同时，要积极地进行激励与指导，要对学生给予充分的信任与尊敬，才能使他们有好奇心、有创造力的精神。任何时候，教师都应该尽力去赞扬、肯定、赞扬、欣赏学生，即使是一点点的改进和革新。课堂教学中运用此教学法，有利于激发学生的学习积极性、主动性，培养学生的创造性。

也就是说，要构建一个和谐的师生关系，教师首先要认识到自己在课堂教学中所扮演的角色的改变。从简单的知识到教授学生如何获得知识；从解释到启发；从“教师权威”到“师生民主”；从尊重学生的个性，平等对待每一个学生，营造积极民主和谐的课堂气氛，使他们成为一个学习的目标。必须对学生的角色给予充分的肯定。教师要通过自身的创新意识、创新思维来影响和培养学生的创新意识和创新能力，形成一种良好的创新环境，促进学生创新思维的形成。

二、抓住课堂主渠道是培养学生创新能力的有效途径

（一）创设情境，激发兴趣，培养学生的创新意识

兴趣是一种非智力的心理因素，其对人的智力和其它的实践活动都有正面的影响。兴趣是激发学生思考能力和积极学习的重要因素，是激发学生的积极性、自觉性和创造性的内在驱动力。可见，兴趣是创新思维活动的先驱。任何一个人的创新思维活动的结果，都是在对所研究问题有强烈的兴趣时才能获得的。

一个学生想要在学习上有所进步和创新，首先要对学习感兴趣，并愿意把所有的精力都投入到学习中。生物学家达尔文、华罗庚、阿波莱顿的电离层都是如此，甚至比尔·盖茨的成功之路，也是因为他对计算机网络的执着。

物理学的世界是个谜，物理试验中有许多稀奇古怪的物理概念，物理学的发展史上有许多事实，说明人们对科学的无限好奇心和激情都能激发出强大的创造力。因此，在大学物理课上，应充分运用实验与电化教学相结合的教学手段，运用形象、生动、情景等手段，并通过不断地创造问题的情境，激发学生对所学知识的浓厚兴趣。

在初学物理的时候，教师要让学生进行一些让学生觉得新奇、有趣的实验，使他们能够更好地了解所学的物理课程。教师们可以自行设计实验，也可以根据课本上的教学内容对学生进行实验。教师准备两根直径各不相同的管子，将一根较大的管子灌满，再将一根较小的管子插进较大的管子，底部向下，将其倒置，再将插在管子上的那只手移开。学生们对此充满了好奇心，因此他们对物理学充满了兴趣，并且积极地研究和探究。

在新课的引入中，教师可以提出一些问题，这些问题是学生们所不能回答的，也是他们急需回答的。比如，他们用手捂着耳朵，把音叉放在前额，然后用手敲了敲，然后问道："你是怎么听见的？"另外一个例子就是把一根筷子放进水里，然后问："为什么用一个角度把筷子插进水里，从上往下看，会有弯曲的感觉？"让学生在聆听时提问，能使他们产生强烈的学习动力。在新课程的讲授中，比如白光的色散，讲到牛顿怎样打磨他做的棱镜，把白色光线分为七种，终结了过去人们以为白光是单一的；在谈

论原子核的构成时，讲述了约里奥与居里在发现中子时失败的故事。可以在其中加入一些有趣的物理历史。在面对创新的时候，教师也要让学生明白，偶然的小发现能带来伟大的发明。要培养学生善于发现线索、全力追寻线索、发掘线索、从多个视角去观察、去调查，寻找新的思路、方法。

（二）善于提问，巧妙设疑，培养学生的创新能力

教育教学实践告诉我们，一切创新都源自问题，让学生在问题中学习，在每件事情上多问几个问题，在思维上要善于思考，要勇于探索，要把问题引入课堂，增强问题意识，这是培养学生创造力的重要有效方法。

1. 鼓励提问，培养学生的创新意识

教师在课堂上提问时，他们常常什么都不问。这说明了学生在学习过程中依然是消极的、被动的。学生之所以不能提出高品质的问题，一个很重要的原因就是他们不能积极地思考，就像孔子说的：“学而不思，思而不学”，也就是说，自古以来，就不乏敢于发问、善于提问的人。只有勇于提问，才能不断地提高自己的学习能力，不断地充实自己的知识，为人类的发展作出杰出的贡献。但是，在实际操作中，其更多地是以教师的提问和学生的答案为主。教师们不懂得怎样熟练地提问，但他们懂得怎样使他们有勇气提问和善问。他们应当明白提出问题的必要性和重要性。

教师们在面对学生的问题时，常常会有“两种担心”：一是担心自己的教学策略会被打乱；二是怕自己不能回答问题而影响自己的形象和名誉。这样，教师就不能激发学生的好奇心，也不能对他们进行打压。因此，必须摒弃传统的“一言堂”教育思想与方法，更新教育观念，构建和谐的师生关系。要营造一个民主、平等、和谐的学习氛围，培养学生的思考能力、提出问题的能力。

在实际操作中，要尊重学生的学习热情，以平等的态度与他们进行沟通，并对他们提出的问题进行认真的解答。当学生提出一些不合理的问题时，首先要确认他们的积极性，并协助他们分析不合理的理由。这样，问题就会被自觉地记在每一个学生的脑子里。此外，让同学们在提问的量和质上进行较量，不但能激发他们的好奇心，而且能激发他们的自信心，使

他们从“想学”变成“要学”。

2. 引导提问，培养学生的质疑能力

明代学者陈先昌曾说过：“小疑则小进，大疑则大进，疑者觉悟之机，一番觉悟一番长进。”但是，要想发问却不是一件简单的事情。尤其是关于创新的问题。这是因为，问题的威力和问题的新奇和创造性，能反映出一个学生的思维深度和知识层次。所以，在指导学生学习问题时，要特别重视培养学生的基本问题。关于这一点，我们将对下列问题进行讨论：

（1）因果法。

当我们学习物理学时，我们常常会问，我们所见到的一切物理现象是如何产生的。举个例子：在我们坐火车的时候，我们从窗口看到了远景和近景，看到了前面的树木，看到了后面的树木。有风的时候，为什么湿的衣服会比没有风的时候更容易干燥？凸透镜为何能聚集太阳光线？为什么磁石会吸引铁？

（2）对比法。

将同一对象的不同部位或对象的各种现象进行对比，或者将矛盾的解释、陈述或理论进行对比，可以发现与科技革新相关的问题。比如，在光学史上，光用几何光学的现象域就能很好地解释波和粒子论。而在这个范畴之内的现象，则证明了两个相对假设的预言。哪个假设是对的？这就产生了一个有待深入研究的问题。

（3）联系法。

分析物理物体的关系，是一种解决物理问题的方法。比如，在法拉第的理论中，他从电与磁之间的对称性入手，提出了这样一个问题：“既然电流可以制造出电，那就一定可以产生电流吗？在工作了十年之后，他最终发现了法拉第关于电磁感应的理论。

（4）矛盾法。

物理和理论的冲突是用来解决问题的。比如，按照亚里士多德的运动原理，一个物体在重力作用下坠落的速度是成比例的。事实上，在同一时间同一高度，两个不同质量的物体自由坠落，并以同样的速度坠落，这就产生了这样一个问题：是哪些因素影响了物体坠落的速度？

（5）变化法。

如果一个物理过程的起因改变了,会怎样呢？从一次状态到二次状态，这是怎样改变的？在做练习的时候，可以用已知的和不知道的交换来解决问题吗？提出这些问题就是改变现状的途径。如此发问，即是变化法。

（6）反问法。

如果反其道而行之，问对了又会怎样？比如，在没有任何外力的情况下，所有的物体都会保持不动或直线运动。反之，一个物体在静止或在一条直线上移动时，会不会受到外力的影响？

在教室里，教师能给学生提供提问的机会。

他们可以在课前五分钟进行个人口头提问，课前个人笔头提问，课堂上小组讨论笔头提问，同桌提问，班级举荐提问。问题愈困难，愈能让学生参与。如果你能将学生们的问题当作自己的教育之源，那么，问题就会非常吸引人，而且是必不可少的。科学地将问题归类，反思问题的价值，在课堂上引述课堂上所谈到的问题，对于突如其来的、突如其来的问题，加以借鉴或冷落，并对所提问题进行归纳、及时表扬，能激发学生的学习兴趣和热情。是的，他们想得更深，想得更多，因为他们的思想发展得更深。

鼓励和引导学生发问，使他们勇于发问，善于发问，形成良好的问题习惯，从而使他们能够独立思考、发现问题、解决问题。这样，学生才能真正地参与到教学中去，在探究问题的同时，培养自己的创造力。

（三）深挖教材，改进教法，培养学生的创新能力

创造性能力是创新思维的重要组成部分，因此，要培养创新思维，必须运用创新思维的训练方法。

1. 把教材的知识结构与学生的学习结构有机结合起来

把知识传递与思想培训相结合。在备课过程中，教师要从知识传递和技能训练两个层面进行知识结构的分析，明确教材的主体、关键点、知识点、知识网等。同时，要把握好学生的学习节奏，了解学习的基础、认知能力、思维能力和心理特点，使学习结构和课本的知识结构相统一。

在教学的过程中，教师并没有把学生带入到知识的世界，而是把他们

从知识的世界中带出来。因此，在教学过程中，教师必须寻找一种能激发学生积极思维的途径。常用的方式有：

（1）探究法。

把课本上那些杂乱无章的概念变成问题，让同学们用科学的思维方式来检验。举例来说，两个很容易被混淆的概念，即：力的大小，方向，作用点，以及作用力的物体。

（2）自学法。

根据学生的学习结构特征，将简明的教学内容留给学生自己去探索，使他们能够自主地获得知识。

（3）发现法。

运用启发性的问题和试验来制造悬念，鼓励学生扩展发散式思维，归纳总结，从而产生创造性的学习。

（4）精讲法。

课本中学生的发问难题，教师运用通俗易懂、明晰、合理化的方法，使学生获得知识的思路变得通畅。

（5）实践法。

为同学们设计附加的课堂实验，让他们自己动手，动脑子，观察，思考，找到规则，得出结论。

2. 运用物理学史资料，让学生体验和学习科学思维方法

大学物理的特色在于，很多科学家都是历史上的一分子，他们的探索精神、奉献精神、坚忍不拔的精神，给了他们极大的启迪，同时也反映出了科学的认识论和方法论。

在大学物理学中，有很多例子，比如法拉第的电磁感应，汤姆森的电子发现，阿基米德的漂浮。在物理教学中，教师要善于揭示物理工作者的思想历程，即重现知识的生成与发展，并引导他们循着以往的思维轨迹，让他们能够充分地感受到科学家的聪明才智和创造性的成功之道。其能很好地促进学生的创造性。

3. 打破思维定势，培养发散思维

发散思维是一种高度灵活的思维模式，其以已有的知识、经验为基础，

从不同的层面、不同的视角、不同的层面去探索、探索新的、多样的方法与结论。因此，在大学物理教学中，要做到循序渐进地培养学生的思维、思维方式和习惯，必须做到以下几点：

（1）消除思维定势的消极作用。

在回答物理问题时，大学生的思维方式常常是“死公式”，思想不够开阔，难以“标准化”课本上的问题。所以，不但要说明“正式”的问题解答，还要培养他们从多个方面来考虑问题。不然，僵化的思考不但令人厌烦，而且有时还会使人产生错误的结论。

（2）通过一题多解，培养发散思维的能力。

通过多次问题的求解，可以使学生从多个方面进行分析与解决，并促进创意思考的发展。这是一种很普通的方法来训练学生的发散性思考，其不但可以使他们的知识得到更大的运用，而且可以满足他们的好奇心，激发他们的兴趣。

（3）通过一题多变，变单向思维为多向思维。

在复习课和习题课中，适当地使用多元的分析方法进行问题的处理，能开阔学生的思维，让学生的知识结构实现网络化，让学生思维更加的灵活，更加可以变通，更加具有创造性，从而得以全面发展。

4. 正确处理好发散思维与收敛思维的关系

创新思维并非一种思维方式，而是一种新颖、灵活、有机地结合的发散思维与收敛思维。发散式思考与收敛式思考是对立和统一的，它提供各种假设、猜想和解法，而收敛式思考提供了解题思路。比如，设计一套测试空气中声音传播速度的程序，引导学生运用已学到的知识，进行分散思考，设计出不同的方案，再进行收敛式思考，即指导学生对不同的方案进行对比、筛选，最终决定出最优的方案，让学生可以使用。

三、扎实开展课题探究是培养创新能力的重要途径

（一）注重课题探究，培养创新能力

探索性与接受性是两个基本的知识获取途径。当前大学物理教学中存在着太多的“接受式”，学生的亲身体验和体验太少，这不仅影响了学生对

知识的理解和掌握，还影响了学生的创造力。心理学的研究表明，能力是由活动产生的，而各种能力只有在相应的活动中才能得到发展。培养学生的创造性，需要对某些问题进行研究。在这种情况下，学生在探究活动中要经历探究活动、享受科学的快乐、探索科学探索、体验科学探索、接受科学价值观教育等方面的教育。在教师所创造的现实环境中，学生们会发现并提出问题，并作出合理的猜测和假定，再由他们自己设计研究计划，用自己的大脑去思考，去证明自己的猜测，最终找到了一些物理现象和定律。研究的基本过程本质上就是一种科学的思考过程，在各个阶段都渗透着思维与想象的有机结合，体现了科学方法的运用。在物理教学中，如果让学生根据这个过程进行探究，充分调动学生的学习兴趣，既可以提高他们的创新意识，又可以提高他们的创造力，让他们掌握科学的知识，让他们学会科学的方法，并让他们亲身经历科学的研究与解决问题的过程，从而形成一种实事求是的科学态度和勇于创新的科学精神。

（二）从实际出发，选取切实可行的探究课题

探究课的选择对学生创新能力的培养起着决定性的作用。所选取的题目并非来自于根之水，而是在物理课程中有其根源，并在其基础上加以发展。比如，教授噪音的危险与控制，再到本地菜市场附近的住宅区进行噪音检测，这些都源于教室的教学。选择题目要综合考虑到学生的知识、能力、调查时间、材料等因素，不能脱离学生的实际状况，也不能脱离本地学校的特征。

第四节　大学物理教学中学生创新能力培养的策略

一、进行有效的大学物理教学模式创新

要使学生的创新思维得到有效的发展，必须抛弃传统的物理教学方式，对物理教学模式进行真正的改革与创新。在充分结合实验和创造性的基础上，对物理教学进行了优化，把学生的认识特征和物理规律结合起来，在

尊重学生的主体地位的情况下，让他们有机会展现自己，通过不断的讨论和交流，逐渐发展出他们的创造力和创造力。在教学中，教师会主动地引导学生表达他们的想法和想法，并以对物理的依赖为基础，逐渐培养他们的创造性。

（一）重视实验教育，完善教学设备设施

实验是物理和实践的前提。通过物理实验，使学生能够更好地了解物理现象，激发他们的学习兴趣和积极性，从而提高他们的科学素养，激发他们的探索精神和好奇心，从而促进他们在物理教学中的创造力。高校要实施新课程改革，加强物理教学设施的投入，加强硬件设施的建设，加强对学生的全面素质和创造力的培养。在此阶段，教师要把原来的物理演示实验转变为动手做实验，教会学生动手动脑，增强学生的感性意识，培养学生的观察与动手能力，让学生从被动学习变为积极探索，从而提高学生的创造性和思考能力。

（二）借助多媒体技术，更新教育模式

随着现代教育技术越来越多地被应用到教学中，多媒体课件在教学中的作用也日益明显。应用多媒体信息技术辅助教学，能有效地激发学生的学习兴趣，使学生产生强烈的学习欲望，从而形成学习动机，主动参与教学过程；使课堂信息量加大，这样的教学方法是非常有效的，学生可以轻松地理解课堂的重点和难点，并且可以进行互动的讨论。将多媒体技术应用于高中物理教学，能够很好地促进学生的创新思维。物理教师要充分利用多媒体技术，使学生对物理实验、物理现象、物理知识有更直观的认识。新的物理实验教学方式，既拓宽了学生的视野，加深了他们对物理的理论知识和实际操作的认识，也有利于培养学生的创新思维，有利于学生的全面发展。

（三）设计教育情境，培养创新能力

在新课程改革视野下，情景教学是一种独特的教育方式，通过教学情景的设计，可以让学生对物理知识有更多的了解，同时也可以培养他们的创造力。在有关自由下落的知识传授中，教师可以运用伽利略的自由下落

法进行情景式教学，培养学生的创造性。在物理实验初期，教师可以引导学生思考，例如：什么是影响物体的实际下降速度的因素？此时，同学们说的是物体的真实重量，物体的重量越大，它的下降速度也就越快。在完成思考后，教师可以根据这些结果，对自己的结论进行讨论，以验证自己的观点。然后，教师可以将足球和篮球结合起来，进行具体的试验，让篮球和足球在同一高度上自由落体。而篮球的质量比足球要大，通过这个试验可以证明，物体的实际下落速度与质量没有关系。为了保证实验的科学性，教师们可以在不同的高度放置同样质量的篮球，得出的结论是，高度较低的球会率先着地，而自由落体则会随着时间的推移而发生变化。通过情景教学，可以使学生在知识的获取中充分利用自己的创造力。

（四）构建智慧课堂，减负增效

大学物理教育要考虑“减负”、“增效”，确保高校的教学质量和进度。只有在更加科学、合理的选择上，才能实现“减负”和“效率”的统一。在备课期间，教师要结合教学大纲和学生特点，制定教学计划，做到针对性强。在课堂教学中，要根据学生的弱点和容易出错的特点，进行有针对性的讲解，真正做到解惑。在教学中要促进师生间的互动讨论，把原来的知识灌输转换为交流式的研究，从而培养学生的创造性。而在课后作业的设置上，教师要真正地尊重学生的不同，在保证学生的物理学习质量的同时，也要避免无谓的努力。如：物理教师可以根据不同的学生的专业能力，将他们分为不同的小组，根据不同的学习需要进行不同的作业，从而促进每个人的成绩和能力的提高。

二、提高物理教师的综合素养

作为一名教师，在课堂上要充分发挥教师的作用，才能培养学生的创新思维。教师不仅要有较强的物理综合素质，而且要不断地提高自己的综合素质，要不断地学习先进的物理知识，提高自己的专业技术，不断地更新自己的教学方式和方法，使学生充分认识到创造的积极作用，从而增强他们的学习积极性。

（一）提升教师对教育理论的认识，树立正确的学生观

教育理论是一套教育观念、教育判断或命题，通过一定的推理方式，对教育问题进行系统化的表述。三大基本特征是教育理论。首先，教育概念包括教育概念、教育命题、推理等。如果没有关于教育的观念和要求，仅仅是对教育现象的一个系统的描述，那么，即便是系统的，也仅仅是一个关于教育现象的说明。第二个方面，教育理论是对教育现象和现实的一种抽象的总结。从本质上讲，理论要比实际的事实和体验更为重要，因为它们是一种形式的描述体系,但是其内容却是对教育的现实与体验的浓缩，并非直接地反映了教育的现实与现象，而是间接、抽象地反映了这些。第三，教育思想具有系统性；如果没有某种逻辑上的辅助，一个单一的教育观念或教育主张，就不会形成某种体系，它只能是一种零星的教育观念或教育观念，甚至是对事物、事物的普遍反映，都不能成为一种教育理论。

科学的教育理论对教育的决策起到了引导作用，对教育实践起到了一定的规范作用。具体而言，人的行为是由思想决定的，而教师的教学行为又是由思想决定的。教育思想的确立是以教育理论为基础和先决条件的。在教育实践中，要合理地选择教育模式、策略和方法，必须从教育实践的角度出发，从教育的角度出发，合理地进行教育改革。任何与教育规律背道而驰的教育活动，都会在实践中遭遇种种问题，使其不能达到其终极目的。同时，在教育实践中，教育行为的有效性与正向，还需要教育工作者对教育行为进行反思，并在教育理论的引导下，从理论上加以剖析，寻找其根源，从而提升和拓展教育主体的理性。

因此，教师在教学中既要注重积累教育经验，又要注重教学理论的研究。只有以理论为指导，把实践提升到理论水平，我们才能不断改进自己的教学行为，并为广大教育工作者提供可资借鉴的宝贵经验。

学生的主体性是大多数教师都认可的，但是要使学生的主体性在课堂教学中得以体现，还必须对学生的正确认识。学生是主动的，是学习的主宰，不是装知识的容器。教育的目标是培养人才，而不仅仅是为了上大学或者获得学历，也不是只为少数人提供精英教育。要相信每个学生都有自己的探索和收获的能力。要把重点放在每一个学生的能力提升上。要相信每一个人都有潜能，而创新思考的培养并非只是少数精英学生的专利。在

课堂教学当中，培养学生的创新思维能力并不只是一小部分。在教学过程中，教师要注重对学生的能力的培养。另外，教师是主导，应该对学生放手，但是不能让他们自由，不能指导，就会失去教师的领导地位。

（二）加深教师对物理教学的理解

大学物理教学既要教基础知识，又要注重学生的兴趣，使其主动投入到教学中去，从而提高其创新意识，从而提高其基础知识和技巧。新课程标准把物理教学的目标划分为三部分：知识与技能、过程与方法、情感态度与价值观。这就更加明确了，教育是以促进学生全面发展为目标的。要达到这个目的，就必须进一步认识大学物理教学。

第一，除了与考试大纲有关的课本内容外，还应注意物理学历史、物理学规律的阐明过程、物理学研究的主要方法、解决问题的方法、解决问题的思路、我们周围的物理现象和热点问题。

第二，让学生有充分的时间和空间去经历科学探索，运用物理学的基本理论和方法去解决某些实际问题。鼓励同学们进行协作，并鼓励他们敢于表达自己的观点。鼓励学生从理论上分析自己的观点是否正确，不要盲目地否定教材中的观点，而是要培养他们的思考方式和思考的态度，而不要盲目地相信权威。

三、有利于培养学生创新思维的教学设计方法

（一）灵活运用理论知识，在教学设计有意识地培养学生的创新思维

在进行教学设计时，要明确学生的创新思维目标，并在教学中采用合适的教学手段，自觉地培养学生的创新思维。

1. 拆分法

换句话说，通过将复杂问题分解为简单问题来研究。

大学物理是一门很难的科目，学生在遇到复杂的物理情境时，常常会产生畏惧心理，对所学问题知之甚少。教师可以把一个复杂的情景分成几个小的，然后指导学生去学。这样，很多同学就会觉得自己有了一个开始，

也有了一个思路。简单的场景还能让学生更好地把自己的知识构成成分联系起来，从而进一步发展自己的观点。例如，回旋加速器可以分成电场加速段和磁场旋转段。这是由于这两个部分可以很容易地和学生的知识结构相结合。由于这两个部分都在学生的知识结构中，他们更容易产生联想。该怎么做，才能让粒子的速度更快，以及如何解决这个问题。

学生在学习问题时，很难从根本上思考，也很难有创意。所以，把复杂的问题分解为一些简单的问题，可以帮助学生对问题进行深刻的理解和思考，并能激发学生的创新思维。

2. 归类法

把有各种特征的研究对象分类。

在大学物理教学中，存在着与之相近的学科特点，能够指导学生对其进行分类。比如，在某些常用的磁场设备中，会产生类似的磁场，从而帮助学生们归纳出哪些设备能产生均匀磁场，哪些设备能产生与地球磁场类似的磁场。

通过对某些具有类似性质的物体进行分类，可以使学生能够展开理性的想象，找到不同的相似性，从而打破思维的限制，从而提高其创新能力。

通过对某些具有类似性质的物体进行分类，可以使学生能够展开理性的想象，找到不同的相似性，从而打破思维的限制，从而提高其创新能力。

3. 类比、对比法

将同一情境下的问题进行类推，而与之相对的问题则进行类推。

由学生所熟知的情境激发出对相似或对立问题的反思，能促进学生的创新思维。在课堂教学中，可以指导同学们进行对比，找出相同的地方，并进行恰当的类比。也可以将反面的情形进行比较，找出差异，进行恰当的对比。比如，一个在弯曲运动的垂直平面中的一个圆，可以指导学生分析一个物体通过内部轨道最高点（比如过山车）的情况，它有哪些相似的情况，有什么相同的情况，有什么不同的情况，有什么不同的情况。让学生们浮想联翩。

通过类比、对比等方式，可以使学生从一个问题中产生联想，并不断地提出新问题，并试图加以解决。在此过程中，有利于培养学生的创新思维。

4. 实践法

也就是说，在一个特定的问题上，通过不断的探索，把所学到的知识和方法运用到实际中去。

问题的解决并非一朝一夕之功，在解题的过程中，学生要不断地摸索和总结、纠正自己的错误，从而促使学生的创新思维得到发展。所以，在教学过程中，要正确地引导学生从错误、失败中吸取教训，并积极开发各种不同的解题方式，才能促进学生的创新思维。比如，在进行实验时，可以让学生分析需要完成的部分，以及所需要的设备。这些设备在进行试验时会出现哪些问题，以及怎样进行调试才能解决。

当学生们遇到难题或瓶颈时，往往会失去自信，从而放弃对问题的探究，转而采取某些已有的方法。教师若能多创造一些情景，让学生在学习过程中不断地尝试各种方法，并能在困难时给予鼓励和正确的引导，从而使他们更好地去探索新的问题。长期来看，有助于培养学生自信心，培养创新思维。

（二）提出创造性的问题

在课堂教学中，提问是师生交流的重要手段，有效的提问可以激发学生的积极思考，并使教师更好地理解学生的思维发展。在教学过程中，教师要充分发挥这种作用，激发学生的学习动力，从而促进学生的创新思维。根据思考的本质，可以将问题大致分成两种类型。一是“软性”问题，也就是“开放问题”，这种问题不会只有一个正确的回答。二是刚性问题，也就是封闭问题，这种问题一般都是回答一个，而且这个问题的答案是固定的。所谓的“创造性问题”就是教师会问一些不确定的、可以引起学生思考的软问题。

当人们试图去解释一些物理现象，或者去探究或者证实一些物理定律的时候，教师可以让他们去寻找更多的答案。比如，当学生学习动能理论时，学生可以让他们列出学生自己所需要的所有实验方法，这些方法可以证明学生的力量和学生的运动动能的改变，以及学生对这些数据的处理方法等。

当他们达到一定的水平，并了解了物理和实验仪器的用法之后，教师就可以让他们列出这些仪器的用途。举例来说，教师可以问他们如何使用标点定时器，或者利用动量守恒定律进行试验。也可以要求学生列出动量守恒定律在物理场景中的应用。

通过对物理学定律的试验和研究，学生能够运用自己的想象力去猜测事物的发展方向。举例来说，在学习组合动作与分离动作的时候，学生可以推测出一个物体在两种动作中的移动。

在大学物理中，很多概念彼此联系，很容易被混淆。比如，在运动方面，它们包含了距离与位移、速度与速率、平均速度与平均速度、速度变化量与速度变化率、加速度增大等。

有时，研究对象所呈现的现象，其成因也是多种多样的，因此，可以让学生探究其成因。比如，带电体在复合场下，学生可以根据不同的运动状态，分析其产生的原因，从而判断复合场的构成状况。

教师在提问的过程中还应注意以下问题：

首先，教师的提问要与学生的知识和人生经历相符。教师所提问题要与学生所掌握的知识系统相对应,使其能够以现有的知识为基础进行思维，而不能使学生的思维成为一种空想。学生在使用现有的知识进行思考的时候，能够加深对原有的知识的理解，而且还能根据自己的思路进行分析和解决问题。其次，教师提出的问题要结合学生的实际情况，才能让学生产生学习的兴趣，从而提高他们的学习热情。举例来说，重物与轻物下落的速度，在发现与理论不相符的情况下，会使他们产生更深层次的思考，进而了解忽视次要因素的研究思路。如摩擦、惯性、相互作用力的研究，尤其是对静态摩擦的研究，使学生能体会到物理在实际中的作用，并能更好地进行深度的思考。只有通过这种方法，学生才能从死板的教学模式中走出来，形成一个物理环境，建立一个物理模型，从而激发学生的思考能力，从而培养学生的思维能力。

其次，教师提出的问题要有启发意义。教师对已经讲过的知识进行简单重复的问题，仅仅是一种检验学生对所学知识的记忆状况的一种方式，并不能说明他们已经掌握了所学的知识，也不能有效地促进他们的思维。所以，教师的问题，不能从课本或者笔记中得到，而是要让学生去思考，去利用自己所学到的知识和方法去分析。只有通过这种方法，学生才能从死板的教学模式中走出来，形成一个物理环境，建立一个物理模型，从而激发学生的思考能力，从而培养学生的思维能力。

再次，教师要设置水平和提问。学生常常无法马上发现新的知识和问题。这个阶段，教师要给学生打下坚实的基础，先介绍一些简单的问题，再循序渐进，由浅到深。如果课堂上出现的问题超出了他们的能力范围，他们就会停止为他们寻找一个切入点，这与他们的提问目标背道而驰。所以，在较困难的情况下，我们可以把它分成几个等级，从简单到困难，从而让学生的思考能力逐渐加深。这样才能达到对学生创新思维能力的培养。

最后，要培养学生的独立思维和发问能力。

教师提问时，同学们都在思考，但都是被动的，教师的思维逻辑会指导他们。当然，这一步也很关键。但是，要真正提高学生的自主思维能力，最好的办法就是让他们多问几个问题。因此，我们要鼓励同学们去问一些非常有创造性的问题，即便是那些问题并不严格，也要帮助他们提高。因此，要鼓励同学们提问，尤其是富有创意的问题，即使问题中有一些不严谨的地方，也要加以鼓励和改进。

教师的问题是影响学生思考的重要因素。如果教师只对"是否"这个问题进行评判，那么学生们就会习惯性地去揣摩教师的口吻和用意，而他们的思维也会脱离问题本身。教师提问时，若以问答形式提问，则会使学生养成死记硬背的习惯。如果教师提出的问题能够激发学生的思维，并激发他们的创意，那么他们很有可能——呃，是说，他们会想出点子。即便创意不能很好地开发或者不能有效地解决已有的问题，它也能促进更多的创意思考。

（三）布置培养创新思维作业

“作业”这个词语在家庭作业中的意思是创作，它的意思是“提示”或者“执行”，所以作业实质上应当是“创造学习”。教师提出的问题既要满足课程要求又要有学生的水准，又要学生积极参加，鼓励他们根据自己的观点来做出各种答案。创新思维作业要多样、刺激、富有挑战性、全面性等特征：

创新思维作业不能一成不变，要灵活多变，可以采取回答、口头陈述或试验等多种方式。比如，当你学会了一种知识之后，你可以想象一下你生命中的什么现象可以被这个知识所解释。可以把这个现象告诉学生，说明它的原理，让学生参考，让他们有充分的时间来学习。而且，这个问题的回答并不局限于一个肯定的结论，而且还有很多种可能。根据学生的能力，有很多种不同的表达方式，没有对错的区别，这样就能解决个人的问题，并消除沮丧，因为他们都想从自己的回答中找出原因。举例来说，在研究动作组合与分解时，可能会被要求对某一动作进行分解，但是答案并非单一。此外，还可以让学生自行组合两个小节。另外，您还可以设计一个试验来检验合成与分解的正确性。比如，你可以让学生为达到特定的试验目的而设计一个试验计划。

创新思维的挑战是要让学生主动搜集、思考、发挥想象、发展综合思维、解决问题的能力。要能引起同学的兴趣，能主动收集材料，进行思考和讨论；作业要充分发挥学生的想象力，提高学生的综合思考能力，解决问题的能力。学生也许不能很好地了解这些原则，但是在思维的过程中，他们可以了解问题并将其带回家。例如，在学习向心力前，可以安排学生进行一些试验，如怎样使“水流星”工作，或在崎岖不平的路面上有没有阶梯或凹坑，使他们感到更多的颠簸。

创新思维的任务不能仅仅是一个让学生感到乏味的问题，它要求他们运用各种知识和方式来解决那些激动人心、充满挑战的问题。你可以运用已有的知识去研究一个问题，给予他们一些忠告或者恰当的指引，但是也要让他们知道，不要超出自己的权限范围。比如，在开始研究发动机问题前，教师可以让学生了解汽车挂挡的功能和起步时的最大速度极限。

作业是课堂教学的一项重要内容，要与课程紧密结合，教师布置的作业不能仅仅是走个过场，而是要把教师布置的作业反映到课堂上。教师的创造性作业不能仅仅是走个过场，而是要把教师布置给学生的作业反馈反映到课堂上。教师在教学中所设置的创新任务不仅要体现在教学活动中，还要体现教学过程中所设置的任务反馈。而所设置的任务应该是与教学紧密结合的。教学实践中存在着很多有趣的现象，因此，教师要根据学生在不同的学习阶段所掌握的知识、思考的能力，在恰当的时间选择恰当的现象，并合理运用。选择恰当的时间选择恰当的现象进行研究，使其与学生在不同的阶段所学到的知识和思考能力相匹配。

作业不必马上学生给出答复，但是要给学生留出足够的时间来思考，同时也要鼓励学生搜集大量的有关资料。教师不能脱离课堂教学，要和同学们共同努力，不越界，并给予恰当的指导。在讨论时，要敞开心扉接受学生的不同观点，多夸奖他们的优秀回答。

第八章
现代物理科学技术创新与发展

第一节　信息科学技术

一、信息的基础理论

（一）信息的概念

一位哲学家曾说过，如果不去研究信息，不去研究事物，不去研究能量，就没有所谓的现代哲学理论。而一位社会学家曾说过，不去研究和探讨信息化问题，也就没有了所谓的现代社会学理论。另外一位经济学家曾说过，不去研究信息的价值和规律就没有所谓的现代经济学理论。一位技术专家曾说过，不去理解和掌握信息技术就不会适应时代的发展，就不会实现技术的更新，没有现代化的技术发展理论。由此可见，信息与全人类的生存与发展有着密切的关系。早在原始社会，人类与信息就已形影不离了。原始人在森林中搜寻野果、野兽的信息，探察各种猎物的信息。当时，这些信息既是人们维持自己生存的必要条件，又是防范和躲避强敌的重要依据。远古时期，人们已经知道信息可以被掩盖和被检测。蚩尤同黄帝作战，总要利用大雾来使黄帝迷失方向。黄帝发明了指南车，成功地从大雾中检测到了方向信息，于是最终赢得了胜利。同时，人们也已经知道信息可以存储，于是，就有了所谓“结绳记事”等。之后，人们又很快懂得了信息可以传送，于是，远在殷商时代，我国就有了“烽火告警”的创举。然而,最早进行信息研究的科学研究学者是属于通信行业的技术研究人员，他们深入探讨和分析了信息的科学发展方向。

在很早以前，许多通信工作者对于信息的理解还比较停留于表面，还较为浅显，他们只是把信息当作是一种简单的消息，在经过很长的一段历史时间发展以后，人们对信息的概念进行了重新的考究。举个例子来说，在一千多年以前，唐代就出了许多较为有名的诗句，在这些诗句当中，就包含着信息一词，而在诗句当中有关信息的解释主要是指音信或者是消息的意思，在西方出版的大量文献当中也提到了信息一词，他们把信息和消息这两个词汇完全混淆在一起,而且认为这两个词是完全可以互通互用的。但自电信技术问世以来，对信息的解释又予以了进一步的扩充和完善，引申出了信息就是一种信号的解释说法。自打计算机技术出现以后，信息又被解释为是一种数据，事实上这些概念之间在本质上是有一定的差别的，详细来讲，信息和消息之间是内核和外壳的区别。如果是相同的一个一分钟的消息，那么在这个消息当中有可能包含的信息量也非常大，也有可能包含的信息量相对较小，同样的信号和信息也不能对等，信号在信息当中只是其中的一个载体，而信息是信号当中所承载的内容，在相同信息当中会包含不同的载体。比如,“是否”信息既可用“0 ~ 1”数字来代表，也可用“正-负”电流来载荷，还可用“有-无”光通量来表示。而数据只是用来记录信息的一种形式，这种形式并不是唯一的，也不能和信息划分为对等的。

在更进一步了解信息过程中需要把信息的概念进行广义化的理解，人具有非常敏感的感知，通过自己的感觉器官仍可以感知到世界的所有方方面面[①]“比如就拿环境信息来说，我们在支配环境信息过程中，需要通过自己的第一次信息感知”,“因此信息对于我们每个人来说是通过对外部世界的感知过程中所形成的一种信息过程，而且在与外部世界进行信息交换时所交换的内容信息即为一个信息名称”。而针对信息维纳将人和外部环境交换的信息过程当成是一个较为广泛的信息通信过程。细想一下，这种对

① 王强，黄永超.现代信息技术与物理教学结合研究[M].长春：吉林人民出版社，2019.

信息的理解仍然不够确切。显然，人与环境之间互相交换的内容中不仅有信息，也有物质与能量，而信息既不是物质，也不是能量。

在 20 世纪 40 年代，美国的另一位数学家、信息论的主要奠基人仙农（C.E.Shannon）在贝尔系统电话杂志上发表了一篇著名的论文:《通信的数学理论》。而从这篇论文当中我们可以获知仙农是提出信息理论的主要奠基人，这篇论文以概率论和统计教学为主要理论分析工具，全面阐述和分析了通信工程的所有相关理论问题，得出了计算信源信息和信道容量的一些方法和公式，同时也获得了一组与信息传递有关的编码定理，尽管这篇论文当中并没有针对清晰的概念进行直接的阐述，然而仙农却就信息的定量计算进行了相关的论述，他把信息明确地解释为跟着某种特殊随机的因素进行不断的改变，换言之，信息是为了减少一些不确定性的因素而诞生的东西。随机不定性主要是指在外部随机因素不断影响的情况下所导致的不能确定的情形，通过数值计算可以用概率熵来对这种信息值进行计量，因此仙农对信息概念给出的解释可以理解为信息就是一种可以用熵进行计量和减少的东西。

20 世纪 50 年代，美国科学家布儒林（L.Brillouin）在他的名著《科学与信息论》中直截了当地指出:信息就是负熵。并且,他还创造了 Negentropy（负熵）这一名词（由 Negative 和 Entropy 合成）。由此，布儒林成功地驱除了名噪一时的麦克斯韦妖（(J.C.Maxwell）。所谓的麦克斯韦妖，是麦克斯韦在 1871 年的一篇文章《热学理论》中提出的一个第二类永动机模型。文章假设有一个密闭的容器，它与外部没有物质和能量的交换，是一个孤立的系统。容器被分隔为 A 和 B 两个部分，在分隔壁上有一扇小门，门的开关机构由麦克斯韦妖操纵。假定在开始时，A 和 B 两部分都具有相同的温度 T，麦克斯韦妖能够“看见”容器中的每个分子，而且，它只让快分子由 A 进 B，让慢分子由 B 进 A，而不让快分子由 B 进 A 以及慢分子由 A 进 B。这样，不需要对系统做功，麦克斯韦妖就可以逐渐把快分子集中到 B 区，把慢分子集中到 A 区，因而使 B 区的温度升高，使 A 区的温度降低，在 A 与 B 之间造成温差。利用这个温差，就可以对外做功。显然，这个结果与热力学第二定律直接矛盾。热力学第二定律指出：一切孤立系统都存在熵增趋势，而麦克斯韦妖模型却表明，这个孤立系统存在熵降的能力。

布儒林指出：为了降低容器的熵值，需要利用信息；而为了获得信息，又需要消耗能量，从而又导致熵值的增加，这个增加量将大于或至少是等于降低量，故孤立系统总的熵值仍将保持熵增趋势。其实，维纳在《控制论与社会》一书中就曾经指出："正如熵是无组织程度的度量一样，消息集合所包含的信息就是组织程度的度量"。事实上，完全可以将消息所包含的信息解释为负熵[①]。

可见，信息是组织程度的度量，是有序程度的度量和负熵，是用以减少不定性的东西，这些都是仙农、维纳、布儒林等人的共同理解。这些认识比仅仅把信息看作消息或通信内容要深刻得多。然而，仙农等人的信息概念还存在着一些缺陷：第一，由于通信工程与信息的含义（语义信息）和价值（语用信息）无关，相应的信息概念仅仅是形式化的（称为语法信息），因此，它的适用范围受到大大的限制；第二，它只考虑了随机型的不定性，不能解释与其他型式的与不定性（如模糊不定性）有关的信息问题；第三，它只从功能角度来表述，只说出信息能够做什么，有什么用，并没有从根本上回答信息是什么。

此外，意大利学者郎格（G.Longo）在1975年出版的《信息论：新趋势和未决问题》一书的序言中指出了信息就是差异的观点。下面我们看一个十分形象的例子。如果某人发出个恒定持续的声音"啊——"，人们是不能从中得到什么信息的。但是，如果发出的声音出现抑扬起伏，即产生差异，就可从中得到某种信息。比如，"啊"（第四声）表示感叹，"啊"（第二声）表示疑问，而"啊"（第三声）则表示恍然大悟。可见有差异就有信息，然而没有差异并不等于没有信息。"啊"也可能给听众提供某种有关发音者的信息：在每个瞬间，听众都存在一种不确定性——声音会在这瞬间停止呢，还是继续？当听到这个声音在继续，那么，上述的不确定性就消除了。所以，它仍然具有信息。

到目前为止，关于信息的种种流行说法已不下百种。但绝大多数都只在某个侧面一定程度上触及了信息的实质，而不能全面满意地解决问题。正如"盲人摸象"的情形一样，说大象是"一棵树""一把扇子""一条绳子"或"一面墙"，都是从某个侧面描述了大象的形象。而且，把所有这些

① 陈文钦.大学物理混合式教学指导[M].长沙:湖南大学出版社，2019.

描述简单加起来，也不等于完整准确的概念。造成这种结果的原因是信息概念本身的复杂性。事实上，信息的定义应当根据不同的条件区分不同的层次。

最高层面是最普遍的层面，也就是没有限制的状态，我们称之为存在层面。在此级别上所界定的信息是最广义的信息。如若在引入一个限制条件后，最高层次的定义称为下一个更高层次的定义，引入的限制条件越多，则定义的级别越低，应用的范围也就越小。更确切地说，本体论层次上的信息是指物体的移动状况和改变事物的状态方法。而这里所说的事物主要指的是所有能被学习的东西，其中既有外在的物质客体，也有主观的精神现象。“运动”指的是物理的、化学的、生物的、精神的以及各种变化的各种不同的含义的运动，所有宇宙万物都在移动，有某种运动的调节变化的方法，也就是说所有的东西都会发出信息，这是绝对普遍存在的层次的信息，而各种不同的东西在不同的状态和活动中会产生不同的信息，这又是信息（本体论层次）的相对性和特殊性。本体论意义上的信息与主体（如人、生物或机器系统）的因素无关，不依主体的变化而转移。

如果引入一个约束条件——必须要有观察者或使用者是被认知的对象，同时，信息的界定也要从主体的视角出发，这样，在本体层面上的信息定义就会转变成知识层面上的知识。在认识论层面上，知识是指认知对象所感受到或表达的对象的活动状况与方法。认知主体所感受到的是外界（包括其他）对信息接收者所提供的信息。认知主体表达的是主体将其输出到外界的信息。本体论层面的信息定义与知识论层面的信息定义具有内在的关系，二者关注的是“事物的状态与路径”。但是，前者站在“事物”的立场上，以“事”论事；而后者则是以“认识主体”为视角，对“主体”进行论述。在知识层面上，信息的本体论层面上的定义是由知识层面上的知识定义转变的，其关键是条件。若所介绍的知识对象为一般的对象，则可在认识论层面上对一般的信息进行界定。然而，若在较严苛的条件下，例如，限制对象仅关心物体的运动状态与方式，则以上所述的认知层面的一般信息定义，即物体所觉察或表达的物体的运动状态与模式的形式化关系。如果所引入的条件是：认知对象不但关注事物的运动状态和方式，还关注其逻辑意义，那么，在认识论层面上，一般意义上的信息界定就是“意义-信息”，即认知对象所感觉到的或表达的对象的行为状态和行为的逻辑意义。而若所引进的条件是：认知对象不但对事物的形式关系和形式上的逻辑意义感兴趣，同时也关注这个状态和方法对于他的价值或用途，上面所提到的关于知识层面的一般信息的界定，即转换成了语用的信息。认知对象意识到或表达的某一目标的活动状况和方法的效用。

而且，如果指定被介绍的对象是有记忆的，则可以推导出对认知对象（观察者）的预先知识的定义。观察者对某一事物的预先了解，是在观察前，他已透过一定的路径，了解到了物体的活动状况和行为。同样，如果我们所设定的条件是，被引进的观察者能够观察和学习，则可以推导出对观察者所获得的实际信息的定义。如若在观察时，观察者获得了其中某一种事物的信息，那么这种信息主要是指观察者在通过仔细地观察以后所能够对这种事物运动感知到的一些状态信息。再比如，要求观察者在观察过程中，除了有观察以外，还要有记忆和学习的能力，那么这个观察的过程相对而言就是比较好、比较理想的，也就是说当观察结束以后，观察者能够对这种事物的全部信息过程有一个完整的接受和理解，这也就是所谓的对某种事物的实在信息获取，其定义为当这种事物处于实际运动过程中，观察者可以在最理想的观察条件下获得自己想要获得的与这个事物相关的全部信息。

除此之外，如果对观察者进行了一定条件的限制，或者是对其所观察的事物进行了一定条件的限制，那么就会导致最终的观察和信息获取层次更低，获取的范围内容也较小。举个例子来说，如果在限定范围内对观察的事物的运动形式进行随机观察，那么在观察过程中获得概率性的实在语法信息较为困难，如果被限定以后的某种事物在运动上属于半随机的，那么就会让观察者获得一定的偶尔性的语法信息，如果限定被观察的事物的运动方式是确定或者模糊的，那么观察者所获得的信息也在一定程度上属于模糊不清的。

语法、语义、语用这三个信息在一定层次上是相互包含的，而语法信息相对来说是最简单的一个层次，但语用信息相对而言是一个较为复杂、较为实用的层次。例如，对于爱因斯坦（A.Einstein）的著名质能公式：$E=mc^2$，若从语法信息的角度看，它给出的是 E，m，c 及 2 的一种特定的排列方式。

看到这个公式，我们就知道了它们的“运动状态和方式”，获得了该公式是由 E，m，c，2 组成及其排列方式的语法信息。如果我们知道 E 代表能量，m 代表质量，c 代表光速，那么我们就可以理解这个公式的意义了。最后，如果我们知道如何使用这个方程，就可以通过改变原子核的质量状态而得到大量的原子核，也就是知道了它的效用和价值，我们才获得了语用信息。

一般来说，在处理信息问题时，如果不必考虑任何约束条件，那么，我们面对的就是本体论层次的信息。在这种场合，问题比较简单，只需要研究事物运动的状态和方式本身，而与任何主体无关。然而，若要将认知对象引入到限制条件中，就必须要面对知识层面上的知识。特别是当人作为主体时，由于人具备完善的观察、理解、自觉、记忆和学习能力，因此，就不能总是笼统地谈论信息问题，而必须明确所讨论的是哪一种具体层次的信息。

（二）信息的特征与性质

通过对信息特征与性质的认识，可以加深人们对信息概念的认识和理解，从而让人们更好地把握和运用信息。因此，我们在基于信息的概念基础上，对信息的本质和主要特点作了进一步的说明。

信息的第一个特征：信息来源于物质，又不是物质本身；其从物质的运动中产生出来，又可以脱离物质而相对独立地存在。既然信息是“事物运动的状态和方式”，那么，客观存在的物质当然就是信息的来源之一。物质在运动，它的运动状态和方式就是本体论层次的信息；被主体所感知或表述的这种状态就是认识层次的信息。但是，信息并不是物质本身，它可以离开物质而相对独立地存在。

信息的第二个特征：信息同样来自精神世界，但并非局限在精神世界。

因为事物的运动是一种物理现象，同时又是一种思维的过程。因此，在心灵的精神世界里，物体的移动也是一种信息来源。和客观事物所生成的信息类似，来自精神世界和思想领域的信息具有相对的独立性，能够被保存、复制和重现。由于客观世界中的物理现象和心理上的东西都能产生信息，所以它的存在超出了精神范畴的界限。

信息的第三个特征：其和能量有着紧密的联系，但是却有着根本的不同。资讯是一种状态或一种方法，而能量则是一种力量。信息和能量都涉及物体的运动，是物体的运动状态的一个功能。信息的传送与处理离不开能量的支持，而要想有效地控制和利用能量，就必须要有信息。但是，这两种方法有一个基本的不同。能量是动力，而信息是知识与智慧的源泉。

信息的第四个特征：信息具有知识性质，但是其含义却要比知识更为宽泛和松散。知识是人类长期的实践经验，向人们展示了这个世界的本质、发展与改变的规律，以及人们对外界的态度。也就是说，知识既是人类对这个世界的认知，也是人类对这个世界的一种改造。很明显，对这个世界的认知必然是被主体所感受到的事物的状态和活动的方式（法则），而改变这个世界的方式必然是被主体所复制并表现出来的事物的状态和活动的方式。所以，知识在认识层次上是一种更广泛、更深刻的知识。反之，信息未必就是知识。例如，当我们知道某质量为 m 的物体受到 F 力的作用，具有加速度 a，且在某时刻具有速度 v 和半径 r 时，我们就获得了关于该物体的信息——运动状态和方式，而不是知识。只有当我们把上述信息提炼加工成 $F=ma$，$a=\mathrm{d}v/\mathrm{d}t$，$v=\mathrm{d}r/\mathrm{d}t$，我们才获得了知识。由此可见：信息具有知识的本性，知识的形成来自信息的加工与提炼。

信息的第五个特征：信息具有特定性，能够被人类（生物、机器等）感知、提取、识别、传输、存储、转换、处理、显示、检索和使用。

信息的第六个特征：很多用户都可以分享信息。因为信息是相对独立的，而且可以依附于其他媒介，所以使用者可以无限制地复制、传播和分享。

信息的第七个特征：语法信息在传递和加工期间，语法信息从来没有增值。这些信息是相对独立的，可以无限复制，但是在复制、传输或其他处理时，并不会产生更多的语法信息。相反，由于噪声干扰等因素的影响，语法信息量还可能减少。当计算机所处理的信息不会增加语法信息量时，输入的信息中已含有计算机输出的全部语法信息，但是处理后的信息更易于利用。“更便于使用”和“更多的信息量”是两个不同的概念。

信息的第八个特征：在一个封闭的体系中，语法信息的最大值不会发生变化。在一个封闭的体系中，物体的运动模式和运动状态的最大值是确定的，也就是最大熵。只要系统不与外界进行物质、能量或信息的交换，其最大熵值就不会发生变化。在一套完整的闭合体系中，其语法信息量就等于其最大熵。在这个时候，真实的熵值为 0。语法信息的数量随实际熵的增大而减小。

根据上述的特征，结合上述信息的定义，可以得到一些重要的特征。

性质一，普遍性。信息是一种状态或表面上的东西在移动。所以，只要有东西，有东西的活动，就有一个状态，有了它的移动，就有了它的消息。在自然界中，在人类社会中，在人类的思维中，都存在着信息，这是由于没有“真空”和绝对静止的原因。因此，信息的存在是普遍的。

性质二，无限性。在宇宙中，信息也是无穷无尽的。不管是在有限的时空（有限的或无限的时间），在整个宇宙中，或是在有限的空间中，都存在着无限的多样性。在无穷大的时期里，任何事情都会不断地发展和改变。资讯是万物活动的状态或层面，其本质上是没有限制的。

性质三，相对性。针对相同的事物，不同的观察者可能会得到不同的信息。由于观察者的观察力、理解力和目标都不一样，因此，从同样的东西得到的信息（真实的信息）也会有所不同。

性质四，转移性。信息可以在时间上或空间中从一点转移到另一点。信息的这种转移性，早已为人们所共知。通常，在时间上的转移称为存储，在空间中的转移称为通信。

性质五，不变性。信息可以用不同的载体或方法来装入，但是信息本身却没有任何变化。抛硬币的实验结果显示，不管是 1 还是 0，都能被看作是一种信息，或者用电压的正和负来表示，还是用机械位置的高和低来表示，都不会改变其实验结果——信息本身。

性质六，有序性。利用这些信息，可以有效地减少不确定性，改善系统的秩序。从认识论的角度来看，获得信息能够降低或消除知识主体对事物状态和行为的不确定。从语法信息的观点来看，概率信息就是负熵，它是混乱程度的对立面。一个系统要想从无序状态变为有序状态，就必须从外界获得信息（负熵）。

二、信息科学和信息技术

（一）信息科学

信息科学广义上是指对信息现象及其规律的研究。在这里所谓的规律，包括两个层面：关于信息的法规和信息利用的法规。所以，信息科学就是一门关于信息的认知与运用的科学。

信息科学包括两个方面的内容：一是信息自身的法则，二是利用信息方面的规律。所以，我们可以把信息科学看作是一门怎样去理解和运用信息的科学。

较为确切地说，信息科学是一门以信息为主体的学科，它的研究内容包括了信息的运动规律和利用原则，它的主要研究手段是信息科学，它的主要目的是拓展人的信息能力（尤其是智能能力）。

信息是信息科学区别于其他传统科学的最根本特点。虽然信息现象、信息问题和信息传播在自然界、人的社会和人的思维中都有很多，虽然信息对于人类的生存与发展是那么重要，然而，在传统科学中，信息并不是一个重要的研究课题。这篇文章的焦点是关于传统科学的核心思想：物质与能量。只有信息科学把信息作为它的主要研究对象，把它作为一门科学，直接关系到人类认识和改造世界的命运和未来。这在科学史上是前所未有的。信息科学的出现和发展，使物质、能量、信息这三者的三位一体的科学体系开始形成，并最终形成了一个整体的体系。整个自然科学的结构框架才终于达到了相对平衡和稳定，从而能够在这个更为坚实的基础上大步前进，迅猛发展。

本节以信息的运动规律和使用原则为研究对象，涉及对信息的性质的深入研究，建立一套完整的数学描述方法，并用量化的方法测量信息的来源，弄清信息是如何形成的，如何识别、提取、转换、传递、检测、存储、检索、处理信息，并对其进行分析。探讨了这些过程中的基本法则和相互关系。在信息的使用上，应探讨如何运用信息对系统进行有效的控制与优化，寻找一种机制与方法，以处理信息而产生智慧。由此可见，信息科学的研究范围已超越了传统的“仙农信息论”，其涉及控制论、系统科学、耗散结构理论、协同理论、人工智能、认知科学和思维科学。实际上，由于信息问题具有普遍意义，其研究领域会随着时代的发展和不断深化而不断扩大，目前尚不能人为地给出一个确定的界限。

以信息科学方法论作为主体，是信息科学有别于传统自然科学的一个显著特征。在自身的发展历程中，信息科学逐渐形成了一套相对完整的、独立的科学方法体系。信息科学方法论，完全是应信息科学研究工作的需要而逐渐形成和发展起来的,反映了 20 世纪科学认识方法的重大进步和突破，具有深刻的划时代意义。

信息科学的方法理论由一种方法、两种具体的功能指导和一种整体的指导组成。信息方法是方法论的核心，而两条原则则是实现信息方法的恰当运用。这一方法论与指导方针是一套完备的方法论系统。简单地说，在处理高级、复杂的事情时，我们可以从资讯（而非物质或能源）的观点，透过对其所含资讯的剖析，揭示其复杂运作机理的秘密；因而，“信息分析”与“信息综合”是两个层面的信息处理。前者是为了了解高复杂性的东西的工作原理，后者是为了达到一个非常复杂的东西的工作原理。从实施到实施，信息始终是存在的。这正是这种方法的精髓所在。功能性准则是指在不考虑特定结构的情况下，利用资讯的方式，对高度复杂的资讯系统进行分析或执行。整合标准是指运用资讯方法对复杂资讯系统进行分析或执行时，其首要目标应该是对系统的总体功能进行优化，而非对个别的局部功能进行优化。信息化方法、功能标准、总体标准是一体的。信息技术的中心地位，开启了现代科学的新途径，让人们摆脱了传统的“物质与能源”二元论的观念。这样，很多传统的方法都不能克服的难题就会迎刃而解，从而使得很多尖端问题得以解决。

以拓展人类的信息功能为主要研究对象，是信息科学有别于其他现代与传统科学的基本特征。人类的整个认知与改造都是在信息传播的过程中进行的。人类的生活中，也总是和信息打交道。人处理信息的能力（主要包括产生信息、提取信息传递信息、处理信息的本领）称为人的信息功能。具体来说，人的信息功能主要是由他的一系列信息器官来承担的。感官发挥着信息的提取、转换和探测的重要作用；神经系统的功能是传递信息，并对特定的信息进行处理；而大脑则是负责储存、分析和决策。信息科学的目的与任务是分析、探索和掌握信息的机理，并运用信息科学及其他技术（电子、激光、机械、生物等）所提出的原理与方法，以模拟感受信息的感觉器官、传递信息的神经系统以及处理信息的脑部。这是一种新的人造系统，可以扩展、强化、补充和扩展人体的各种信息器官，比如：感觉、神经系统和大脑，它们能够处理和制造新的信息。而最重要、最令人感兴趣的是，大脑对信息的加工与生成，也就是对思考能力的扩展和补充。毫无疑问，随着信息科学的不断发展，人的智力会越来越多地并且越来越有力地得到机器“智力”的支持和补充。而由于有了这种强有力的支持和补充，人的智能又会获得更大更快的发展。这种发展则反过来又为机器智能的发展开辟了新的道路和更加广阔的前景。

总之，信息科学提出了新的研究对象，开辟了新的重要的研究领域，这一理论的出现，为近代科学的发展提供了新的视角。其研究将自然科学与社会科学联系起来，并以科学的方式来探讨社会现象。技术的发展是为了帮助人们在与大自然的战斗中获得更大的生存和发展的机会。特别是，技术可以帮助人体提高或者延长人体的机能。信息科学技术的进步和广泛应用将大大促进社会的信息化过程。

（二）信息技术

我们可以定义：信息技术就是一项可以扩充人体的感观器官的一种技术。比如，计算机技术就是一种信息技术，其可以扩充人的信息处理能力。原子弹、氢弹或核聚变技术，就不是信息技术，因为它不能扩展人的信息功能，它所扩展的是人的力量或体力功能。

按照基本定义，信息技术主要包含以下四项基本内容：

1. 感测技术——这是感觉器官功能的延长

感测技术包括遥感、遥测等感测技术。其可以使感官更好地从外界获取更多的有用信息。

2. 通信技术——这是传导神经功能的延长

通信技术的角色是传达信息，它延长了传导神经网络的功能。

3. 计算机技术——这是思维器官功能的延长

计算机技术包含了软硬件技术、人工智能技术等，这些技术可以延长人类的大脑机能，从而提高人类对信息的处理能力。

4. 控制技术——这是效应器官（比如手、脚、口等）功能的延长

控制技术的作用是根据输入的指令（决策信息）对外部事物的运动状态实施干预，即信息施效，它们延长了效应器官的功能。

上述四项基本内容也称为“信息技术四基元”。他们是一个整体，共同承担着拓展人类智慧的任务。信息技术的作用与人类信息组织的作用，仅在功能与表现两个层次上是一样的。其中，通信与电脑技术是整个信息技术的中心，而感测技术与控制技术是其与外界的连接。却无通信和计算机技术，信息技术就失去了基本的意义；如果没有感测技术和控制技术，信息技术丧失了其根本功能，一方面缺乏信息的源头，另一方面又丧失信息技术的归属。

将四个要素作为信息技术的基础，并将其从上到下进行延伸，我们可以得出一个完整的信息技术系统，它包含四个基本层面：主体技术层次、应用技术层次、支撑技术层次和基础技术层次。

一切信息技术都要透过某些（特别）的技术加以实施。而这些辅助性的技术，则是依靠某些物质与能量科技。新的、更好的辅助性技术的开发与运用，还依赖于新的材料与新的能量技术。也就是说，信息技术的效能提升，归根结底是因为科技的发展与能源科技的发展。例如，电子信息技术由真空管时代向晶体管时代、集成电路及超大规模集成电路时代的迈进，归根结底是由于锗、硅半导体材料，金属氧化物半导体材料，砷化镓材料等的开发和利用；激光信息技术的出现和发展则有赖于各种激光材料的开发和激光能量的应用。研究已经表明，引力波和中微子也可以用来表现和描述信息，只是由于现在人们还没有掌握有关产生和控制引力波及中微子的实用材料和能量转换技术，因而还没有出现引力波及中微子信息技术。如果有朝一日在这方面的基础技术有了突破，那么，新的信息技术和支撑技术就会问世。由此可见，开发新材料、掌握新的能量技术是发展和改善信息技术最基本的途径。

支持信息技术（尤其是现代信息技术）的技术，包括机械、电子、微电子、激光、生物等。

这是因为机械的、电信号的、光信号的以及生物电的基本参量的变化都可以比较方便地用来表现和描述事物运动的状态和方式（即信息），并且都比较便于进行控制和处理。用机械技术手段实现的信息技术称为机械信息技术，如手摇计算机等；用电子或微电子技术手段实现的信息技术称为电子信息技术，如电信技术、电子计算机技术等；用激光技术手段实现的信息技术称为激光信息技术，如激光光纤通信、激光遥感、激光计算机等；用生物技术手段实现的信息技术称为生物信息技术，如生物传感器、生物计算机等。

信息技术的核心技术有：传感技术、通信技术、计算机技术和控制技术。

信息技术的运用技术是一组特定的、多彩的“四基元”编码技术，其是从“四基元”中发展而来，其应用范围包括工业、农业、国防、交通、科学研究、文化与教育、商业与贸易、医药与保健、体育、文学、艺术、行政和社会服务。这一技术有望在许多方面得到应用。如此广泛的应用，显示出资讯科技的活力和无所不在的影响力，以及与人类社会各方面紧密的关系。信息技术对于人类社会各个领域和国民经济的各个部门的渗透是无孔不入的，因而其影响便是无所不在的。

从上面的分析可以看到，信息技术体系就好比是一棵参天大树，有了肥沃的土壤（基础技术层次）、发达的根系（支撑技术层次）、粗壮的躯干（主体技术层次），就会有繁茂的枝叶和丰硕的花果（应用技术层次）。通常，按照习惯，我们把信息技术体系中的最上面的两个层次（即主体技术和应用技术）称为实用信息技术，简称为信息技术。至于下面两个层次（即支撑技术和基础技术）一般则不称为信息技术，只有在某些必要的场合，才把它们包含到广义的信息技术概念之中。

三、信息技术的前沿

（一）卫星通信

卫星通信就是在太空中建造一座广播电台，即一个无线电中继站。信号从地面发送到卫星，经过放大、变频后再传回地面。由于它能传递大量信息，并将这些信息传递到地球上的大部分地区，因此，三个同步卫星在地球上的传递范围，除了北极之外，几乎可以覆盖整个星球。

如今，卫星通信已经成为全球和长距离通信的重要方式。通信业务由原来的电报、电话发展到电视、数据传输、传真、电传、综合业务数字网导航、定位、应急通信等新业务；站点由固定走向流动；信号具有从仿真到数字的特性；从军用到民用。随着人们对信息种类和容量的要求不断增多，更显得卫星通信是各种用户不可缺少的通信手段之一。20 世纪 90 年代是卫星通信技术突飞猛进的时代。

1. 通信卫星

自 1965 年发射 INTELSATI 以来，至今各国已发射了数十颗大型国际通信卫星，目前已发展到 INTELSAT VB（即从第一代发展到第四代）。通信容量从 50 MHz 的带宽（两个转发器）发展到了 3 200 MHz 带宽”（48 个转发器）;卫星的寿命从1.5年延长到14年;重量从38 kg增加到1 870 kg;频段从 C 波段发展到 C 波段与 Ku、Kr 波段同时使用。1982 年开始运行的国际海事卫星（INMARSAT-International Maritime Satellite），主要作用是移动卫星通信，主要为海上航行的船舶提供电话、电传、数据通信业务。其标准 A 站主要传递用户电报，也可传送速率为 9.6 kb/s 的调频电话。标准 C 站（手提式）可传送 600 b/s 的数据。新研制的 B 型和 M 型站采用数字技术。B 站可以传送 16 kb/s 数字电话或数据，采用偏置四相相移键控（OQPSK-Offset Quadri-Phase Shift Keying）调制。M 站可以传送 4.2 kb/s 数字电话或低速数据、传真，也可采用 OQPSK 调制。其优点是价格低、质量轻。INMARSAT 是 1990 年开始用于航空卫星通信业务的，可以传送低速数据，也可传送 9.6 kb/s 数字电话，采用 OQPSK 调制。目前，赤道上空的静止轨道上，已有几万颗卫星，卫星的间隔亦由 30 改为 20，以便容纳更多的卫星。

大型卫星的造价及发射费用高（1 亿到 2 亿美元），研制周期长。近年来，国际上开始发展低轨道小型通信卫星，造价及发射费用低至几百万美元。该系统用原子序数为 77 的“铱”命名。实际上就是将 77 颗小卫星放在不同倾角的 7 个轨道面上，每个轨道布置 11 颗卫星，形成覆盖全球的个人通信网。后来总体设计更改，卫星由 77 颗改为 66 颗，轨道面亦改为 6 个，每个轨道上布置 11 颗卫星，但仍称为“铱”系统。

“铱”系统由空间段和地面段两个部分组成。空间段的 33 颗低轨道小型卫星距地球只有 400 ~ 500 km。地面段由系统控制中心、关口站及终端设备组成，分布在各用户国家。

2. 卫星通信地球站

由于大中型地球站造价高昂，20 世纪 70 年代末兴起小孔径终端（VSAT-Very Small Aperture Terminal），又称小型地球站。80 年代初已有这类产品投放市场。VSAT 站在通信上组网灵活，多址联结方便，设备简单，造价低廉，在国际上受到普遍重视，发展极为迅速，其已经在旅游、新闻、金融、交通等领域得到了广泛的应用。

我国于 1986 年建立了为新闻单位传送信息的 VSAT 系统，该系统采用码分多址载频和扩频技术，最高速率为 19.2 kb/s。1987 年 7 月中国通信广播卫星公司又建立并开通了另一个 VSAT 卫星通信系统，采用 C 频段，小站对主站采用每载波单路（SCPC-Single Channel Per Carrier）方式，主站到小站采用时分复用（TDM-Time Division Multiplex）方式。主站设在北京，天线直径为 13 m，小站天线直径为 2.5 m。这套设备提供如下业务：声码电话、交互式计算机信息传输和彩色静止图像传送，已为银行、煤炭、民航、铁道、国家计委、地震等部门提供了业务服务。目前，我国已形成 10 个专用 VSAT 通信网。上海已建立了两个 VSAT 主站，天线孔径均为 12 m。由于 VSAT 系统具有一次性投资少、通信距离远、组网灵活、保密性好、体积小、便于机动和伪装等特点，因此 VSAT 系统具有广泛的发展前景。

3. 卫星电视

我国通信广播卫星首次发射成功是 1984 年 4 月 8 日，这也是我国首次发射成功的地球静止轨道卫星。目前，广播卫星的发展趋势是加大发射功率，提高使用频段，使地面接收用户能用更小口径天线和简单廉价的设备。技术发展的方向是采用数据压缩技术、高分辨率电视及立体声伴音。

4. 卫星通信系统网

按照卫星通信网络的需要，一条通信线路总是从 A 地地球站发送到卫星（称为上行线），然后，通过卫星传送到 B 地地球站（称为下行线）进行接收。由于收发系统与收发系统是一对子天线，因此，收、发信号也要用双工器分开。

地球站收发系统至市内通信线路，通常通过无线（微波）或有线（光缆）传送。卫星中的中继器主要用于接收来自地球的信号，然后经过变频、放大，再传送到其他的地面站。它包括天线，接收设备，变频器，发射设备和双工器。

卫星通信频段的选用是十分重要的，它将影响到系统的传输容量、地球站和卫星转发器的发射功率、天线尺寸及设备的复杂程度等。卫星通信的电波需要穿过地球上空的对流层和电离层。由于频率低于 100 MHz 时宇宙噪声将随频率的降低而迅速增加，而 10 GHz 以上的电波易被大气吸收以及受云、雾特别是降雨的影响而显著地衰减，所以卫星通信频率最适合的范围是 1 到 10 GHz。但由于该频段已显得很拥挤，而且频带不够宽以及其他许多原因，目前已向 K、Ka、Ku 等更高频段发展。

多个地球站通过同一卫星所建立的通信线路，叫作多址连接，它是卫星通信的主要特点。它是借助卫星通信才能实现的制式，是一种新技术，并为建立国际卫星通信网创造了条件。多址连接通常有以下几种方式：

（1）频分多址（FDMA-Frequency Division Multiple Access）。

是按频率来排列各地球站发射的信号，配置在指定的卫星频带内，即按频率区分站址。在频分多址中，中继台的波段被分成较小的波段，一或多个波段用于从地面站发送信号。为防止载波间的相互干扰，其中间频率的间距一定要大，载波所用的频段之间一定要有一条保护带。

（2）时分多址（TDMA-Time Division Multiple Access）。

每个地面站发送的信号都是按一定的时间间隔进行的，即分信号。各地面站的载波信号只能在指定的时间间隔内经过，而且一次只能经过一个地面电台。在这样的饱和条件下运行，卫星上行链路管放大器可以使卫星的功率利用率和通信能力得到相应的改善。

（3）空分多址（SDMA-Space division Multiple Access）。

这是因为卫星装备有若干无波束天线，它们的光束都指向了各个区域的地球观测站。由于各地区地面站所发送的信号不会发生空间上的重叠，因此，地面站点能够在相同的频率上同时工作，不会产生任何的干扰，实现了频率的多路复用。

（4）码分多址（CDMA-Code Divison Multiple Access）。

这是利用来自各个地面站的不同波形（也就是不同的编码）的多访问通信。该系统适合于一些小型移动设备，例如航空器和交通工具。

卫星通信几乎具备各种通信手段所有的优点。它投资少，见效快，通信容量大，多址灵活，通信不受地形、地貌和距离的影响，所以发展很快。虽然在现有的卫星通信中还存在着一些问题。比如，卫星线路中信号传送到卫星再返回地面需用时间 270 ms，对于传输电话来说需要 540 ms 后才能听到对方的回音，如果再转接另一颗卫星通话，则需要 1 080 ms，时延较长。每年春分和秋分季节由于地球对卫星的遮蔽而产生的卫星蚀，对静止轨道卫星来说造成太阳能电池无法使用，此时必须由卫星自带的蓄电池供电。最新采用的镍氢电池寿命一般在 10 年以上，整个卫星的使用寿命往往取决于蓄电池的寿命。但随着通信技术的发展，上述问题是会得到改善的。卫星通信将和数字微波通信、光纤通信等一起成为今后通信领域发展的一个主要方向。

5. 展望未来

通信卫星的发展趋势有如从下几个方面：

（1）卫星轨道间距缩小。

为了提高静止轨道卫星的容量，轨道间隔有进一步缩小的趋势，从而对地球站天线旁瓣的要求不断提高，旁瓣包络从（32 ~ 25）lg θ降至（26 ~ 25）lg θ（θ是旁瓣包络偏离天线主轴方向的度数）。

（2）现用频段的扩展。

对于 C 频段，现用频带宽度是 500 MHz，即上行频段为 5 925 ~ 6 425 MHz，下引频段为 3 700 ~ 4 200 MHz。今后将把带宽扩展到 800 MHz，即上行为 5 626 ~ 6 425MHz，下引为 3 400 ~ 4 200 MHz。这样，对地球站天线和馈源等射频设备的带宽将提高要求。

（3）采用高频段和多频段。

采用高频段和多频段 Ka 频段的技术使可用带宽接近 3 500 MHz。而同一轨道位置卫星将同时使用 C、Ku、Ka 频段，使可用的带宽为 5 000 MHz，再考虑频率复用 6 倍，则将有 30 000 MHz 的带宽提供使用。

（4）频谱复用技术。

多波束空分技术将被广泛采用，而双正交极化技术、时分多址技术、数字话音内插技术、按需分配多址技术及数据系统中的分组式随机多址技术的采用，将更有效地利用卫星的频谱资源。

（5）卫星的发展。

发射多功能的卫星平台，具有多频段、多类型天线、多波束，将有效地缓和静止卫星轨道的拥挤。星际链路的建立，可免除双跳传输，从而减小时延。对行波管放大器的非线性进行线性化的技术，将有很大的发展，从而功率利用可提高，互调失真将减小。微波集成电路技术的发展，将使卫星接收机中的低噪声放大器、变频器、中频放大器等集成在一个单片模块上，使卫星体积、质量减小。

（6）地球站的发展。

使用更多的数字器件，如大规模集成电路、微处理器、数字信号处理器和固态放大器，建成低成本的小型地球站。实现直接调制而不用上、下变频器，将射频和中频设备组合在一个小密封盒内，置于天线馈源后端，从而减小传输上的损耗。天线采用一次辐射反馈方式，提高天线的效率及降低旁瓣，大型天线采用波束波导馈电。采用先进的调制技术，使已调信号功率谱更窄，对邻近信道干扰更小。基带处理用数字话音插入技术，利用话路信道的空闲时间来传输其他信息，可把信道传输效率提高近一倍。这种数字空隙插入技术还可用在图像传输中，将来的卫星通信业务将是数字综合业务。

（二）信息高速公路

1. 通信网络的发展趋势

众所周知，当今世界的流动性很大，它主要表现为人的流动、物流（例如商品的流通和分配）、资金流和信息流。在这些因素中，信息流是决定人员流动、物流和资金流方向的关键因素。现代化的通信工具为信息流提供了支撑。信息以高速的方式处理、存储、传输，并通过通信网络和通信设备向社会提供各种服务。随着电脑、电视机等各种设备应用的日益广泛，高速的资料、影像通信已成为人们日常工作、生产、生活中不可或缺的一部分。未来通信网络将包含高速、宽带、多媒体、智能、个人化等多种通信服务。为适应这种通信业务的需要，通信网络要朝着一体化、宽带、智能化、个性化的方向发展。这是目前电信网络的总体发展方向。

通信网络的一体化具有许多意义。首先，技术上的融合，无论是传输、交换、通信处理等，都是以数字技术为基础，将网络技术进行集成。第二个方面是业务集成，即既可以实现语音业务，也可以实现数据、文件、图形、视频和立体影像等多媒体通信业务。第三层是网络化，通过网关、虚拟网等技术把不同的局域网和私有网结合在一起，实现了资源的交流与共享。这样的网络可以覆盖整个地区、整个国家，甚至若干国家。作为这类网络的中流砥柱，对带宽、速度、传输能力等性能指标都有很高的要求。

随着业务一体化的不断深入，通信网络的宽频化已经成为一个迫切需要。现在的综合业务数字网 ISDN（Integrated switched Digital Network）是通过数字通信技术（数字传输、分组交换、电路交换、程控数字电话交换等）和计算机技术实现电话、电报、图像和数据等各种信息处理、传输及交换的电信网，它可将电话网、电报网、数据网、闭路电视网、局域网等多个独立的业务通信网联结起来，该系统集成了信息采集、传输、处理、控制等功能，能够更好地满足用户的非语音服务要求。但是，ISDN 的基本通道只有 64 kb/s，随着人们对宽带业务需求的不断增长以及光纤通信、高速复用、交换技术、图像编码技术的迅速发展，宽带 ISDN 将是下一步发展的目标。

1984 年，智能网络的概念被提出。其目标是实现通信系统快速、高效、经济地提供多种通信服务，增强用户对通信服务的控制力和灵活运用。比如，在通信过程中，呼叫者不需要拨打电话，也不需要按下按键，只需要说出电话号码或名字，就可以进行通信。再比如，使用翻译的手机，可以不需要人工翻译就可以进行交流，诸如此类。而通信服务个性化则是指在任何时间、任何地点、任何活动状态下的人都可以进行任何形式的通信。这样的通信网络被称作 PCN (Personal Computer Network, 个人通信网络)。要实现个人通信网络，必须建立在国内和世界上最发达的通信网络之上。其次是庞大的电脑网络。因此， PCN 作为智能网络的一部分，其必须符合智能网的需求。

2. 信息高速公路的由来及目标

21 世纪的“道路”就是指信息高速公路，它的正式名称为“国家信息基础设施”。这一方案的主要内容如下：①建立一个由政府和私人组织共同提供的光纤网络；②利用光纤网将所有通信系统、计算机资料库、电信消费设施连接起来；③使光纤网络能够传输多种介质信息，如视频、音频、数字、图像。实际上，“信息高速公路”，在基于现代信息技术的基础上，以光导光纤为中流砥柱，连接学校、科研机构、企业、图书馆、实验室，甚至是每个家庭，让所有人都能分享到海量的信息，具有大容量、高速度的电子数据传递系统。它的传递能力可达到 109 bit/s 以上，比目前已经实用化的高速数字网络还要快 100 倍到 10 000 倍。用它可同时传送 100 个以上频道的彩电节目。

从信息高速公路建设的本质上，可以看出，目前的通信网络与信息高速公路的发展趋势是一致的。近几年，全球各地争相开发的宽带综合服务数字网络（B-ISDN)，实质上是一种新型的网络，其就是信息高速公路的重要组成部分，其传输速率达 155 Mb/s，可以用于任何多媒体。

3. 信息高速公路的体系结构

现代化的高速网络包括主干、支线以及与城市、乡镇的联系。具体地说，把图像、声音和文字转化成数码元件，经由光纤（主干）传送，再经由交换技术传送至电话及有线（支线），最终传送至指定使用者终端。因此，信息高速公路是由主干、分支和站点构成的一种环型树状结构。

（1）主干。

主干网络是信息高速公路的骨干网络，是实现高速信息传递的重要途径。它为计算机局域网、电信网、专用网等提供了一条通信通道。信息高速公路的主干线是采用光纤构成，以满足传输速率、容量等技术指标。学校校园网是高校教育技术网络的简称；电信网络包括电话网，电报网，分组交换网，以及数字数据网；专用网通常是指各个行业的专用局域网，例如金融网、交通网、办公室网或广域网等。

（2）分支。

信息高速公路所连接的各种网络都是信息高速公路的分支，根据被连接网络的性质和要求，分支的传输介质可以是电话线、同轴电缆光缆；可以是有线介质，也可以是无线介质。无论是使用哪种传输介质，都需要解决分支及接口问题，这是信息高速公路的技术难点之一。

（3）站点。

站点是信息高速公路的最终结点。这种结点包括各种信息的发送和接收设备，信息的显示和打印设备，信息的存储和处理设备，信息的转发设备，等等，这些设备构成了用户的现代化信息环境。这样的信息环境因用户的不同而不同，有家庭信息环境、办公信息环境、企业管理信息环境、文化娱乐信息环境等。

第二节　能源科学技术

能源是人类赖以生存的重要物质基础，它和材料、信息被视为社会发展的三大支柱。能源的开发和利用情况是衡量一个时代、一个国家科学技术发展和经济发展水平的重要指标。能源科学技术是指能源开发、加工、转化、输送、储存、分配和综合利用等方面的理论与技术。是综合性极强的一门学科。它涉及物理学、化学、地质学、生物学、医学等学科，它既是一门自然科学，又带有社会科学知识内容；既是技术问题，又包含经济问题；既有政策问题，也有管理问题。

随着国民经济的高速发展和人民生活的现代化，对能源的需求越来越大。因此，合理开发能源，提高能源利用的综合效益就越来越重要。每个从事工程技术、科学研究和教育事业的人，都应该把重点放在能源科学技术上。

一、能源技术概论

（一）能源的重要性

能源是什么？正如它的名字所暗示的，能源是一种天然的物质，它为人们提供了自然能源。能源与人类社会的发展密切相关。可以说，人类对能源的使用，就是对大自然的认知与征服。人类对能源的使用大致可分为五个主要时期：

①火的发现与使用；②畜力、风力、水力等天然能源的开发；③发展矿物能源和使用热量；④电力的发现与电能的开发与应用；⑤原子核能的发现和核能的开发利用。

新能源在各个阶段的应用对生产力的发展起到了巨大的促进作用，在这些变化中，有三个具有划时代意义的变化：第一个阶段，煤炭代替了木材，成为了主要的能源，第二个阶段，石油代替了煤炭，成为了主流，第三个阶段是当前的多能源结构转变。

18 世纪以前，木材是人类利用的主要能源，它是早期农业和城市文明发展的基础。1769 年，瓦特（James Watt）对蒸汽发动机进行了重大的改造，使其热效率和运行可靠性得到了极大的改善，并得到了广泛的应用，成为当时主要的动力装置，这为煤的应用开辟了广阔的途径。从此，煤的产量大幅度提高，上升为主要能源，并出现了煤炭工业。19 世纪下半叶，人们又以煤炭为原料，提炼出大量的有机化合物，制成了多种有机产品，形成了以煤焦油和焦炭为原料的有机合成工业，从而使煤作为重要化工原料被大量消耗。从 19 世纪 80 年代起，以煤作燃料的火力发电厂大批兴建，电力工业成为重要的耗煤产业。钢铁、化工、电力等工业的发展，对煤炭的需求量继续急剧增长，煤炭在能源结构中占据主要地位，这就是第一次能源变革。

20 世纪 20 年代以来，能源结构又开始改变，石油的地位逐渐上升。

比起煤来，石油和天然气发热量高，而且便于运输，便于使用，对环境的污染小。内燃机出现之后，随着内燃机广泛应用于汽车、飞机、拖拉机、轮船、机车以及军舰、坦克、装甲车等，石油的需求量急剧增加，促进了石油的大规模开采。对石油的迫切需要又促进了石油科学、石油勘探和石油开发技术的迅速发展，石油年产量不断提高。五六十年代期间，在中东和南非发现了大油田，石油供应量大幅度增加。这种情况使许多国家开始着手能源变革，到了 1965 年，第一次由石油代替了煤，成为了排名第一的能源的来源。此后，随着石油比例的增加，全球将迎来一个石油时代，1974 年世界能源结构中石油已占 54%，完成了第二次能源变革。

石油是对整个世界经济发展起决定性作用的物资，它不仅使经济发达国家的经济以相当快的速度持续增长，而且使那些原来经济十分落后的产油国迅速改变了面貌。但是石油、天然气的储量是有限的，到目前为止，已探明的储量，按照目前的开采水平计算，只能维持半个世纪左右。把储量如此有限，又是化学工业极宝贵原料的石油仅仅当作燃料烧掉，这是极大的资源浪费。所以，目前世界能源出现新的转折点，各国为解决能源问题，已开始从以石油为主要能源逐步向多种能源结构过渡。一九八一年的“新能源与可持续能源大会”，呼吁各国从单一能源转向新能源。

能源是国家发展的重要物质基础，没有能源，就无法实现国家经济的现代化发展。

首先，能源是现代工业最重要的动力。现代工业是以机械化、电气化、自动化为基础的高效率生产，需要耗费巨大的能量，随着现代化水平的提高，对能源的品质和产量的需求也越来越高。一些发达国家之所以在短短的几十年时间里实现了现代化，其中一个重要原因就是他们致力于大规模开发和利用能源。社会经济发展的历史证明，国民经济的发展和能源的消耗存在着一定的比例关系。也就是说，人们希望每年国民经济总产值多增长一些，而消费的能源少增长一些才好。但弹性系数的发展和变化，是一个非常复杂的问题，它与国民经济结构、技术装备、生产工艺、管理水平及人民生活等诸多因素相关。通过对世界各国 20 年来的弹性系数进行分析，得出结论：发达国家的能源消耗弹性系数基本在 1.0 以下，而发展中国家的大部分都在 1.0 以上，而且国民经济收入越低，弹性系数越大。在我国，能源消费弹性系数不稳定，总的弹性系数均在 1.27 左右。1979 年以后，因为人们对能源问题的意识和各国对发展政策进行了重新调整，结果表明：年平均水平低于 1.0，弹性系数降低。

其次，能源中的石油、天然气、煤炭等矿物能源，在现代生产中不仅是动力能源，而且是重要的工业原料。塑料工业、合成纤维工业、合成橡胶工业等都以石油、天然气等能源做原料。

再次，能源与人民生活也紧密相关。要解决衣、食、住、行的问题，就需要发展农业。农业机械化、电气化，农业灌溉和农业化学，都要求农业生产增加更多的能量。所以，在一定程度上，食品和其他的农业产品已经被转换为能量。随着人民生活水平的提高，各类物资的消费水平也在不断提高，居民对各类新型耗能设备的使用和新建的社会保障设施的需求也越来越大。总的来说，越是富有的社会，人们能够享受到的物质生活也就越是丰富，能源消耗就越多。

由以上分析可知，能源对社会发展和国民经济现代化的重要性。在我国四个现代化建设中，必须把能源建设放在重要的战略地位。

（二）能源的分类

能源的种类很多，为了便于研究，可以根据不同的方法对它们予以了划分。

1. 以能源的来源予以划分

按能源的不同，可将其划分为三种类型。首先，是地球自身所蕴含的能源，在地球形成的时候，天体的进化就将其存储起来。其中的能源有：核能，例如铀、钍等核燃料，火山，地震，地热，例如地热蒸汽，热岩体和热液水。第二个是由太阳的辐射，经过不同的转化过程而被储存在地球上。其中包括直接辐射的太阳能、水力、风力、煤炭、石油、天然气和木材等。第三类是地球和其他天体相互作用而产生的能量，如涨潮和落潮时拥有的巨大潮汐能。此外，还有宇宙射线和其他天体带进地球大气中的能量。

2. 按能源能否从自然界得到补充分类

太阳能、水能、生物质能、风能、潮汐能、海洋热能、波能等可持续的可再生能源，它们被称作可持续的可再生能源，而化石燃料如煤、石油、天然气等，以及像铀、钍等核燃料，一旦用尽，就再也没有办法恢复，因此被称作“不可再生能源”。

3. 根据利用能源的形态不同分类

能源可以分为一次能源和二次能源：一次能源是从大自然中直接获取的，不会改变其形态的能源。例如煤炭、石油、天然气、木材、煤炭、地热、风能、太阳能和海洋资源。二次能源是一次能源通过人工工艺转换成其他的能源。例如电力、热水、蒸汽、煤气、焦炭、各种石油产品（例如汽油、石蜡、柴油、燃料油）、酒精、氢气和激光。还有生产过程中的余能和余热也属于二次能源范畴。随着科技的发展和社会的进步，在能源消费中，一次能源的比重将不断降低。

4. 按能源使用性质分类

能源按使用性质可以分成两种，一种是燃料能源，一种是非燃料能源。燃料能源包括矿物燃料，如煤、石油、天然气、木材、沼气、各种有机物、铀等核燃料。它们当中，除了核燃料以外，所有的物质产生的都是化学能。大部分非燃料能源都为机械能，如风能、水力能、潮汐能、波浪动能等，还有其他能量形式，如地热能包含热能，太阳能包含热能和光能，电力包含电磁能等。

5. 按能源开发程度分类

能源按开发的形式可分为两种，一种是常规的能源，另一种是新型的能源。常规的能源为人类所利用的时间已很长，技术比较成熟，它的用途非常广泛，是当今世界上最重要的能源，如煤炭、石油、天然气、水力等。新能源是一种已投入使用或正在研发的能源，因此在技术上还不够成熟。虽然只是当前能源消耗的一小部分，但是太阳能、生物质能、核能、风能、海洋能等都是非常有前景的。新能源和常规能源的观念是相对的，传统的能源曾经是新的，而现在的新的能源会在未来变成常规能源。核能的利用在国外一些国家已普及，被视为常规能源，而在我国才刚刚开始，是新能源。另外，新能源概念也有探索创新的含义，如风能、生物质能、地热等，原本是古老的能源，但由于新的应用技术的开发，也被列入新的能源范畴。尽管磁流体仍然利用煤炭、石油、天然气等能源，但与传统的发电方式截然不同，也是一种崭新的能源技术。

（三）能源的转化和评价

1. 能源的转化

在特定的情况下，能源可以被转换成人类所需的各种形式。比如，燃煤产生的热量可以用来加热房屋，而蒸汽则可以用来驱动蒸汽机，也可以用来驱动涡轮发电机，把电送到工厂、农村、城市，电能又可以通过电动机、电灯或其他电热器，转变为机械能、光能和热能等。又如太阳能，它照在集热器上，用来提供热水。太阳能可以被用来加热和发电，也可以用来制造蒸汽，也可以用来发电。煤炭，石油，天然气和水电是目前的主流能源，其他的都是新的能源，这些都是刚刚起步的。

天然气，石油，煤炭，有机物以及由它产生的沼气，由太阳能和核能从水中产生的氢等，除一部分作为原料使用外，大部分都在各种炉子和工业热装置中通过燃烧转化为热能。此外，从地热、太阳能也直接得到热能。一般来说，大多数的一次能源都经过热的形式，或直接使用，或进一步转化为机械能和电能使用。所以在传统的能量转换中，各种炉子和热机是中心部分，炉子包括锅炉、工业窑等。

目前，实际上用量最大的三种能量形式是热能、机械能和电能，其中电能可以很轻易地通过电力装置，如电动机和电炉转换成机械、热和光能，而且运输方便、易于管理、易于控制，因此电能是使用最方便的能量形式。

2. 能源评价

能源有许多种，各有优缺点。通常从以下几个方面来进行评价：

（1）能流密度。

能流密度是单位时间内通过单位面积上的能量，即单位面积上从某种能源所得到的实际功率。显然，能流密度小，就很难作主要能源。依目前的技术水平，太阳能和风能的能流密度小，大约 100 W/m^2，而核燃料的能流密度很大。一般说来，常规能源的能流密度都比较大。

（2）储量。

要想成为一种能源，必须要有充足的储量，而且要考虑到其可再生的潜在性，以及地域上的分布。中国拥有丰富的煤炭和水电资源，但大部分的煤炭资源分布在西北地区，而水电资源则主要集中在西南地区，这就影响了这些资源的有效利用。

（3）储能可能性和供能连续性。

蓄能的功能是指当人类不用的时候，人类可以把它储存起来，当人类想用它的时候，人类可以马上把它取出来。持续供应是指当有需求时，迅速而持续的供应。在这一点上，可以比较轻松地使用多种矿物燃料和核燃料，而太阳能、风能目前尚难以做到。

（4）开发费用和利用的设备费用。

开发和利用的费用与能源的转化、利用技术难度有很大关系。太阳能、风能等不花费任何成本就能得到，但利用设备初建投资太大，资金周转很慢；而化石燃料从勘探、开采到加工需大量投资，而且有的工序还有一定危险性和危害性，但利用设备的价格相对便宜。

（5）运输费用和损耗

太阳能、风能和地热等能源很难输出去；石油、天然气可以方便地从产地输送到用户；运煤要困难一点。水力发电如果与用户离得太远，按目前技术水平，远距离输电线，路损耗较大，是投资较大的一项基建工程。

（6）品位。

水力能够直接转变为机械能和电能，它的品位要比必须经过热转换的矿物燃料的级别要高一些。在热机中，随着热源温度的升高，冷却水的温度降低，循环的效率也随之提高。所以，热源温度越高的能量就越好。不同级别的能源在使用时必须进行适当的协调,以保证其能得到合理的利用。

（7）污染问题。

使用一种能源还要考虑到对环境污染的情况。太阳能、风能、氢能基本上无污染，称为清洁能源。核燃料有可能产生大危害性，应用时一定要采取各种安全措施；化石燃料对环境污染也不小，必须引起足够重视。即便是水力发电，也会对生态平衡、土壤盐碱化、灌溉和航运造成一定的影响，亦需加以注意。

（四）能源形势

正确地评价能源资源，正确地分析能源形势，对于发展能源工业，合理使用各种能源资源，对于制定国民经济长远规划，都有非常重要的现实意义。

20世纪以来，世界人口不断增长，人类生活标准不断提高，使世界能源消费大幅度上升。1900年，全世界能源总消费量才7.75亿吨标准煤（能源的标准煤数 = 该种能源每千克实际发热量 ÷ 每千克标准煤发热量），到1992年就增加到111.346亿吨标准煤，约为以前的14.4倍。同时，能源结构也发生了很大变化。20世纪初，石油在能源结构中初露头角。到50年代后，由于中东大油田的开发利用，世界各国石油和天然气生产迅速发展，石油、天然气成了主要能源。

在世界能源总消费中，美国、日本、俄罗斯和西欧各国，其能源消费占60%以上。而这些国家中，除俄罗斯基本上可以自给自足外，美国、日本和西欧这三个世界上最大石油消费地区，每年要进口本国石油消耗量的40%到95%，形成了工业国家依赖从产油的发展中国家大量进口石油的局面。正因为如此，20世纪70年代，阿拉伯国家以石油为武器，实行减产、禁运、国有化和提价，触发了资本主义世界的能源危机。这次能源危机实质上是一次石油危机，从煤炭资源的供销情况看，并没有危机的迹象。

这场能源危机的发生，促使各国设法提高能源的自给率，人们正致力于发展其他替代石油的新能源，以及加强能源保护。英国，法国，瑞典在能源自给率上有了很大的提升，日本在单一能源方面的依赖也在急剧减少。举例来说，自从北海油田于1975年投入生产，英国的能源结构就得到了极大的改变，其石油和天然气生产得到了迅猛的发展，并于1981年实现了自给自足，并成为了一个石油出口国；1974年，法国开始快速发展核能，到1980年，法国成为继美国之后的第二大核能大国。

世界各国对能源的需求量越来越大，但化石燃料资源却是有限的。是

1992 年世界能源大会上提出的《1992 年能源资源调查》，其统计了 1990 年世界上所有国家的能源状况和产量。

1. 石油

全球已探明的石油资源总量为 348 亿吨,天然气液 26 亿吨,合计 1 374 亿吨。1990 年原油产量 30.16 亿吨，天然气液产量 1.03 亿吨，合计 31.19 亿吨。按此速度，可以再开发 44 年。

2. 天然气

目前，已探明的天然气资源总量为 128.85 亿立方米，而 1990 年的天然气产量为 2.135 亿立方米。按照这个速率，可以再开发 60 年。

3. 煤炭

世界各国煤炭探明可采储量：烟煤和无烟煤 5 214 亿吨，次烟煤和褐煤 5 177 亿吨，合计 10 391 亿吨；1990 年，全国烟煤、无烟煤产量 33.14 亿吨，次烟煤、褐煤 14.35 亿吨，总计 47.49 亿吨。按此速度，还可开采 219 年。

另外，煤炭、石油、天然气等能源，不仅资源日趋枯竭，而且大量使用造成严重环境污染。化石燃料在燃烧过程中的排放物威胁人类和动物的健康，损害植物生长，造成“温室效应”，使地球气温上升。

总之，能源消费的大量增加和石油资源的短缺，将成为世界能源问题的焦点。面对这种形势，各国都在根据自己的经济体制、科学技术水平及能源情况，研究解决本国能源问题的方法。其中，节能是近期解决能源供需矛盾的主要途径，同时积极开展替代能源和可再生能源的开发和利用，发展新的能源转换技术。

我国煤炭资源十分丰富，已经探明可采储量有 1 145 亿吨，水力资源居世界第一位，但从已探明储量看，石油和天然气资源相对不足。我国一次能源结构中，以煤为主，约占 70%，石油和其他能源较少，这种结构的不合理造成能源利用率低，对环境污染严重。能源的地域分布也不均衡，以北方为主，山西省的煤炭储量约为全国的 1/3；华北、东北地区有超过半数的石油资源；而我国 30%的水电资源都集中在西南，导致了能源长途跋涉和能源建设的投入巨大。

中国自改革开放以来，能源产业取得了巨大的发展，1996 年，除薪柴、沼气、风能外，煤炭、石油、天然气、水电等一次能源生产总量为 12.6 亿吨，居全球之首。但是，中国拥有庞大的人口，每年的人均能耗是 1.14 吨标准煤炭，与国际上的平均水平相比还是有所差距。电力是一种先进的、易于使用的能源，过去电力经常供应不足，这一问题长期以来一直困扰着中国的经济和民生。

能源工业必须适应国民经济的发展，但由于我国石油后备储量不足，将会出现供需矛盾。为了缓解这个矛盾，必须加强能源资源的勘探工作。水电是高品位能源，转化效率高，应大力开发；同时还应积极开发太阳能、风能、生物质能等再生能源，发展核能和煤炭汽化、液化技术。国家“863 能源领域高技术发展规划”中，已将先进核反应堆和燃煤磁流体发电列为两个主题项目，以期在这两个方面跟踪国外技术发展的前沿，为我国 21 世纪能源工业长期稳定发展打下基础。

二、能源的开发和利用

（一）常规能源

能源资源种类多，数量大，各有其特点和存在问题。像原子核聚变反应这样的能源，还处于研究阶段；太阳能、风能等，由于其间歇性、不稳定性等原因，近期内大规模利用还不经济，技术上也不很成熟。因此，近 20 年内，我国四个现代化建设，对能源的需求将主要依靠煤炭、石油、天然气和水力等一些常规能源。

1. 煤炭

煤炭曾是世界能源的主力，被誉为工业的粮食。它是我国目前的主要能源，提供全国能源需求的 70%左右，所以确保煤炭生产，对整个国民经济的高速度发展，具有举足轻重的意义。近些年来，部分地区发生煤炭滞销现象，这在我国历史上还是第一次，但这是暂时性的局部现象。从总的情况来看，缺能甚至严重缺能的形势将会延续相当长时间，而作为能源的主体，且有把握地增产以供应社会需求的只可能是煤炭，因此煤炭工业还有许多事情可做。

（1）要扩大煤炭工业投资，加快矿井建设速度。

增加产量首先要扩大煤炭工业投资，加快矿井建设速度。过去由于煤炭投资比例太低，引起煤炭生产和使用行业发展不平衡，所以只有加快煤炭投资，才能满足我国对煤炭的需要。建设煤矿，要抓大型露天煤矿，因露天煤矿作业安全，劳动条件好，作业空间不受限制，生产规模大，机械化程度高。目前，世界上年产 5 000 万吨的大型露天煤矿，比大型矿井产量高 3 到 4 倍。我国露天矿产量约占总产量的 3%，技术落后，远远不能满足要求。国家已在山西、内蒙古、陕西等地重点建设露天煤矿。

（2）大力发展机械化和集中化生产。

我国目前煤矿采掘机械化程度约占 40%,其中采煤综合机械化约 19%，是十分落后的指标，而世界采煤技术先进的国家，现已全部或大部分实现采煤综合机械化。所以必须大力发展采煤综合机械化。与此同时，注意煤矿合理集中，这也是增加现有矿井产量，提高经济效益的途径。

（3）发展煤炭洗选，提高煤的利用与运输效率。

为了提高煤的质量，首先在矿井附近将煤内灰分和矸石成分洗掉，这是提高煤的利用效率的关键，也是解决运输问题的一个重要措施。焦煤灰分降低 1%，可节约焦炭 2%～2.5%，提高高炉能力 1.5%；取暖锅炉用洗选过的煤，热效率可提高 15%～30%。世界各国都十分重视原煤洗选率，先进国家已达 90%，而我国仅 20%。当然，加强洗选之后，还要解决合理差价及洗下煤泥的利用问题。

（4）优化煤的运输方式。

我国煤矿资源比较集中，从建矿和生产角度看，集中生产是有利的，但这也引起了煤炭的运输问题。目前，国内运输主要靠铁路，大同—北京—秦皇岛铁路的完工，并开设万吨直达列车，提高了晋煤的外运能力。但新建更多铁路，投资太大，所以与此同时，可加强内河航运以减轻对铁路的压力，如长江航运能力、大运河运输潜力都可进一步发挥。还有一种方法是，将煤加水并加一定的添加剂制成水煤浆，就可以通过管道来运输。煤的管道运输，目前看不比铁路运输经济，但发展潜力大。水煤浆管道主要着眼于运输，所以到达用户以后，还要专门脱水处理。目前，发明了一种水煤浆燃烧技术，将煤浆直接喷入炉中燃烧，代替油获得成功。

（5）积极发展燃烧先进技术。

目前，我国煤的84%直接用于燃烧，其中20%用来发电，35%用于工业锅炉，11.6%用于建材工业，8.5%用于民用炉灶，4%用于铁路运输……多年来，我国面临着四大问题：能源利用效率低下、经济性低下、污染严重、燃料转化技术落后等。从国内的情况来看，私营厨房的热能利用率在18%以下，而在工业锅炉中，75%~80%的燃煤，只有50%~60%的热效率。煤炭质量好的火力发电厂，其燃烧效率高达98%，而我国火力发电厂的平均热效率不足30%，其热能利用率一般较低。

煤的燃烧造成严重的空气污染，破坏了生态和环境。据近年来环境保护部门的测定，各主要城市的降尘量超过国家允许标准的50倍。我国南方出产高硫煤，据25个城市中的检测结果，有22个城市出现酸雨，其中最严重者首推重庆，pH值竟达3.5，酸雨会大面积破坏农作物和森林资源，还能污染江河湖泊，影响水生动植物的生长。解决这一问题，是科技工作者不可推卸的责任。针对以上情况，可采取以下措施。

大型电站锅炉都是以煤粉的形态来燃烧的，其燃烧效率高。但由于煤的品种繁多（各种煤的挥发量、发热量、水分、灰分的含量各不相同），对其燃烧时的特性，特别是快速裂解特性掌握不够，致使锅炉设计和调试缺乏原始数据，所以开展煤的特性的基本研究，充实数据库是一个重要环节。最好能根据煤的特性设计出本地区或本部门适用的燃烧设备。大型电站锅炉额定条件下燃烧情况良好，但其负荷调节困难颇大，即低负荷稳燃能力较差，启动点火及低负荷燃烧都需要用油来帮助，每年耗油数百万吨，对于石油特别是内燃机油十分缺乏的我国，确实是一个大负担。因此减少点燃和低负荷用油的问题就很突出。近十年来，国内发展了大量的燃烧室、预燃室等技术，获得较大效益，如旋流式预燃室、直流喷射式燃烧室、钝体燃烧器等，可以减少用油量。此外，为了减少污染，防止电站煤粉形成SO_2和NO_2，主要从煤的事先处理、添加脱硫剂及适当组织燃烧空气动力场等几方面努力。

改造低效率工业锅炉也是十分重要的问题。首先应下决心迅速淘汰一批分散的落后的小型锅炉，发展城市和企业群的集中供热系统和热电联供系统。以大中型现代化锅炉为工业锅炉的主力，可以大幅度提高能源利用率，又便于集中处理环境污染问题。发展新型流化床燃烧锅炉是改造工业锅炉的有效技术途径之一。在一般煤粉炉中燃烧需将煤磨成 0.1 mm 以下细粒，用空气喷入炉膛燃烧。而用这种燃烧方式，不必将煤磨成细粉，10 mm 甚至 30 mm 的煤即可。它通过鼓入空气，将煤吹散呈悬浮状，类似于沸腾的液体，故命名为沸腾床；液体化的煤层中颗粒密集，蓄热量远大于煤粉燃烧中的炉膛，因此可以在 850 ~ 950℃较低温度下实现燃烧，其单位体积的放热量远超过其他固体燃烧方式。锅炉管子可直接埋下层，使沸腾燃烧着的固体颗粒很容易将热量传给锅炉管，强化了传热。所以流化床锅炉的优点是强化燃烧，强化传热，低温燃烧（可减少氮氧化合物的污染），便于综合利用，灰渣可造水泥等建材。

民用煤应发展型煤加工。我国很多地方居民直接烧原煤，而燃烧原煤的效率只有型煤的 50%到 70%，因此迅速普及型煤定会取得成效。

2. *石油*

石油是当今世界的主要能源，被誉为工业的“血液”，其在国民经济中占有举足轻重的位置。首先，石油是制造优质能源的主要原料。现在的汽车，内燃机车，飞机和船舶，都是以石油为能源，如汽油和柴油。新型超音速飞机，导弹和火箭都是从石油中提取高级燃料的。

石油还可作为优质润滑油的原料。所有用于转动机器“关节”的润滑油均为原油制品。石油还是一种重要的化工产品。石化企业利用石油制品，可以生产超过 5 000 种主要的有机合成材料。合成纤维拥有漂亮的颜色和持久的特性，如合成橡胶、苯胺染料、人造革、化肥和火药。

微生物还能将石油转化为人造蛋白。爱食用石蜡的细菌本身就富含蛋白质（每千克细菌的蛋白质约为 20 个鸡蛋），可以将其置于油中，并能迅速繁殖。如果每年全球三十亿吨的原油中，有一半（10%）石蜡可以转变成蛋白质，那么每年就会产生 1.5 亿吨人造蛋白，这是一种巨大的人造蛋白资源。

石油充满了宝藏，提炼石油后剩下的石油焦和沥青也是宝藏。石油焦被用作钢炉的电极，以提高钢产量，并作为石墨的原料。另一方面，沥青被用作油毡和铺设道路的原料。

我国石油工业从无到有，发展极其迅速，现在原油年产量已进入世界前列。目前，我国已在 22 个省、市、自治区找到了石油，有近 200 个油田投入开发，其中包括大庆、胜利、中原、华北、辽河等大型油田。主要油田绝大部分原油靠管道外运，炼油能力基本上满足石油工业的需要。但经济发展要求石油工业必须加快步伐。由于我国地质勘探力量比较薄弱，科技水平较低，特别是海上石油勘探，技术难度很大。按照目前水平，每开采 1 吨原油应有 3 吨地质储量的补充。所以，地质勘探能力将会限制石油工业的发展。另外，东部老油田钻井深度越来越深，全国主要油田大部分进入中、高含水期，开采成本大幅度增高。西部南疆油田、柴达木油田，由于经济发展水平差，尚不能大规模开发。因此，石油的需求与可能的发展速度会发生矛盾。我们应正视这些事实，设法用好有限的石油资源，使其达到最佳经济效益和社会效益。

我国原油分配大体如下：70%用于炼油、10%直接燃烧，13%出口，剩余 7%。总的来讲，原油加工率低，直接燃烧比例太大，浪费大量优质燃料及化工原料。直接燃烧石油大户是发电厂，最主要是华东、东北地区。但我国是一个以煤为主要能源的国家，石油只占全国能源消耗的 23.5%，交通运输迫切需要增加内燃机油，所以应该有步骤地将部分烧油锅炉改为烧煤。为了维持一定的外汇平衡，出口一部分石油也是必要的，但国际市场上汽油和柴油比原油贵 50%，如能减少原油出口而增加成品油出口，既支持了国内石油化工企业，又可增加经济效益，这样更为合理些。

进入炼油厂的 70%原油应怎样分配是如何充分利用我国石油的另一个重要问题。炼油厂蒸馏获得内燃机油，这是交通运输的主要能源；其重质部分则是石油化工的主要原料。当今广泛使用的内燃机油主要有三种，即汽油、柴油和煤油。从内燃机结构看，柴油机与汽油机相比，柴油机热效率高，使用寿命长，总的经济效益好。所以内燃机中柴油机化的趋势在世界范围内日益明显，应多生产柴油，尽量提高柴、汽油比，满足交通运输需要。为满足石油化工需要，还应提高对原油的精加工，并根据国情恰当地选择石油化工的原料路线。

3. 天然气

天然气一般是指天然气田、油田、煤田等地产生的天然气。天然气是一种最干净的传统能源，也比较易于开采。天然气不仅能直接用于发电、取暖、做饭，还能制造出价值不菲的化学物质，用它生产出几百种化学制品。作为一种能源，使用天然气有许多优点：与制造烟煤相比，它的成本降低了 97%；煤炭开采的劳动生产率是煤炭的 54 倍，石油是煤炭的 5 倍；以天然气作燃料，可简化生产程序、实现自动化，减轻劳动强度，提高生产率和降低能耗；同时对环境的污染也非常轻微。

随着世界经济的发展，人们环保意识的提高，天然气在世界范围内的应用也日益受到人们的关注。

随着天然气越来越重要，天然气的应用技术也得到了发展。首先，更多的发电站开始使用燃气。很多发达国家都在大力发展天然气汽车，而压缩天然气将作为城市公共汽车、轻型汽车和私家车的潜在能源。此外，天然气空调器也开始进行国际试验。与传统的采用氟氯甲烷的空气调节系统相比，天然气空调器不但运行费用更低，而且其不会释放有害臭氧层的气体，也不会消耗电能。

我国是利用天然气最早的国家。远在公元前 3 世纪末就在四川盆地的自流井钻采天然气，作为熬盐的燃料。在很长的历史时期内，我国钻采技术在世界上处于领先地位，如 15 世纪中叶，井深超过了 1 000m，发现了高压天然气层。但是，以后天然气的生产发展缓慢。到目前，我国天然气探明储量很少。根据我国地质条件、国内外天然气勘探和生产经验以及国内外的研究工作，可以认为我国天然气前景很好，生产潜力很大。为此，要进行天然气生成的理论研究，做好天然气资源评价和勘探规划工作，建立专门的勘探和科研队伍，尽快发现天然气藏，以充分利用资源。

4. 水力

水力是一种廉价而干净的能源，水能可以直接转化为机械能用以发电，不需要经过热能转换的中间阶段，所以水能的开发、利用一直受到世界各国的重视。

实际上，在水力发电过程中，水轮机、传动设备及发电机均有不可避免的功率损失，各种功率损失约占理论功率的30%，即效率约为70%。我国水力资源居世界第一位，水力有美好的开发前景。

中国水力发电开发的原则是：大开发，小开发，重点是黄河上游，长江中下游，红河，澜沧江。已建成的有黄河上游的青龙峡水电站、龙羊峡水电站、长江中游的葛洲坝水电站（装机总量271.5万千瓦）、二滩水电站、三峡水电站等大中型水电站。三峡水电站是一个特大型水利工程，其具有防洪、发电、航运、供水、旅游等多种功能。三峡水电站装机2240万千瓦，年发电量1000亿千瓦·时，每年可节省煤炭5 000万吨，输送线路1 600km。与相同的火力发电厂相比，其每年的二氧化碳排放量将达到1亿吨，二氧化硫200万吨，氧化氮37万吨，同时还会产生大量的废渣和污水。水力发电站的一个重要问题是负荷调节问题，因为水能是随机能源，受水流影响，无法直接控制，而电负荷也有高峰和低峰的周期。目前，比较好的解决办法是修建蓄水电站。当低谷负荷时，电站即以抽水方式进行工作，将电网中剩余电能以将水从下库抽到上库的方式储存；而在高峰负荷时，水电站则按发电方式运行，起到储存水能和调节电力系统的作用。全世界普遍重视发展蓄水电站，我国也正在加大对蓄水电站的投资，

（二）新能源的开发和利用

随着常规能源资源的逐渐枯竭，能源供需矛盾将日趋尖锐，新能源的开发和利用越来越受到重视。科学技术的进步，使新能源的开发和利用取得很大进展。核电在工业发达国家的电力工业中已占重要地位。太阳能的利用，自20世纪80年代以来发展也很快，主要工业发达国家太阳能发电成本可望与常规发电进行竞争。新能源的发展向我们预示着美好的前景。

1. 核能

（1）核能资源。

核能俗称原子能，它是原子核结构发生变化时释放出来的能量。一般化学反应仅是原子与原子之间结合关系的变化，原子核并不变化。而在核反应中，原子核内的中子和质子相互结合，关系发生了变化。由于核子（中子和质子）间结合比原子间结合程度要紧密得多，所以核反应中能量变化

比化学反应要大几百万倍。举例来说，1 kg 的铀在裂变过程中会释放出与 2700 t 标准煤炭燃烧时的能量；1 kg 氘发生聚变时释放出的能量相当于 11 000 t 标准煤或 8 600 t 汽油燃烧时放出的能量。

在所有的原子核中，中等数量的核子的平均结合能都比较大，而低质量或大质量的核子则会释放出更低的结合能，因此当它变成一个中等质量的原子核时，它就会释放出更多的能量；再一次，当一个轻原子核聚集为一个更大的原子核时，它也会释放出能量。所以，核能可以分为两种：一种是核裂变，由铀、钚等的核分裂而释放出来的能量；第二种是核聚变，这种核子在核聚变过程中释放出来的能量，如氢和氘。

核能作为一种新能源已进入工业发展阶段，它是公认的唯一能大规模替代常规能源的既干净又经济的能源。地球上的核燃料十分丰富。天然铀主要是铀 238 和铀 235 两种同位素的混合物，直接能参与裂变反应的铀 235 含量仅占 0.7%左右。然而现代科学技术已可以用占天然铀 99.3%的铀 238，以及可能比铀更丰富的钍转化成为容易裂变的人工优质核燃料钚 239 和铀 233，这样就大大提高了铀资源的利用率，足够人类长期使用。至于核聚变反应所需的核燃料氘（D）和氚（T）更是取之不尽，用之不竭。氘即重氢，是氢的稳定同位素，是一种天然存在的物质，每千克海水中含有氘约 0.03 克。如果从海水中提取氘，并用于聚变反应，则一桶海水相当于 400 桶汽油，1 t 氘可供 100 万千瓦电站运行一年，若燃烧煤则需煤 200 万吨。地球上的氘储量足够用上百亿年。氚是一种β射线源，半衰期为 12.3 年，在自然界无储存。

锂在盐湖、矿藏中含量很丰富，也足够用上百万年。

核反应释放出的巨大能量，最早应用于军事目的，但其后就实现了核能的和平利用，除少部分用于供热外，核能最主要的是通过核电站来发电。

（2）核裂变能发电。

当前的核电站是通过核能裂变所产生的能源来对工作物质进行加热，从而为涡轮发电机提供动力。裂变反应是原子核在受中子轰击时，先吸收中子形成复核，然后裂开，多数情况分裂为两个碎核，个别时候也可能分裂成三块、四块。

核电站是利用核裂变反应释放出的能量来发电的工厂。核电站与火力发电站的区别，仅仅在于燃料不同，火电站靠燃烧煤、石油或天然气来取得热量，与此形成鲜明对比的是，当冷却剂通过核燃料组件的表面流动时，核反应堆会释放出大量的蒸汽，推动汽轮发电机组发电。压水堆核电站由一次回路系统和二次回路系统两大部分组成。一次系统由反应器，调节器，蒸汽发生器，主泵，冷却管路等构成.主泵将冷却剂抽到反应堆中，将反应热量带到蒸发器中，再经过上千个传热管道，与管道外部的二次循环水相接触，再将其转换成蒸气，从而带动涡轮机。从蒸发器中流出的冷却剂通过主水泵返回到反应堆中，然后再利用。这个主要的系统叫作核蒸汽供给系统，也就是核岛，就像是一个火力发电厂的锅炉。为了保证安全，所有的主线路都是在一个密闭的工厂里，叫做“安全壳”。二次回路由涡轮机、凝汽器、给水泵、管路等构成，其结构与传统电厂的涡轮机-发电机系统基本一致，故又称常规岛。第一个和第二个核岛的水都被完全地隔离在一个密闭的回路里，不会有放射性物质泄露。

（3）世界核电发电概况。

自 1954 年世界上第一座核电站建成以来，核电事业发展很快，已经成为电力生产中重要的组成部分。核电发展历史大致可分为三个阶段。50~60 年代为试验造型阶段。其间，几个工业发达国家建造成不同堆型的试验电站，经试验比较后，压水堆、沸水堆和重水堆型获得较大发展。70 年代为高速发展阶段,这也是由于 1973 年石油危机促使各国寻求新的解决能源问题的途径。1980 年统计，运行中的核电机组已达 247 台。一些核事故的发生，给核电事业造成极为不利的影响，不少国家取消或推迟了核电发展计划。据事故原因的调查和分析，属于技术上的问题并不多，更多的是由于工作人员连续多次操作失误所致。这些人为的原因，完全可以通过加强训练，严格操作规程加以避免。

截至 2013 年底统计，全世界已有 34 个国家和地区的 422 座核电站在运行，总装机容量为 3.5 亿千瓦，正在建造的核电站有 61 座，总装机容量为 5 586.6 万千瓦。2013 年全年核发电量占世界总发电量的 17%以上。

核聚变能无疑是一种理想的能源，它释放的能量非常巨大，燃料来源十分广泛，价格便宜，而且退役后容易处理，因此有广阔的发展前景。目前受控核聚变能发电仍处于试验研究阶段，很多理论问题和技术问题有待解决，难度很大，20 世纪内难以实现商业化。不过，据报道，有些国家宣布室温核聚变已取得成功，这将使核聚变的实用化大大提前。人们期望核聚变反应堆能使可控核聚变研究取得突破性进展。

我国电力供应严重短缺。由于能源分布不均衡，特别是工业和人口较集中的华东、华南地区缺乏常规能源资源，因而核能是唯一较成熟的替代能源。因此，这些地区加速发展核电事业是缓解能源紧张的最好选择。我国自行设计的秦山核电站，为 30 万千瓦压水堆型，已于 1991 年底投入运行；通过引进国外技术，与香港地区合资建设的大亚湾核电站已于 1989 年 12 月投入运行；在吉林将建造一座 20 万千瓦的低温核供热示范站，供热效率可达 98%，一年可节省煤炭 4 万 ~ 60 万吨，节约铁路运输力约 2 亿吨公里。我国在开发先进堆型（主要是快中子增殖堆、高温气冷堆、聚变混合堆三种）方面也取得了很大进展，现已完成了实验快堆概念设计，2000 年前建成一座热功率为 6 万千瓦、能发电的快中子实验堆。国际上公认的安全反应堆——高温气冷堆采用涂敷颗粒燃料，这是一种以氦为冷却剂，石墨为缓蚀剂的热中子反应堆。我国在堆的设计、氦技术、元件制造、材料等方面进行了单项关键技术研究，并同国外进行技术合作，2000 年前的目标是建造一座 1 万千瓦高温气冷实验堆。我国还将建成一座模拟聚变—裂变混合堆芯的托卡马克装置。在纯聚变领域内，我国大约落后世界先进水平 20 年，但在研究激光惯性约束核聚变方面，却做了许多卓有成效的工作。在核电事业上，我国今后将采取适当的发展方针，预计 2050 年达 2.4 亿千瓦。

2. 太阳能

（1）取之不尽的清洁能源。

太阳是一个炽热的巨大气体球。据化学分析得知，主要成分是氢和氦。在接近中心时，太阳表面的平均温度为 1.4×10^7 K 左右。在这样的高温下，很容易就能想到，太阳材料早就被电离为等离子体，并且具备了足以进行热核反应的条件。太阳能的形成源于其内部的核聚变。因为大量的核子持续地参加了太阳的核聚变，所以释放出了相当庞大的能量，约为 4×10^{26} J/s，在质能关系中，其质量损失达到了 4 百万吨。然而，太阳仍然是一个巨大的质量，大约 2×10^{30} kg，根据当前的反应速率，它可以至少维持几十亿年。

太阳能还是一种清洁、可再生的天然能源，应用太阳能，它不会对环境造成污染，也不会对环境造成损害。因此，在目前世界能源紧缺、环保需求日趋严峻的今天，利用太阳能变得非常重要。据有关专家预测，二十一世纪，太阳能将是人类最重要的能源。然而，由于太阳能的分散性和间歇性，给实际利用带来了困难，这正是人们需要去研究解决的关键问题。

在太阳辐射进入大气层的时候，大约 23%的能量被臭氧，水蒸气，二氧化碳和灰尘所吸收，大约 30%的能量被灰尘云、小水滴和各种各样的气体分子所反射、折射和散射（一般被称作是天空的辐射），然后直接到达地表，在这里，总的能量被吸收了 47%。仅有 47%的能量被直接照射到了地表。单是这一点，它就可以产生 2×10^{24} J 的能量，相当于全球煤炭，石油和天然气的 130 倍。其还是全球最大的能量来源，相当于世界现有各种能源在一年内所供能量的上万倍。在地表上，太阳光可以分为直接和散射两种。前者是直接将辐射能量投射到地表，具有方向性，而后者则是从空中照射下来的，只有很少一部分来自于地面。通常将地球大气层上界，垂直于太阳射线方向表面上的太阳辐射强度，称为太阳常数，国际上规定其标准值为 1 353 W/m^2。它是计算投射到地球表面上太阳辐射能量的依据。

到达地表的太阳辐射强度与太阳的方位以及天上的云数量有关。（即透明度）。太阳的位置通常指地球上某一给定地点看到太阳的方向。大家知道，地球沿略为椭圆的轨道绕太阳公转，同时还绕自身轴自转，其自转轴对公转轨道平面（黄道平面）倾斜 66.5°。由于这种双重运动的结果，必然使地球上的观察者看到天空中太阳位置随地理纬度、季节以及昼夜变化而不同。自然，太阳辐射强度的大小也与这些因素相关。确定太阳位置可以采用地平坐标系中方位角（指太阳光线在水平面上投影线与正南方向线间夹角）和高度角（太阳光线与它在水平面内投影线间夹角）。当太阳位于天顶时，高度角为 90°，高度角最大，这时阳光到达地面所经过的路程最短，受大气衰减作用的影响最小，故太阳光最强。太阳接近地平线时，高度角趋于零，大气衰减作用增强，到达地面时的太阳辐射能减小，故太阳光弱。当然，还与纬度、季节等因素有关。另外，到达地面的太阳辐射，一部分被地面反射出去而形成地面的反射辐射；另一部分被地面吸收。由于地面吸收太阳辐射热后温度升高，一个地面上的集热器除接收太阳的直接辐射与散射外，还接收地面反射与长波辐射。

我国幅员辽阔。据全国 700 多个气象站的长期观察,中国每年的总太阳辐射量在 350~850 kJ/cm^2,每年有 2/2 的地区平均日照时间在 2 200~3 300 小时以上。详细分布情况如下：

东北区冬季长，气温低，辐射强度弱。但云量少，晴天多，日照时间长。全年日照时数大部在 2 400 小时以上，辽河流域以西地区在 2 800 小时以上。

华北区冬季比东北短，晴天多达 150 天以上，全年日照多达 2 600 到 2 800 小时，日照充足，有利于太阳能利用。

黄土丘陵和内蒙古高原区与华北类似，辐射强度比平原稍高，晴天在 200 天左右，全年日照由南部的 2 600 小时向北逐渐增加，到内蒙古高原可达 3 200 小时。

新疆、甘肃、宁夏地区气候干燥，云量少，晴天多，全年日照在 3 200 h 以上。但因风沙大，影响大气透明度，对太阳辐射有一定削弱。

南方区指北纬 35° 以南各省区（不包括云南、贵州），气温高，云量大，阴雨天多，日照时数少，大部分在 2 200 小时以下。但因纬度低，辐射强度大，仍有间断的太阳能可利用。

云贵川地区云量多，阴雨天多，全年日照在 1 400 小时以下，太阳能利用受很大限制。云南比川黔稍好些。

青藏高原气温较低，但大气层清洁而稀薄，白天辐射强度高，全年日照在 2 800 到 3 200 小时，太阳能利用条件优越。

总的看来，西部优于东部，北部优于南部；我国太阳能资源较丰富地区面积很大，具备利用太阳能的有利条件。

（2）太阳能的利用。

人类对太阳能的利用由来已久，但对太阳能大规模地开发利用，并引起国际上普遍重视，不过是近二三十年的事。有关太阳能的研究，人们从不同层面进行了深入的探究和分析，比如从太阳能的收集、太阳能的转化、太阳能的输送进行了多方面的研究，而且在这些研究方面也取得了很大的进展。当前结合利用太阳能不仅可以实现光热转化，同时还可以实现光电转化和光学转化，再结合这三种的途径上面，太阳能的应用更加广泛，比如可以通过太阳能进行采暖或者制冷，还可以通过太阳能进行发电。

光热转换所产生的热量可用于供暖、空调、生活用热水、干燥、蒸馏，以及其他低品位热能应用。由于采暖和制冷耗能很大，又均属于低温技术，不存在技术上障碍，容易获得显著的经济效益，因此，许多国家将其放在太阳能利用的首位。

在进行太阳能收集过程中，可以将太阳能进行高效地转换，将其转化为热能，这是太阳能在利用过程中非常需要注重的一个问题。想要实现太阳能转化为热能，这样的装置需要配合使用集热器。太阳能集热器的类型非常丰富，有不同种类。集热方式也有不同类型，比如有平板型的集热方式，也有聚焦型的集热方式，而平板型集热器可以广泛吸收太阳辐射的面积，大面积采集太阳辐射的面积，集热温度特别高，能够达到 100℃以下。而聚焦型集热器一般都属于凹型形状，是一种反射器，可以让太阳辐射在反射器以后通过太阳辐射聚集到的热量表面积，达到集热温度的目的和功效，这种集热器的集热温度相对而言较高。集热媒质可以有水、空气及氟利昂等。热媒质的循环方式可分为自然循环和强制循环等，目前较好的是用水作热媒质的平板型集热器。平板型集热器由透明盖板、吸收体、绝热材料和壳体组成。吸收体为集热器的关键元件，要求尽可能多地吸收辐射热，并减少上面和背面的热损失，同时有效地把得到的热量传递给集热器中的热媒质。其材料可用普通钢板和钢管，也可用铜、铝、不锈钢、黑色塑料等。为提高吸收率，一般采用无光黑漆作涂层，也有采用适当电镀或化学方法处理的选择性吸水膜。要求在太阳光短波区域内吸收率高，而向外的长波低温辐射要小。目前国际上已研制出多种真空玻璃管型集热器，由于内部保持真空，没有对流传热的热损失，集热效率和集热量都较高，集热温度可望在 80℃以上，适用于作为太阳能吸收制冷机的集热器。

随着时间不断地变化，太阳能这种能源也会随之发生较大的改变。这样在供暖和制冷方面也会跟随时间的变化而发生变化，但其改变的规律根本不是由于太阳能的供给，所以想要满足能量的供给需求，必须首要解决蓄能问题，太阳能蓄能器通常有三种不同类型，比如包含固体蓄热器、液体蓄热器和潜热蓄热器，这三种蓄热器当中前两者都是通过物质温度升高以后来吸收外界的热量，从而达到蓄热的目的，因此被叫做潜热蓄热。另外一种为潜热蓄热，这种蓄热器是通过借助某种物质发生相变吸收以后，从而散发出潜热，最终来达到蓄热的目的。因此又被叫作相变蓄热。固体蓄热器一般用卵石堆积而成，卵石热容量较大，成本低廉，易保存，且对钢板无腐蚀性。当热质（通常是空气）通过时，卵石堆就储存了热媒质放出的热量，它既是热储介质，又是热交换器，故又称为堆积床换热器。液体蓄热器一般都用储水箱或罐。潜热蓄热器采用的是一种相变材料所以达到的潜热能量也相对较高，其可以在不同形式下的可逆相变中不发生任何质的变化，如芒硝和有适当熔点的石蜡。

在日照变化很大、而蓄热器容量有限的情况下，辅助加热系统不可少。实践证明，为了百分之百地依靠太阳供热或制冷，按最大需要的负荷选择集热器面积是不经济的。一般宁可选得小一些，而在高负荷时，或因气候变化等原因导致太阳能减少时，让辅助热源投入使用。可供辅助热源的有燃油、燃气或用电的加热炉，一般的太阳能供暖系统中，太阳能供暖率在60%到 80%，其余部分用辅助热源。

3. 风能

风能资源的勘测和确定是一个比较复杂的问题，这是因风的特性造成的。由于气压、温度、海拔、高度、地形地貌的差异，风速、风向、风频等可能无规律地波动，只有靠长期细致的观测，才能得到风能资源的有用资料。我国风能蕴藏量约为 10 亿千瓦，平均风能密度为 100 W/m^2，有些地区在 200 W/m^2 左右。总的来讲，北部比南部强，沿海比陆地强，平原比山地、丘陵强，冬季比夏季强。

风能的利用方式大体上可分为两种：一种是将风能直接转变为机械能加以利用；另一种就是将风能先转变为机械能，然后带动发电机发电加以利用。利用风能发电是现代利用风能最广泛、最普遍的形式。

风能发电装置主要由风轮机、传动变速机、发电机组等组成。风轮机的式样很多，大体可分两类：一类是桨叶绕水平轴转动的翼式风轮机，它又可分为双叶式、三叶式和多叶式；另一种是绕竖直轴转动的“S”型叶片式风轮机。前一种用得较多。风轮机的功率与风轮叶片转动时所形成的圆面积成正比，所以，叶片长度增加 1 倍，风轮机功率可增大到 4 倍。风能发电装置按用途可分为两大类：一类是中小容量发电装置，主要是为农村或分散的孤立用户设计的，装机容量从几百瓦到几十千瓦，工作风速从每秒几米到十几米均可，它都采用直流发电机与蓄电池配套；另一类是大容量的风力发电装置，其容量在 80 kW 到上百千瓦，甚至上千千瓦以上，可与火力电网并网运行，采用交流发电机组。

风能是一种可再生的清洁能源，历来为人们所关注，尤其 1973 年石油危机以来，风能利用受到了更多重视，一些国家以立法形式制定了发展风能利用的政策、法律和实施计划。20 世纪 80 年代以后，各国除继续发展 10 kW 以下的风轮机组外，还大力发展几十到几百千瓦的风轮机组，在风力资源较丰富的地区建立了风轮机群，称为风车田。丹麦地处富风区，风能密度高，开发风能最积极，1991 年风能发电能力为 41.8 万千瓦，占欧洲总风力发电能力的 65%，1992 年风力发电占全国总发电量的 5%，2020 年扩大到 10%。我国风力发电从 20 世纪 70 年代后期进入一个新的发展阶段，确定以小型为主的方针，先后在内蒙古、新疆、甘肃及沿海地区开展工作。目前全国共拥有风力发电机组约 10 万台，其中最大的风力发电站在新疆达坂城，装机容量达 4 000 kW 内蒙古草原有丰富的风力资源，全区 80%以上地区平均风速超过 3.5 m/s，全年有效风速时间累计达 3 650 小时，从 80 年代开始，风力发电在内蒙古迅速发展，目前已有 8 万余户牧民用上了电，初步解决了生活用电问题。在北京八达岭还建立了风力试验站，以加强试验研究工作。

4. 海洋能

地球表面积的 71%为海洋所覆盖，它不仅给予人类航运、水产之利，还是一个巨大的能量资源库。海洋能包括潮汐能、海水温差能、波浪能等。

潮汐是海水在月亮和太阳等天体引力的作用下产生的周期性涨落现象，每天两次。潮水在运动中所包含的大量动能和势能，就是潮汐能。世界著名的大潮区是英吉利海峡，那里最大潮差为 14.5 m，我国杭州湾的“钱塘潮”的最大潮差为 9 m。目前世界上有 28 个潮差区被认为最适合兴建潮汐电站。

利用潮汐发电，在工程上与河川水电站相似。需要在海湾或有潮汐的河口筑起拦水坝，形成水库，在坝中或坝旁放置水轮发电机组，然后利用潮汐涨落时海水位的升降，使海水通过水轮机驱动发电机组发电。根据当地潮汐的特点，选择适合当地地形条件的库型，如单库单向式，即只建一个水库，涨潮时蓄水，退潮时放水发电；单库双向式，虽也只建一个水库，但在涨潮、退潮时都发电；双库双向式，建两个库，两库间始终保持有水位差，水轮发电机放在两库之间隔坝内，可以做到全天内连续运转发电。

据估计，世界潮汐动力资源的理论蕴藏量约为 30 亿 kW，可开发的约 6 400 万千瓦，年发电量 1 400 亿到 1 800 亿千瓦·时。我国潮汐动力资源十分丰富，沿海有 500 多处可兴建潮汐电站，仅长江口北支就能建 80 万千瓦的潮汐电站，年发电量为 23 亿千瓦·时，接近新安江和富春江水电站的发电总量；钱塘江口可建 500 万千瓦的潮汐电站，年发电量 180 多亿千瓦·时。我国过去在沿海建过一些小型潮汐电站，例如，广东省顺德大良潮汐电站（144 kW），福建厦门的华美太古潮汐电站（220 kW），浙江温岭的沙山潮汐电站（40 kW），象山高塘潮汐电站（450 kW）。1980 年 5 月 4 日，浙江温岭的江厦潮汐电站第一台机组并网发电，揭开了较大规模建设潮汐电站的序幕，该电站装有 6 台 500 kW 水轮发电机组，总装机容量 3 000 kW。

潮汐发电有许多优点。例如，潮水来去有规律不受洪水或枯水影响；以河口或海湾为天然水库，不会淹没大量土地；不污染环境；不消耗燃料等。但潮汐电站也有工程艰巨、造价高、潮水对水下设备有腐蚀作用等缺点。综合经济比较，潮汐发电成本低于火电。

海水温差能属于热能，它是由太阳及其他天体的辐射热，地球内部向海水放出的热，海水中放射性物质放的热，以及海流摩擦生成的热所产生的，主要来自太阳能。太阳光射到海面上，除一部分能量反射回大气中，一部分用于海水蒸发以外，大部分被海水吸收，使海洋表面温度升高。一般海洋表面层的温度为 25~28℃，而 500 ~ 1000 m 深处的温度为 4 ~ 7℃，可有 15 ~ 20℃的温差。利用海水温差能发电，它是以表层海水为高温热源，而以深层海水为低温热源，用热机组成热力循环，工质选用低沸点物质，如丙烷、氨、氟利昂等，它们在 250℃的海水中加热即可得到高压蒸汽，用以推动涡轮机发电。由涡轮机排出的低压蒸汽在冷凝器中用海洋深层冷水冷却成液体，再经泵加压后循环使用。这样通过低沸点工质的循环，就可持续利用海水温差连续发电。世界上第一个温差发电装置是安装在一艘驳船上，以一根直径 0.6 m、长 663 m 的聚乙烯冷水管竖直伸向海底，用氨作工质，发电功率 18.5 kW。海上的温差发电站，除了用海底电缆向陆上输送电力之外，还可以直接用来淡化海水；从浓缩海水中提取核燃料（铀和重水）；将水电解得到氢和氧；从海水中提取稀有金属等。我国南海表面全年平均水温在 25 ~ 30℃，兴建海水温差电站条件十分有利，具有很大开发潜力。

海洋波浪具有很大动能，据估计，每平方公里海面上，波浪功率可达 10 万~20 万千瓦，可见波浪也是一个巨大能源。利用波浪发电，用于航标灯和灯塔，安全可靠，也是一种没有任何污染的清洁能源。将波浪能转化为电能的方式，基本上有两种：一种是通过转换器将波浪能转换成机械能，带动发电机旋转而发电；另一种是通过波浪运动所形成的压力和吸力作用，转换为容器中空气的压力，再转动空气涡轮机发电。例如，空气活塞式波浪发电装置由空气活塞室、空气涡轮机和发电机组成。整个装置安放在浮体上，浮体有中央管道，下端对着海水，上端与空气活塞室相通。当浮体随波浪上下浮动时，中央管道上端的空气被压缩，或膨胀，通过阀门的控制便可推动涡机旋转，带动发电机发电。目前世界上已有数百台这样的装置浮在海面上投入使用，但功率很小。波浪能开发利用目前还处于试验阶段。

5. 地热能

地热是指地球内部所蕴藏的热能。据推算，地表下地热增温率为每深 100 m，平均温度升高 30℃。如果地表温度为 20℃，则地下 40 km 深处温度可高达 1 220℃。因此，那里的岩石处于熔融状态，称为岩浆。这些灼热的岩浆在强大压力作用下，被“挤”出地壳薄弱的地面，就形成火山爆发。地热增温率在各地差异很大，大约占陆地面积 10%的地区为地热异常区。这些异常区与年轻的火山作用区、地壳较薄地区以及地质上的大陆漂移理论所设定的板块边缘区有关。

地热资源可分为两种基本类型：一类称之为地热水（汽）资源，这种地热资源相伴有传热流体（水、盐或蒸汽），遍布各地的温泉就属于这一类；另一类称为干热岩地热资源，这类资源没有天然的传热流体存在，或者有传热流体，但渗透率很低。

对低温地热水资源的开发利用，技术简单，历史较久。地热水可用于热浴、制矿泉水、供暖，也可用温度在 70～180℃之间的地热水作吸收式循环制冷，高温地热是一种重要的发电能源。美国 Geysers 地热发电厂是全球最大的一座。目前，地热发电有三种方法：

第一种是利用天然水蒸气来直接产生电力。这个办法非常简单：钻一个孔，把地底的热量导入涡轮，涡轮就会转动，发电。若水蒸气中包含有热水，则可经水蒸气-水力分离器，然后再导入涡轮发电机。

第二种方法叫作“减压扩容”的方法。其是在 100℃以下的地下热水中使用的。这和在高山之巅烧水的方法相同：水温在 100℃以下，因为空气的压力比标准大气压低（0.1013 MPa）低。在人工制造的低压环境中，温度低于 100℃的热水被煮沸，并被用来作为涡轮发电机的动力。这种方法是在涡轮前端安装一个充气槽，然后在其背后装上一个电容器和一个抽风机。在开始工作时，先把水泵打开，然后把整个系统放在负压（气压等于 0.1013 MPa 或以下），然后再把地下的热水导入到充气容器中。在负压时，水温在 100℃以下，煮沸后会产生大量的水蒸气，用以推动涡轮发电。排气进入冷凝器，凝结为水，再排放出去。这个持续的凝结和排放工艺保证了在所有时间内都能维持不变的负压。

第三种是利用低沸点的工作来发电。在这种情况下，地下的热水会被导入到蒸汽发生器的一边，然后用低沸的有机物溶液将其加热到沸腾状态，从而产生大量的蒸汽，从而为涡轮发电机提供动力。从涡轮中排出的排气的沸点很低，经过冷凝器重新变为液态，再被循环泵送入预热器，再返回到蒸发器中进行加热。

开发地热资源，有控制地获得足够数量的热能，首先必须钻井，其次是通过传热液体将热量携带到地面上来。按目前的技术水平，最大的经济钻井深度为 3 000 m，地热开发温度最高为几百摄氏度。对于没有天然传热液体的干热岩资源，需首先建立合适的渗透通道，使传热流体在干热岩内循环，然后把热量带到设在地面的装置中。利用水力压缝从干热岩中提取热能，在技术上是可行的。

从我国的地质条件和已露出地面的温泉及石油钻井有关资料分析，我国地热资源是比较丰富的。在西藏和云南西部地区已发现温泉 500 多处，高于当地沸点的热水活动区就有百处以上。这一带可能是我国高温地热资源区，也是建设地热发电站的有利地区。1977 年在西藏羊八井地热田钻了两口温度为 131 ~ 137℃的浅井，建造了装机容量为 7 000 kW 的试验电站。在湖南、江西等地也建成了小型地热发电站。我国对于低温地热水的应用广泛，在天津的三个地热异常区，目前已有深度大于 500 m，温度在 30℃以上的热水井 356 眼，在湖北也钻有 300 m 的浅井。这些地热水已被用于建造温室、养鱼、育种和部分工厂用热。

利用地热对人类生存条件的危害虽小，但也不能忽视。地热水中往往含有钠、钾、钙、镁等的盐类，如果钻井布局不合理，可能影响水源清洁；抽用地下热水，也容易有地面沉降、化学污染等弊端。对这些不利因素，都必须采取有力的补救和防范措施。

6. 氢能

氢作为一种新的二次能源，具有许多优点。氢在燃烧时发热量极高，其单位质量释放出的热能比任何碳氢燃料都高，约为化石燃料的 3 倍；燃烧时与空气中的氧化合生成水，还可以再生和再循环；它的燃烧范围宽广，点燃快，燃点高，是一个安全因素；氢本身无毒，在空气中燃烧不会污染环境，基本上是清洁能源；氢重量轻、密度小，有利于运送和携带；氢的资源丰富，占地球表面 71%的水域中含有大量的氢。所以氢完全有可能成为 21 世纪最重要、最经济、最干净的二次能源。

另外，氢能在尖峰负荷发电装置中具有不少优点。如果氢和氧在火箭燃烧室里燃烧，同时向燃烧室喷些水，火箭燃烧室就成了蒸汽发生器，其效率比传统锅炉高得多，而尺寸却小得多。所产生的蒸汽便可送往汽轮发电机发电。这样的装置结构简单、造价低、启动快，很适合于尖峰发电机组。也就是说，如果把电网中平时多余的电力用来电解水，制成氢和氧储存起来，待负荷尖峰时，再使这种发电装置投入运行，以便补充此时电力的不足。再过若干年，这种氢能尖峰发电机组代替常规储电站是完全可能的。

然而，目前氢能还不能作为一般能源使用，重要的原因是制氢的成本高。现阶段氢主要用作提炼石油、合成氨、合成甲醇的生产原料，即使作为燃料，也仅限于航天或国防领域。目前，世界各国对氢的生产、储存、运输、使用等研究工作，都给予高度重视。

氢可否得到广泛应用，在很大程度上取决于制取氢的方法。目前制氢的方法很多，如水煤气法制氢、电解水制氢、热化学分解水制氢、光分解法制氢以及核能制氢、太阳能制氢等，但作为大规模廉价的制氢方法仍在研究和发展之中。

氢的储存方法有三种，一是高压气态储存，二是低温液态储存，三是化学方法储存。高压气态储存需要较重的容器，在工业中普遍将氢储于高压钢瓶中，这需要消耗较多的压缩功。由于氢的重量很轻，加压到 150 个大气压，所装的氢气重量不过钢瓶自重的 1%。采用液化储存，由于液化温度很低，必须冷却（－253℃），并需要保存在高真空绝热容器中，这不仅需消耗大量能量，而且安全措施也很复杂。公认有发展前途的新的储氢方法是氢合金储存。它既不需要像高压钢瓶那样笨重的容器，也不需要像储存液化氢那样庞大的绝热保护设备。氢可和一些合金发生化学反应，生成金属氢化物。在一定条件下，如加热时，又能分解而将氢重新释放出来，合金的性能并不改变，从而起到储氢的作用。这些金属（合金），就称为储氢金属（合金）。在金属氢化合物中，氢以原子形式存在于金属晶格的间隙中，可储存相当于合金重量几百倍的氢，氢原子此时的密度比同一温度、压强下的气态氢大 1 000 倍，即储存的氢相当于在 1 000 个大气压下储存的氢量。随着科学技术的发展，氢将逐渐替代常规能源，前途十分光明。

第三节　生物物理工程

当代科学发展趋势的主要特点有三个。科学在不断地分裂，新的学科和分支层出不穷。例如，由于光学传递函数的提出、全息术和激光的诞生形成了现代光学物理,而现代光学又因其发展方向进一步分支为信息光学、非线性光学、量子光学。另一方面，科学是以不同的方式发展起来的，学科之间的界线越来越模糊，大量的学科交叉，逐渐形成了一个完整的科学网络。例如，将物理学的概念、理论、实验手段和精密测试方式移植到其他学科，产生了大气物理、海洋物理、化学物理、生物物理等交叉学科；物理学和社会科学相互联系和渗透，进入到经济管理科学、认识科学和行为科学之中。再一方面，新的概念和方法从新的学科和交叉学科中快速地转移到应用领域，导致技术领域的分化和融合。形成材料技术、信息技术、生物技术、空间技术、海洋技术和能源技术等高新技术群。这些应用往往需要跨越科学、技术、工程之间的界限，从而使科学与技术、工程密切结合、交相发展，共同为人类造福。

物理学是科学研究的基本结构、基本相互作用和基本的运动法则，是科学分化、综合和应用的基础，其在物质研究中扮演着非常重要的角色。可以说，科学技术的继续进展依赖于物理学与其他学科及工程技术的相互作用，物理学也从这样的相互作用中取得前进的动力并实现其社会价值。

一、物理学与生物学的关系

什么是生命？这是多少年来生物学家、物理学家、化学家乃至哲学家都十分关注的问题。尽管生命世界和非生命世界历来被看作两个截然不同的领域，但物理学家们一直思考着：是否能够用物理学原理和定律解释生命现象呢？

物理学与生物学的关系是源远流长的。物理学家们相信，只要有生命或无生命的物质都是由自然中的普通物质构成，从研究物质的最基本构成和最基本运动方式中得出的物理规律,这就是对生命现象进行解释的依据。在生命科学的发展中，有很多卓越的物理学家。

简而言之，物理学对近代生命科学的发展起到了重要的推动作用。首先，它是一种现代的生命科学的试验手段。比如，显微镜的出现推动了细胞学理论的形成，它为很多生物提供了超微结构的资料，通过 X-光衍射得到的 DNA 晶体结构的信息，从而形成了 DNA 双螺旋结构的模式，CT 技术的应用使得我们可以看到有机体的解剖学， MRI 可以为细胞的 pH 值提供数据，也可以利用细胞的结构和化学方法来测定这些改变。尤其是在 1986 年诺贝尔物理学奖的扫描隧道显微镜，它的检测精度已达到可以检测出单一细胞内的稀疏分子及复杂的晶格关系，从而为生物技术的遗传工程提供了条件。以上提到的每个物理和试验手段都对创建新的生命科学发展做出了贡献。

第二，提出了一种生命科学的理论与方法。量子力学、原子与分子物理学、热力学、耗散结构等学说的渗入，促使生物学从二十世纪以前的学科数量，发展到基本的静态和质的描述，再到分子层面的跨越。

物理学在向生物学的渗透中拓展了自己的研究范围。现代物理学探索自然奥秘有三个基本认识方向：对微观世界的研究，对宏观世界的研究和对物质存在的多样性和物质运动复杂性的研究。而生物学问题最具复杂性，生物学课题的挑战促进了物理学在第三个方向上探索的深入。早期用光学显微镜对细菌活动的观察（布朗运动）曾导致爱因斯坦（A.Einstein）总结出流体扩散的基础统计力学，而当前物理学对非平衡态、非线性系统的研究不能不说是受到生物学对有序性起源、维持和进化等问题探索的促进作用。当然，从研究对象的特点和思考问题的方法来看，物理学和生物学有着很大的差别:物理学是对物质的基本存在形态和运动的基本法则的研究，也就是在简单和复杂的体系中，最基础的和最基础的过程。物理学主要研究大概率事件，注重普遍，生物学则关注小概率事件，着眼于独特性。生物的进化就是 DNA 偶然“犯错误”和自然选择的结果。或者说，生物本身就是“这类组织中无数可能状态中的一种罕见状态”。

物体的运动是由最初的情况决定的。物理学家们一直在追问“为什么”，然后去找出其中的缘由。生物体中的每一部分都在工作，以达到一个整体的功能目标，而生物学家则更倾向于询问“为了什么”，即找到目标。

自然界没有绝对的边界，运动的物体可能会从一种状态变成另外一种我们认为不能兼容的状态。随着科学的发展，人类已经能够用无机物合成简单的生命物质，已经能够设计制造具有一定功能的蛋白质，已经能够通过分子克隆技术改造生命。生命世界和无生命世界的绝对界限正在逐渐消失。而生物物理这一交叉学科正在为实现人类认识史上的又一次伟大突破——自然中无生命世界的运动和生命运动两者的综合做出贡献。

二、生物物理学的目标和主要内容

生物物理学是运用物理学的理论、方法和技术研究生命物质的物理性质和生命现象的物理运动的学科。它包括分子生物物理、细胞生物物理、感觉和神经生物物理、理论生物物理等主要分支。它既从微观角度研究生物大分子及大分子复合体的结构、运动和功能，又从系统、信息和控制的宏观角度研究生命系统的物质、能量和信息的转换关系。

生物物理学旨在理解生物学行为的物理原理，从原子，核，量子和统计物理学中，由生物大分子与超分子复合体组成的复杂通路通往个体细胞的路径，最后到达有机体的行为。

生物物理学中进展机会最大的领域有：对生物大分子的基本物理学理解达到能把结构和功能定量地联系起来的阶段；了解脑的组织和基本的分子机制；建立遗传生物技术与生物物理学之间的工作联系；探索把生物系统作为可能出现混沌和自组织的一般动力学系统所包含的物理问题，对它们做出理论分析。

围绕以上问题介绍生物物理中的一些基本概念，并举例说明其研究问题的思想方法。

（一）生命大厦的基本砖石——生物大分子

生物大分子包括蛋白质、核酸、多糖和脂类四种。它们是生命过程的基础，被称为生命物质。尽管这些生命物质结构复杂、功能各异，但最终都是由原子和分子组成的。从物理学角度看，它们是电子-原子-分子构成的多粒子体系，而且是结构和功能协调有序的系统。研究其性质和功能的要点在于了解生物大分子的结构、构象和分子中原子之间、分子与分子之间的作用力。

让我们以蛋白质为例来认识生物大分子。蛋白质种类繁多：比较简单的大肠杆菌有 3 000 多种蛋白质；人体中有 10 万种蛋白质；地球上有 150 万种生物，估计自然界蛋白质种类达 1010 ~ 1020 之多。蛋白质不仅是构成生物体的主要成分，也是生物机体的催化反应、代谢调节、机体运动、物质运输、免疫防卫、遗传控制及记忆、思维等各种生命现象的物质基础。

蛋白质是由氨基酸组成的长链。氨基酸是小分子，它由一个羧基和一个氨基联在一个立体构型不对称的碳原子上。由于侧链 R 有 20 种，所以存在 20 种不同的氨基酸。就像 20 个字母可以组成许多不同的单词一样，20 种氨基酸可以形成数量巨大、功能繁多的蛋白质。

（二）生命的热力学基础

在物理、化学或生物系统中，当系统处于非线性系统而远离平衡的时候，某一参数的变动就会到达某一临界点，并迅速地改变（不均衡的相变），从而使时间、空间和功能由最初的混乱状态转变为新的秩序。只要新秩序的状态持续地与外界的物质和能源进行交换，那么它就无法被外界的微小干扰所摧毁。这个从平衡状态分离出来的稳定有序的结构叫作耗散结构。“耗散”的含义在于这种结构的形成和维持依赖于能量的耗散。我们把在一定外界条件下，系统内部自发地由无序变为有序的现象称为自组织现象。耗散结构理论、协同学、突变论都是自组织理论的代表。

生命是一个具有高度自我组织性、低熵的开放性体系。自组织理论为解释新陈代谢、本体发育和种子发育等复杂的生物体系问题提供了可能。生物系统的自组织表现在分子的、细胞的、整体的各个水平上。例如，在分子水平上解释变构酶功能。通常的酶具有催化功能，变构酶除了催化功能外，还有调节功能。调节功能依靠改变酶的构象来实现：当第一个分子结合到酶的第一个亚基上时，就在酶上诱导一种构象变化，使第二个亚基更容易接近底物，子系之间默契合作，不需要外部指令，就有效地自组织起来。而依赖于循序衔接的酶催化反应，细胞就能实现高效率的能量和物质转换，迅速制造成千上万种蛋白质分子。从整体水平上看，生命体不断产生熵，同时又从与外界的相互作用中不断地排除熵，若持续地净化或吸收外部的负熵流，而负熵的流量大于内熵，则整个生物体系的总熵降低，有序性增大，生物体由一个有序的结构向较高的有序结构发展，即成长。

若生物从外部接收到的负能量与其产生的内能相等，则熵为零，系统维持某种有序的结构，因此，在负熵的流量比产生的熵小的情况下，生物体系的熵增大，身体会出现老化，当熵达到极致时，整个身体就会进入一种高度有序的状态，身体各部位的机能全部丧失，也就是死亡。从这一点来看，生命运转的最经济的原则是使熵产生最小，“生命以负熵为生”“生命以熵产生最小而活，”这就是生命热力学基础的简单图像。

可以看到，尽管物理学和生物学传统上差异很大，但是远缘杂交提供了绝好的创造机会。数学或其他方面的发明和发现都是作为思想的组合而产生的。自然是一个整体，我们把自然科学划分为物理、化学、生物……正说明人类对自然规律的认识还处于较低的层次。随着人类认识的深化，各种学科必然交叉和综合，走向统一。生物物理的发展，将生命世界的规律与无生命世界的规律综合起来，它的意义及其对人类文明进程的影响是难以估量的。

三、生物工程介绍

生物工程是生物技术与生物技术相结合的产物，其是以生物和生物技术为基础，通过技术手段生产出有用的物质。它已经深入到工业、农业、医药、矿业、化工、能源、环境保护、人口控制等许多领域，并形成了新兴工业体系——生物工程产业。

（一）生物工程体系

最古老的生物工程是酿酒，它是利用微生物发酵制取酒的过程。而“生物工程”这个名词提出于 20 世纪 70 年代。目前，生物工程在全世界范围内崛起并迅猛发展。一般认为，生物工程主要包括遗传工程、细胞工程、酶工程和发酵工程四大体系。

1. 遗传工程（基因工程）

遗传工程是一门从分子层面上进行杂交的艺术，又叫遗传工程或 DNA 重组。其目的在于从生物体内分离、提取基因材料，或人工合成 DNA 分子，在生物体之外进行拼接、重组，并将其植入活细胞中进行复制与表达，通过改变基因材料的结构或特殊的基因特性，从而生产出符合人体需要的新型生物。其发展方向是开发符合人类需要的新型生物体和新产品。

遗传工程的施工过程如下：首先，用一种“手术刀”从一种生物的核酸分子上切取我们所需要的目的基因，它是外源性 DNA 片段，即外来目的基因。这种“手术刀”称为限制性核酸内切酶，简称内切酶。

第二，取得基因的适宜的运载体，它也经过内切酶处理，使其能够与外来基因相重组。目前发现的载体有病毒（包括噬菌体）和质粒两类。在用于运载基因的病毒中，大肠杆菌的噬菌体被研究得比较详细，而遗传工程中更常用的基因载体是质粒。质粒是一种能与细菌共生的遗传分子。

第三，是将含有目的基因的重组质粒转入适宜的多体细胞进行表达。近些年来，基因操作技术取得了重大进展，1986 年，美国威斯康星大学的科学家研制出一种新式“基因剪刀”。这种新内切酶可以作为单一的、容易适应的通用工具，对任何 6 ~ 16 个核酸序列进行切割。1988 年澳大利亚分子生物学家使用一种特别的短序 RNA 分子切开其他核糖核酸分子，使它们丧失功能，从而实现高等有机体中的基因关闭。这种技术可以阻断病毒在细胞内复制。科学家们还寻找到更加理想的新的基因载体，即线粒体，它能够在真核细胞中稳定下来，进行复制和表达。

2. 细胞工程

其是把一种有机体细胞的全部基因组或染色体（承载着一系列的基因信息）转移到其他的有机体细胞上，由此改变其基因特性，达到改良品质、创造新类型生物的技术，是一种细胞操作技术。它包括：

（1）细胞融合技术

是通过物理、化学、生物的方法将两个不同种类的细胞相互结合在一起，一种能同时具有两个亲本基因特征的细胞的无性杂交技术。英国的科勒和米尔斯滕于 1975 年首次将 B 淋巴细胞与骨髓瘤结合。从这些肿瘤细胞株中筛选出杂交瘤细胞株。他们能产生与淋巴细胞一样的免疫特异抗体，或者是无限繁殖的骨髓瘤。细胞融合技术突破了单一物种的局限，可以将动物细胞乃至植物细胞等多种不同的细胞进行融合。创造有性杂交无法实现的新的动物、植物、微生物品种。

（2）植物组织和细胞培养技术

早在 1902 年有学者就预测到，植物细胞无所不能，任何地方的植物细胞都拥有其全部的基因资料。植物学家在 1958 年成功地把一种胡萝卜+阿尔法细胞改造成一个具有根、茎和叶的完整植株，这样就能把胚胎细胞进行分离和复制，并能开花结果，使哈贝尔南德的预言变成现实。现在，全世界已有 5 000 种以上的植物经组织培养获得成功。这种无性生殖试管育苗法具有快速、大量繁殖的巨大优势，且可以避免用种子繁殖时发生的后代变异。

（3）酶工程

酶是由细胞制造出来的特殊蛋白质，是生物体内新陈代谢不可缺少的催化剂。目前已发现的酶有 2 000 多种，不同的酶催化不同的反应。酶工程就是利用酶的特异催化功能，将一种物质转化为另一种物质。例如，将天门冬酞酶提纯制成生物反应器，以富马酸为原料（底物），就可以把富马酸转化成天门冬氨酸，转化率达 95%。反应产物几乎是纯品。酶工程效率高，节约能源，是一门快速、高效生产技术。

（4）发酵工程

发酵工程也称为微生物工程，它利用微生物的特殊功能生产对人类有用的物质。主要包括菌种选育、菌体生产、代谢产物发酵、微生物机能利用等技术。其产品有抗生素、氨基酸、维生素、酒精、工程塑料原料等。发酵工程具有投资省、见效快、污染小的特点。

生物工程的四大体系是互相依赖、相辅相成的。1980 年，科学家为了得到大豆球蛋白，首先应用基因工程技术从大豆中提取出大豆球蛋白基因，然后将其植入大肠杆菌中，通过培养使其大量繁殖，最终发酵生产出大量大豆球蛋白。用这种方式只需用 3 天就得到了种植大豆一个生长季节的产品。

（二）生物工程的发展前景

生物学的发展已达到分子与量子级的微观层面，以及宏观的生态系统与生物圈。生物工程在生物科学领域得到了迅速发展，生物工程是生物工程技术的重要组成部分，其应用范围不断扩大，生物工程、蛋白质工程、生物传感器、生物计算机等都是生物工程的重要组成部分。

1. 蛋白质工程

蛋白质工程被誉为第二代基因工程，它用基因定位突变技术，按人类愿望改变蛋白质的氨基酸序列，目前，科学家们正致力于开发出性能优于天然蛋白、符合社会需要的新型蛋白质。近年来，定位突破技术已成为简单、多能、高效的实用技术。目前的难点是，虽然可以用这种技术制成所需要的氨基酸序列，但没有把握控制它的折叠结构。这方面的突破将能使蛋白质工程得到更广泛的应用。例如制造出“导弹药物”自动瞄准和攻击人体内的致癌物和癌细胞；制造能被生物分解的高性能塑料、有高度选择性的分离剂和附着剂；提高植物光合作用效率；甚至研制生物元件取代计算机中的“硅芯片”，制造“活的、功率大、体积小、运算快的生物计算机”。

2. 海洋生物工程

海洋生物工程是以海洋生物为对象的综合性生物技术，是第三代生物工程的重要领域之一，海洋中有 18 万种动物、2 万种植物。应用生物技术开发海洋生物资源的一个重要方面是海洋生产农牧化。所谓海洋牧业是指把鱼虾养殖到一定阶段，放入大海索饵，让其在自然条件下生长发育，以逐步提高这些高质量鱼虾在海洋生物群落中的比例。而海洋农业是指沿海定点栽培、养殖藻类、贝类及在网笼中养殖鱼虾等。海洋生产农牧化的重要内容是改良品种，控制性别。利用激素改变性别的技术已经在大马哈鱼、蹲鱼、牡蛔、比目鱼等水产品上获得成功。

当前海洋生物工程最突出的成就是海洋药学。例如，从鱼肝中提取维生素 A 维生素 D；从鲸和金枪鱼提取胰岛素；用海绵生产治疗心脏收缩不全的核苷；从海鞘中提取抗病毒、抗肿瘤的物质；从藻类中生产 W-3 脂肪酸；利用深海微生物研究耐高温、高压的酶等。

科学家们还研究从海洋趋磁性细菌和洄游鱼中提取磁性材料，从墨鱼内脏提取天然晶体，从海豚交流信息的机制研究生物通信等。

3. 生物传感器

人感知外界信息的能力是有限的，传感器作为人的感官的延伸，帮助人获取、检测、传输各种信息，具有十分重要的地位。利用生物体的特殊功能研制的生物传感器已经在生物工程和微电子技术迅猛发展的今天成为现实。生物传感器大致可分为以下 4 大类：

（1）电极型生物传感器。

酶传感器。这是 20 世纪 60 年代首先研制成功的第一种生物传感器，它用葡萄糖酶电极测定血液或尿液中葡萄糖含量用以诊断糖尿病；后来成功研制的胆固醇酶电极可以测定血液中相应成分含量，从而判断是否患有心血管病。酶传感器目前已发展到高效率、高灵敏和微型化阶段，例如大小只有 $6\times0.4\ \text{mm}^2$ 的基片型生物传感器只使用一滴液体样品，测定尿素浓度只需 30 s，还可以在一块基片上使多种生物传感器集成化，具有同时测量糖、蛋白质、胆固醇等多种功能。

人工细胞传感器。人工细胞是由类似生物膜的双分子膜及“脂质小体”构成，将癌标记物移入人工细胞制成传感器，具有很高的灵敏度，能在 20 s 内检测出的超微量物质，快速诊断癌症。

水分析传感器。由用醋酸纤维将一种叫作亚硝化胞菌的微生物封闭起来的固定化膜和测定氧浓度的氧电极构成。当待测定水通过醋酸纤维渗入固定化膜时，微生物摄取水中的氨而繁殖，并吐出 CO_2，氧的浓度下降，并由通过氧电极的电流定量测出，从而确定水中氨的含量。

（2）光检测型生物传感器。

光检测型生物传感器即生物化学发光分析器，其灵敏度比电极型生物传感器更高，可用作超微量生物体成分分析。它主要由催化生物发光器件与光子计数器组成，前者作用是激发被测物发光，后者用于检测发光量大小。

例如，利用血红蛋白的氧饱和及缺氧反射能力的差异，用置于导管中的光纤发射和接收激光信号来测量激光辐射的多普勒频移，即能测量动脉内血流速度，测量血中氧饱和程度。光学纤维还能制成小型压力传感器。国外研制的一种传感器使用一面反射镜，反射镜固定在接头上并与膜相连。当膜移动时，反射镜把来自中心纤维的光线反射到它周围的纤维里，这些纤维中信号的变化取决于移动值，移动与压力成比例，在 0～40 kPa 范围内，传感精度为 ± 0.5%。

（3）热检测型生物传感器。

任何化学反应必然伴随能量的变化，利用热敏电阻等测热元件来测量生物体反应时产生的热量，可以间接得到被测成分的浓度。据报道，世界上已有几十种酶热敏电阻，可用于检测谷氨酸、氨基酸、青霉素、有机磷农药、过氧化氢和胆固醇等。

（4）智能生物传感器。

早期的生物传感器的基本结构是由酶、抗体或抗原制成生物层，将其黏附在电子芯片上，它们是微电子线路与生物化学物质相结合的产物。现在，第二代生物传感器是由用生物工程制造的分子组成的，它可以微型化植入体内。不但能不断监测血糖等物质含量，还能帮助修补被损伤的神经系统的裂口。甚至人工传感器和大脑联系起来，将人造眼或人造耳获得的数据直接输入大脑。还可以用不同的生物层，置于微电子器件的不同部位，利用同一器件同时分析多种物质的状况，提高诊断的可靠性。生物传感器正向多功能化、微型化、集成化、智能化发展。

4. 生物计算机的设想

由于大规模集成电路已趋近理论极限，从生物计算机研制过程来看，其基本思想是利用基因工程技术，使蛋白质在分子水平上互相联结起来，利用酶来起电子回路中半导体那样的作用，构成生物分子元件。这种生物分子元件具有三种优良特性。第一，能制成高密度线路，用硅制成的大规模集成电路密度难越过 10^{-6} m 界限，而生物分子元件可达到 10^{-8} m。第二，成为永久性元件。生物分子具有自我修复机能，若元件出了故障，它本身能够修整。第三，生物分子元件的根本工作方式是生物化学反应，耗能少，不存在发热问题。

根据目前科学家设计的雏形，生物计算机由薄玻璃膜构成，里面装着精巧的晶格，晶格内安放生物芯片。由生物芯片组成的生物集成块担负计算机的主体工作，其中信息以波的形式沿分子链传播。

当前生物计算机的研究主要有两个内容：第一，寻找合适的生物材料，并对其在分子水平上改造加工，形成分子元件，组装成具有一定功能的生物芯片；第二，通过研究大脑及神经元网络结构的信息处理过程，从原理上建立全新的计算机模型，使其具有记忆和信息加工的集团性和协同性，可按内容进行寻访，对信息进行异步的并行处理，有较强的模式识别、学习和推理能力，可以进行分类、纠错，即它是以类似大脑方式工作的活的计算机。

研制生物计算机时用细胞色素 C 制成了光电转换元件。首先用超声波技术将细胞粉碎，而后进行高速离心分离，将采集到的细胞色素进行烘干，制作成薄膜。细胞色素分为氧化和还原两种形态，它们的电导率相差 1000 倍。在 1.5 V 下，可以进行合适的加速/减速。所以，可以将其用作一个存储单元。此外，我们还发现，细菌视黄醇可能是一种具有光活化作用的生物活性物质。利用光致活化质子泵在膜的两边产生的电势，通过一个具有高灵敏度的电场效应管来放大，从而得到更好的转换信号。通常建议将聚乙炔和聚硫氮化物等导电聚合物用作分子导体。它们利用孤子传播信号。

作为研制生物计算机的第一步，已经运用神经元网络的生物学原理和超大规模集成技术研制智能计算机。

参考文献

[1] 闵琦.大学物理[M].北京：机械工业出版社，2020.
[2] 李柱峰.大学物理实验[M].北京：机械工业出版社，2020.
[3] 张凤，王旭丹.大学物理实验[M].长春：东北师范大学出版社，2020.
[4] 史少辉，东艳晖.大学物理实验[M].北京：北京理工大学出版社，2020.
[5] 王新顺，李艳华.大学物理教程下[M].北京：机械工业出版社，2020.
[6] 孙阿明，刘静.大学物理实验[M].西安：西安电子科技大学出版社，2020.
[7] 张楠.大学物理实验教程[M].重庆：重庆大学出版社，2020.
[8] 刘慧.大学物理学习指导书[M].北京：北京邮电大学出版社，2020.
[9] 刘淑平，王建荣.新编大学物理教程下[M].北京：北京邮电大学出版社，2020.
[10] 樊代和.大学物理实验数字化教程[M].北京：机械工业出版社，2020.
[11] 李翠莲.新核心理工基础教材新工科大学物理上力学与热学[M].上海：上海交通大学出版社，2020.
[12] 何志伟，刘丽.大学物理教学改革探索与实践研究[M].长春：吉林出版集团股份有限公司，2019.
[13] 陈文钦.大学物理混合式教学指导[M].长沙：湖南大学出版社，2019.
[14] 杨种田.大学物理学习指导[M].北京：北京邮电大学出版社，2019.
[15] 周雨青.大学物理核心知识[M].南京：东南大学出版社，2019.
[16] 毕会英.大学物理实验[M].北京：北京航空航天大学出版社，2019.
[17] 吕桓林，王永良.大学物理实验[M].北京：北京邮电大学出版社，2019.
[18] 方华为，薛霞.大学物理[M].武汉：华中师范大学出版社，2019.
[18] 王强，黄永超.现代信息技术与物理教学结合研究[M].长春：吉林人民出版社，2019.
[20] 邱红梅，徐美.当代大学物理[M].北京：机械工业出版社，2019.

[21] 沈陵.大学物理基础实验[M].合肥：中国科学技术大学出版社，2018.
[22] 孙茂珠，张建军.大学物理实验[M].北京：北京邮电大学出版社，2018.
[23] 李林.大学物理实验[M].西安：西安电子科技大学出版社，2018.
[24] 董正超，方靖淮.大学物理实验[M]2 版.苏州：苏州大学出版社，2018.
[25] 方路线.大学物理实验[M].上海：同济大学出版社，2018.
[26] 李义宝.大学物理实验[M].2 版.合肥：中国科学技术大学出版社，2018.
[27] 王瑞平.大学物理实验[M].2 版.西安：西安电子科技大学出版社，2018.
[28] 陈小敏.大学物理实验教程[M].长沙：湖南大学出版社，2018.
[29] 刘德生，胡国进.大学物理实验[M].苏州：苏州大学出版社，2018.
[30] 崔益和，殷长荣.大学物理实验[M].苏州：苏州大学出版社，2018.
[31] 李迎，刘德生.大学物理[M].苏州：苏州大学出版社，2018.
[32] 侯建平.大学物理实验[M].北京：国防工业出版社，2017.
[33] 杨先卫，杨种田.大学物理下[M].北京：北京邮电大学出版社，2017.
[34] 刘金龙，李梅.大学物理实验[M].2 版.北京：中国农业大学出版社，2017.
[35] 王洵.大学物理基础教程[M].北京：中国铁道出版社，2017.